# 水 力 学 教 程

（第五版）

黄儒钦　主编

黄儒钦　禹华谦　陈春光　麦继婷　编

西南交通大学出版社

·成 都·

**图书在版编目（CIP）数据**

水力学教程 / 黄儒钦主编. —5版. —成都：西南交通大学出版社，2021.1（2024.6重印）
ISBN 978-7-5643-7946-9

Ⅰ. 水… Ⅱ. ①黄… Ⅲ. ①水力学－高等学校－教材 Ⅳ. TV13

中国版本图书馆CIP数据核字（2020）第270951号

**水力学教程**
**（第五版）**

**黄儒钦　主编**

*

责任编辑　麦继婷
封面设计　曹天擎
西南交通大学出版社出版发行
四川省成都市金牛区二环路北一段111号　西南交通大学创新大厦21楼
邮政编码：610031　发行部电话：028-87600564
http://www.xnjdcbs.com
成都中永印务有限责任公司印刷

*

成品尺寸：185 mm×260 mm　　印张：11.75
字数：290千字
1993年11月第1版　　2002年2月第2版
2006年9月第3版　　2013年7月第4版
2021年1月第5版　　2024年6月第22次印刷
**ISBN 978-7-5643-7946-9**
定价：36.00元

# 第五版前言

本书自2013年7月再版之后，多次被全国多所高等院校作为教材广泛采用；并被中国高等教育文献保障系统(China Academic Library & Information System)收录进入“CALIS教学参考书数据库”。根据学科发展、教学改革发展的趋势和读者建议，现编者以多年教学和科研实践的心得，对本书再次进行修订。

这次修订仍保持本书四版的基本结构与内容。考虑随着高新技术特别是数字化和网络技术的发展，采用*AR*超媒体技术制作的与书中插图对应的动态图，通过动态图对于一些抽象的流动过程进行演示，以期使学生对流体流动增加感性认识，激发学习兴趣，使其更好地理解和掌握水力学的相关内容，使新版教材更能适用教学的需要。此外还对原书进行了勘误。

本书由黄儒钦教授主编，参加这次修订工作的仍是原编者：黄儒钦教授(第一、二、五、六章)、禹华谦教授(第三、七章)、陈春光教授(第八、九章)和麦继婷教授(第四章)。

本书出版十多年来，广大读者提出了不少宝贵意见，编者对此表示真诚感谢。经过本次修订，愿本书更能适应教学与有关科技人员参考的需要，望广大读者继续对本书给予批评和指正。

编　者

2020年11月于成都

# 第四版前言

本书自2006年9月再版之后，多次被全国多所高等院校作为教材广泛采用；并被中国高等教育文献保障系统（*China Academic Library & Information System*）收录进入"*CALIS*教学参考书数据库"。根据学科发展、教学改革发展的趋势和读者建议，现编者以多年教学和科研实践的心得，对本书再次进行修订。

这次修订仍保持本书三版的基本结构与内容，但对部分内容和习题做了修改和补充。另外，对书中的一些符号进行了改动，包括单位质量力分量改为$f_x$、$f_y$、$f_z$；局部水头损失符号改为$h_j$；临界水深符号改为$h_C$；临界坡度符号改为$i_C$；原水面线定性分析中的"$a$、$b$、$c$区"改为"1、2、3区"；原5种底坡下各型水面曲线分别改称为"$M$、$S$、$C$、$H$、$A$"型；原"$K$-$K$"线改为"$C$-$C$"线，以便与教育部的最新有关规定相一致。此外还对原书进行了勘误。

本书由黄儒钦教授主编，参加这次修订工作的仍是原编者：黄儒钦教授（第一、二、五、六章）、禹华谦教授（第三、七章）、陈春光教授（第八、九章）和麦继婷教授（第四章）。

本书出版十多年来，广大读者提出了不少宝贵意见，编者对此表示真诚感谢。经过本次修订，愿本书更能适应教学与有关科技人员参考的需要，望广大读者继续对本书给予批评和指正。

**编　者**

2013年3月于成都

# 第三版前言

本书自2002年2月再版之后，再次被全国一些高等院校（如四川、湖南、湖北、广东、辽宁、江苏、河北和陕西等省的高等院校）作为教材广泛采用；并被中国高等教育文献保障系统（China Academic Library & Information System）收录进入"CALIS教学参考书数据库"。根据学科发展、教学改革发展趋势和读者建议，现编者以多年教学和科研实践的心得对该书再次进行修订。

这次修订仍保持原书的基本结构与内容，但对个别章节作了增写、重写、补充或删改，如增写了有压管路中的水击现象；重写了井群影响水位的计算、流动阻力和水头损失的形式；补充了边界层理论简介以及删去了总流能量方程的部分重复推导等内容。另外，原书中的两个符号即过水断面面积$\omega$与相似原理中的比尺$C$分别改为$A$与$\lambda$，以便与教育部的最新有关规定相一致。此外，还对原书进行了勘误。

本书由黄儒钦主编，参加这次修订工作的仍是原编者：黄儒钦教授（第一、二、五、六章）、禹华谦教授（第三、七章）、陈春光教授（第八、九章）和麦继婷副教授（第四章）。

本书出版十多年来，广大读者提出了不少宝贵意见，编者对此表示真诚感谢。经过这次修订，愿该书更能适应教学与有关科技人员参考的需要，望广大读者继续对本书给予批评和指正。

**编　者**

2006年8月于成都

# 第二版前言

本书第一版自1993年问世以来，被西南交通大学及全国一些高等院校（如哈尔滨建筑大学、湖南大学、大连理工大学、长沙铁道学院、贵州工学院等院校）的土建类各专业广泛用作51学时左右的水力学教材。现根据学科的发展及教学实践的需要进行修订再版。

这次修订基本上保持了原来的章节和顺序，但对一些内容作了重写和重要补充，如增加了无压圆管均匀流及井群水力计算等内容。习题也作了适当的增、删。编者的愿望是使新版更能适应教学的需要，并可供有关科技人员报考硕士研究生进行自修或作参考书之用。

本书由黄儒钦主编，参加本书修订工作的仍是原第一版的编者：黄儒钦（第一、二、五、六章）、禹华谦（第三、七章）、陈春光（第八、九章）和麦继婷（第四章）。

由于编者水平有限，书中仍不免有缺点和错误，望读者继续给予批评和指正。

编　者

2001年12月于成都

# 初版前言

水力学是土建类各个专业的一门重要技术基础课。它研究流体的机械运动规律及其在工程上的应用。

国内目前已出版了多学时(120学时左右)、中学时(80学时左右)及少学时(50学时左右)三类水力学教材。我校水力学教研室早已编出中学时水力学教材,其修订后的第三版由高等教育出版社出版,至今已达十年。这次我们编写的是少学时水力学教材,适用于本科少学时及大专的水力学课程。

本书是根据高等院校土建类的铁道、道路、桥梁、隧道与地下工程、土建结构、给排水、工业与民用建筑、水文地质与工程地质等各专业50学时的水力学课程教学基本要求而编写的。本教材在正式出版前曾在我校、哈尔滨建筑工程学院等院校使用过。

本书系统地阐述了水力学的基本概念、基本理论和工程应用。在基本理论的论述上主要采用一元分析法。书中共分九章,主要内容包括水静力学、水动力学基础、水头损失、有压管道的恒定流动、明渠恒定流、堰流、渗流、相似原理与量纲分析等。

本书各章均编有例题、思考题及习题,全书习题附有答案,便于教师与学生使用。

参加本书编写工作的有黄儒钦(第一、二、五、六章)、禹华谦(第三、七章)、陈春光(第八、九章)和麦继婷(第四章)。本书由黄儒钦教授主编、黄宽渊教授主审。主审及有关兄弟院校教师对本书编写内容提供了不少宝贵意见,编者表示衷心感谢。

由于编者水平所限,书中缺点和错误在所难免,恳请读者批评和指正。

**编　者**

1993年8月于西南交通大学

## AR 资源目录

| 序号 | 章 | 资源名称 | 资源类型 | 页码 |
| --- | --- | --- | --- | --- |
| 1 | 第一章　绪论 | 液体的黏性 | 模型 | 3 |
| 2 | 第二章　水静力学 | 等角速旋转器皿中液体的相对平衡 | 动画 | 18 |
| 3 | 第三章　水动力学基础 | 射流对平板的冲击 | 模型 | 44 |
| 4 |  | 水流越过平顶障碍物 | 动画 | 45 |
| 5 | 第四章　水头损失 | 雷诺实验 | 动画 | 52 |
| 6 |  | 黏性底层与紊流流核 | 动画 | 59 |
| 7 |  | 液体绕圆柱体流动情况 | 动画 | 63 |
| 8 | 第五章　有压管道的恒定流动 | 液体经薄壁孔口的恒定出流 | 动画 | 71 |
| 9 |  | 液体经管嘴的恒定出流 | 动画 | 73 |
| 10 |  | 离心水泵的结构 | 动画 | 87 |
| 11 | 第六章　明渠恒定流 | 河上架桥产生的非均匀流动 | 动画 | 108 |
| 12 |  | 明渠水流的缓流与急流状态 | 动画 | 113 |
| 13 |  | 水流的渐变与局部现象 | 动画 | 119 |
| 14 | 第七章　堰流 | 堰流的定义及分类 | 动画 | 131 |
| 15 |  | 完全堰的溢流 | 动画 | 132 |
| 16 |  | 自由式无侧收缩宽顶堰的水流 | 动画 | 135 |
| 17 |  | 淹没式无侧收缩宽顶堰的水流 | 动画 | 136 |
| 18 |  | 小桥过水的两种情况 | 动画 | 138 |
| 19 | 第八章　渗流 | 达西渗流定律 | 动画 | 143 |
| 20 |  | 集水廊道 | 动画 | 147 |
| 21 |  | 潜水井 | 动画 | 148 |

AR 资源使用帮助：

1. 请按照本书封底的操作提示，下载“轨道在线”APP 安装文件。

2. 安装完成后打开 APP（请允许弹出的所有权限申请，否则将导致 APP 无法正常使用），输入封底刮层中的 12 位序列号，系统将自动下载离线资源包。

3. 下载完成后，请点击图书的图标，然后将手机或平板对准书中带有 AR 标志的插图，即可浏览对应 AR 资源。

# 目　录

# 第一章 绪 论

## 第一节 水力学的研究内容

水力学是研究液体机械运动规律及其实际应用的一门科学。水力学是工程力学的一个分支，它是专门研究水流运动的一门技术科学。学科的发展是以生产发展的需要为动力。近几十年来，水力学学科随着生产的迅速发展而不断发展，现代水力学已派生出计算水力学、环境水力学、渗流水力学（或地下水动力学）等新分支。

自然界物质存在的一般形式有三种，即固体、液体和气体。液体和气体统称为流体。由于液体和气体在性质上有许多相同之处，因此，在一定条件下，水力学的运动规律也适用于气体运动。

从力学分析的角度上看，流体与固体的主要区别在于它们对外力抵抗的能力不同。固体可以抵抗一定的拉力、压力和剪力。当外力作用于固体时，固体将产生相应的变形，相应的科学有材料力学、弹性力学等。而流体几乎不能承受拉力，处于静止状态下的流体还不能抵抗剪力，即流体在很小剪力作用下将发生连续不断的变形，流体的这种特性称为易流动性。至于气体与液体的差别在于气体易于压缩，而液体难于压缩。由于液体所具有的物理力学特性与固体和气体不同，在科学发展中，逐渐形成了水力学这样一门科学。

水力学在工程中有广泛的应用。在修筑水坝，修建铁路、公路，开通运河和输水渠道，以及修建桥梁、隧道、地下铁道及房屋等许多土建工程中，都需要解决一系列水力学问题。如道路桥涵孔径的设计、铁路站场与路基的排水设计、地下工程的通风与排水设计中均要进行大量的水力计算。在给排水工程及建筑设备工程中也要解决一系列水力学问题。如在室内消防给水系统的设计中，便要计算消防给水管路中的流量、流速、水压和水头损失等一系列水力计算问题。

## 第二节 液体的主要物理性质

力对液体的作用都是通过液体的物理性质来表现的。由于液体分子结构的复杂性和水力计算的要求，不需要从微观的角度来探讨液体的物理性质，而采用能反映液体主要矛盾的宏观的物理模型作为研究的对象。

### 1. 连续介质模型

液体是由大量不断地作无规则热运动的分子所组成。从微观角度上看，由于分子之间存在空隙，因此液体的物理量（如密度、压强和流速等）在空间的分布是不连续的；同时，由于分子作随机热运动，导致物理量在时间上的变化也不连续。

现代物理研究表明，在常温下，每立方厘米的液体中约有 $3.3\times10^{22}$ 个液体分子，相邻分子间的距离约为 $3\times10^{-8}$ 厘米。可见分子间的距离是相当微小而在很小的体积中包含有难以计数的分子。

水力学在研究液体运动时，由于只研究外力作用下的机械运动，不研究液体内部的分子运动。在实际工程中，需要人们研究的液体空间尺度比分子尺寸大得多，要解决的实际工程问题不是液体微观运动特性，而是液体大量分子运动的统计平均特性，即宏观特性。

基于上述原因，在水力学中，把液体作为**连续介质**看待，即假设液体是一种充满其所占据空间毫无空隙的连续体。连续介质的概念是由瑞士学者欧拉（L. Euler）在 1753 年首先建议采用的，它作为一种假说在流体力学发展上起了重要作用。把液体视为连续介质后，液体运动中的物理量都可视为空间坐标和时间的连续函数，这样，就可以利用连续函数的分析方法来研究液体运动。实践也证明，采用液体连续介质模型解决一般工程中的水力学问题是能够满足要求的。

**2. 密度和容重**

液体和固体一样，也具有质量和重量，分别用密度 $\rho$ 和容重 $\gamma$ 表示。

液体的**密度**是指单位体积液体所具有的质量。若一均质液体的体积以 $V$ 表示，质量以 $M$ 表示，即该均质液体的密度为

$$\rho=\frac{M}{V} \tag{1-1}$$

密度的量纲为 $[M/L^3]$，其国际单位为公斤/米$^3$（$kg/m^3$）。

均质液体的**容重** $\gamma$ 是指单位体积液体所具有的重量，即

$$\gamma=\frac{Mg}{V}=\rho g \tag{1-2}$$

液体的容重又称**重度**，其量纲为 $[M/L^2T^2]$，国际单位为牛/米$^3$（$N/m^3$）。由于容重与重力加速度 $g$ 有关，所以 $\gamma$ 随位置而变化。在水力学计算中一般采用 $g=9.80\ m/s^2$。

净水在一个标准大气压条件下，其密度和容重随温度的变化见表 1-1。几种常见流体的容重见表 1-2。

**表 1-1 水的密度和容重**

| 温度（t/℃） | 0 | 4 | 10 | 20 | 30 |
|---|---|---|---|---|---|
| 密度（kg/m³） | 999.87 | 1 000.00 | 999.73 | 998.23 | 995.67 |
| 容重（N/m³） | 9 798.73 | 9 800.00 | 9 797.35 | 9 782.65 | 9 757.57 |
| 温度（t/℃） | 40 | 50 | 60 | 80 | 100 |
| 密度（kg/m³） | 992.24 | 988.07 | 983.24 | 971.83 | 958.38 |
| 容重（N/m³） | 9 723.95 | 9 683.09 | 9 635.75 | 9 523.94 | 9 372.12 |

**表 1-2 几种常见流体的容重**

| 流体名称 | 空　　气 | 水　　银 | 汽　　油 | 酒　　精 | 四氯化碳 | 海　　水 |
|---|---|---|---|---|---|---|
| 容重（$N/m^3$） | 11.82 | 133 280 | 6 664～7 350 | 7 778.3 | 15 600 | 9 996～10 084 |
| 测定温度（℃） | 20 | 0 | 15 | 15 | 20 | 15 |

需要指出的是，在工程计算中，水的密度和容重视为常数，采用在一个标准大气压下、温度为 4℃时的纯净水的密度来计算，此时认为淡水的密度 $\rho=1\ 000\ kg/m^3$，容重 $\gamma=9.80\ kN/m^3$。

### 3. 黏滞性

当液体处于运动状态时，若液体质点之间存在着相对运动，则质点间要产生内摩擦力抵抗其相对运动，这种性质称为液体的黏滞性或简称黏性，此内摩擦力又称为黏滞力。

运动液体中的摩擦力是液体分子间的动量交换和内聚力作用的结果。液体温度升高时黏性减小，这是因为液体分子间的内聚力随温度升高而减小，而动量交换对液体的黏性作用不大，气体的黏性主要是由于分子间的动量交换引起的，温度升高动量交换加剧，因此气体的黏性随温度升高而增大。

现用牛顿（I. Newton）平板实验来说明液体的黏性。

设两个平行平板相距 $h$，其间充满了液体，平板面积为 $A$，设下板固定不动，上板受拉力 $T$ 作用，以匀速 $U$ 向右运动，如图 1-1（a）所示。由于液体质点黏附于固体壁上，下板上的液体质点的速度为零，上板上的液体质点的速度为 $U$。当 $h$ 或 $U$ 不是太大时，实验表明板间沿板法线方向 $y$ 的流速分布为线性关系，如图 1-1（a）所示。即

$$u(y)=\frac{U}{h}y \tag{1-3}$$

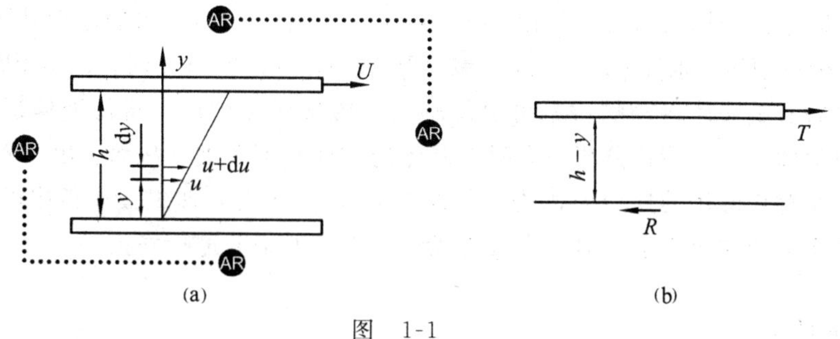


图 1-1

实验还表明，对包括水在内的大多数液体有下列关系，

$$T\propto\frac{AU}{h}$$

若引用一比例常数 $\mu$，称为**动力黏性系数（或称动力黏度）**，则黏附于上板液层的切应力 $\tau$ 为

$$\tau=\frac{T}{A}=\mu\frac{U}{h} \tag{1-4}$$

再研究任一液层上的切应力。距下板 $y$ 处作一个同上下板平行的平面，取上部液体为

隔离体，如图 1-1（b）所示，由受力条件得

$$R=T$$

因此，任一液层上的切应力皆为 $\tau$。

如图 1-1（b）所示，此力 $R$ 是下部液体对上部液体的阻力，其方向与 $U$ 相反。根据牛顿第三定律，上部液体对下部液体作用力的大小仍为 $R$，但方向与 $U$ 相同。上下部液体在 $y$ 平面上的这一对相互作用的剪力，即为黏滞力或摩擦力。

由于两平板间的速度分布为线性关系，故有

$$\frac{\mathrm{d}u}{\mathrm{d}y}=\frac{U}{h}$$

则式（1-4），对 $y$ 层液体有

$$\tau=\mu\frac{\mathrm{d}u}{\mathrm{d}y}, \quad 或 \quad T=\mu A\frac{\mathrm{d}u}{\mathrm{d}y} \tag{1-5}$$

此式称为**牛顿内摩擦定律**。

可以证明，上式中的流速梯度 $\mathrm{d}u/\mathrm{d}y$，实质上是代表液体微团的剪切变形速率。因此，液体的黏滞性可视为液体抵抗剪切变形速率的特性。

液体动力黏性系数 $\mu$ 的量纲为［M/LT］，国际单位为牛顿·秒/米$^2$（$\mathrm{N\cdot s/m^2}$）或帕·秒（Pa·s）。黏性大的液体其 $\mu$ 值也大，因此，液体的性质对摩擦力的影响，可通过动力黏性系数 $\mu$ 来反映。

另外，液体的黏性还可以用动力黏性系数 $\mu$ 与液体密度 $\rho$ 的比值即 $\nu=\mu/\rho$ 表示，$\nu$ 称为液体的**运动黏性系数（或称运动黏度）**，其量纲为［$\mathrm{L^2/T}$］，国际单位为米$^2$/秒（$\mathrm{m^2/s}$）。

液体的 $\mu$ 或 $\nu$ 值随压力变化甚微，随温度变化较为敏感。水的运动黏性系数 $\nu$ 可用下列经验公式计算

$$\nu=\frac{0.017\,75}{1+0.033\,7t+0.000\,221t^2} \tag{1-6}$$

式中 $t$ 为水温，以℃计；$\nu$ 以厘米$^2$/秒（$\mathrm{cm^2/s}$）计。从上式可见，水的运动黏性系数 $\nu$ 随着温度上升而减少。例如当水温 $t=4$℃时，$\nu=0.015\,60\ \mathrm{cm^2/s}$，$t=20$℃时，$\nu=0.010\,10\ \mathrm{cm^2/s}$。

通过以后有关液体运动的讨论可以了解，考虑液体黏性后，将使液体运动的分析很困难。在水力学中，为了简化分析，有时对液体的黏性暂不考虑，从而引出不考虑黏性的理想液体模型。在理想液体的模型中，动力黏性系数 $\mu=0$。按照理想液体得出的液体运动的结论，应用到实际液体时，必须对没有考虑黏性而引起的偏差进行修正。

#### 4. 压缩性

液体不能承受拉力，但可以承受压力。液体受压后体积缩小，同时其内部将产生一种企图恢复原状的内力（弹性力）与所受压力维持平衡，撤除压力后，液体可立即恢复原状，这种性质称为液体的**压缩性**或弹性。

液体压缩性的大小是以体积压缩系数 $\beta$ 或体积弹性系数 $K$ 来表示。体积压缩系数 $\beta$ 是液体体积的相对缩小值与压强的增值之比。设液体压缩前的体积为 $V$，压强增加 $\Delta p$ 后，体积减小 $\Delta V$，其体积压缩系数为

$$\beta=-\frac{(\Delta V/V)}{\Delta p} \tag{1-7}$$

式中负号是考虑到压强增大，体积缩小，所以 $\Delta p$ 与 $\Delta V$ 的符号始终是相反的，上式右端加一个负号是为了保持 $\beta$ 为正值。$\beta$ 值愈大，则液体压缩性亦愈大。$\beta$ 的单位为米²/牛（$m^2/N$）。

体积弹性系数 $K$ 是体积压缩系数 $\beta$ 的倒数，即

$$K=\frac{1}{\beta}=-\frac{\Delta p}{(\Delta V/V)} \tag{1-8}$$

$K$ 值愈大，表示液体愈不容易受压缩。$K$ 的单位为牛/米²（$N/m^2$）。

水的压缩性很小，在 10℃时水的体积弹性系数 $K\approx 2\times 10^9$ Pa（$N/m^2$）。此值说明，每增加一个工程大气压（按 $98\times 10^3$ Pa 计），水的体积相对压缩值（$\Delta V/V$）约为二万分之一。所以，在一般工程设计中，认为水不可压缩是足够精确的，相应水的密度及容重可视为常数。

当气体速度远小于音速时，气体的压缩性在计算中一般也不予考虑。

## 第三节　作用在液体上的力

作用在液体上的力，按其物理性质而言，有重力、摩擦力、弹性力、表面张力及惯性力，等等。为便于分析液体平衡和运动的规律，又可按力的作用方式分为表面力和质量力两大类。

### 1. 表面力

**表面力**是指作用于液体的表面上，并与受作用的液体表面积成比例的力。例如作用在液体隔离体表面上的压力与切力，固体边界对液体的摩擦力等都属于表面力。

液体表面力的大小除用总作用力来度量以外，也常用单位面积上所受的表面力即应力来度量。与作用面正交的应力称为压应力或压强，与作用面平行的应力称为切应力。

如图 1-2 所示，在液体隔离体表面上取包含 $a$ 点的微小面积 $\Delta A$，作用在 $\Delta A$ 上的法向力为 $\Delta P$，切向力为 $\Delta T$，则 $a$ 点处的压强 $p$ 及切应力 $\tau$ 为

$$p=\lim_{\Delta A\to 0}\frac{\Delta P}{\Delta A}=\frac{dP}{dA} \tag{1-9}$$

$$\tau=\lim_{\Delta A\to 0}\frac{\Delta T}{\Delta A}=\frac{dT}{dA} \tag{1-10}$$

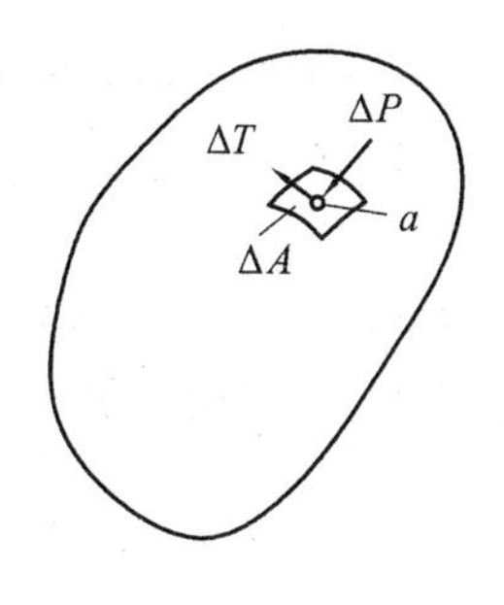

图　1-2

顺便指出，在静止液体中，液体间没有相对运动，即流速梯度 $du/dy=0$，或者在理想液体中，动力黏性系数 $\mu=0$，这两种情况都有 $\tau=0$，则作用在 $\Delta A$ 上的表面力只是法向力 $\Delta P$。

### 2. 质量力

**质量力**是指作用于液体的每个质点上，并与受作用的液体的质量成比例的力。最常见的质量力是重力；此外，质量力还包括惯性力。

液体质量力除用总作用力来度量外，还常用单位质量力来度量。单位质量力是指作用在

单位质量液体上的质量力。若有一质量为 $M$ 的均质液体，所受的总质量力为 $\boldsymbol{F}$，则单位质量力 $\boldsymbol{f}$ 为

$$\boldsymbol{f}=\frac{\boldsymbol{F}}{M} \tag{1-11}$$

若总质量力 $F$ 在坐标轴上的投影分别为 $F_x$、$F_y$、$F_z$，则单位质量力 $\boldsymbol{f}$ 在相应坐标轴的投影为 $f_x$、$f_y$、$f_z$，则有

$$\left.\begin{aligned} f_x&=\frac{F_x}{M}\\ f_y&=\frac{F_y}{M}\\ f_z&=\frac{F_z}{M}\end{aligned}\right\} \tag{1-12}$$

即单位质量力 $\boldsymbol{f}$（矢量）为

$$\boldsymbol{f}=f_x\mathbf{i}+f_y\mathbf{j}+f_z\mathbf{k} \tag{1-13}$$

式中，$\mathbf{i}$、$\mathbf{j}$、$\mathbf{k}$ 为单位矢量，$f_x$、$f_y$、$f_z$ 为单位质量力的投影值。

单位质量力具有与加速度一样的量纲 $[L/T^2]$。

## 思 考 题

**1.** 什么是连续介质模型？为什么在研究液体机械运动规律时引出连续介质模型？

**2.** 牛顿内摩擦力定律表明的液体摩擦力与材料力学描述的固体摩擦力有什么不同？

**3.** 为什么液体质量力常以单位质量力来表示？

**4.** 为什么液体表面力常以应力来表示？

## 习 题

**1-1** 某种汽油的容重为 7.00 $kN/m^3$，问其密度为多少？

**1-2** 20℃的水，其体积为 2.5 $m^3$，当温度升至 80℃，求体积增加值及增加率各为多少？

**1-3** 使 10℃的水的体积减小 0.1%及 1.0%时，应增大压强各为多少？

**1-4** 一封闭容器盛以水或油，在地球上静止时，其单位质量力各为多少？

# 第二章 水静力学

水静力学是研究液体处于静止状态下的平衡规律及其实际应用。所谓静止是一个相对的概念，它是指液体对于地球没有相对运动，而处于相对静止的状态；或是指液体对于地球虽有运动，但液体与容器之间以及液体质点相互之间都不存在相对运动，而处于相对平衡状态。

绪论中曾指出，液体质点之间没有相对运动时，液体的黏滞性便不起作用，故静止液体不呈现切应力。又由于液体几乎不能承受拉应力，所以，静止液体质点间的相互作用是通过压应力（称静水压强）形式呈现出来。因此，水静力学的主要任务便是研究静水压强在空间的分布规律，并在此基础上解决一些工程实际问题。

## 第一节 静水压强定义及其特性

### 1. 静水压强定义

静止液体作用在与之接触的表面上的水压力称为**静水压力**。从实践中得知，液体不仅对与之接触的固体边壁作用有压力，而且在液体内部，一部分液体对相邻的另一部分液体也作用有压力。

现从均质的静止（或相对平衡）状态流体中，任取一体积 $V$，如图 2-1 所示。设用任意平面 $ABCD$ 将此体积分为Ⅰ、Ⅱ两部分，假定将Ⅰ部分移去，并以与其等效的力代替它对Ⅱ部分的作用，显然，余留部分不会失去原有的平衡。

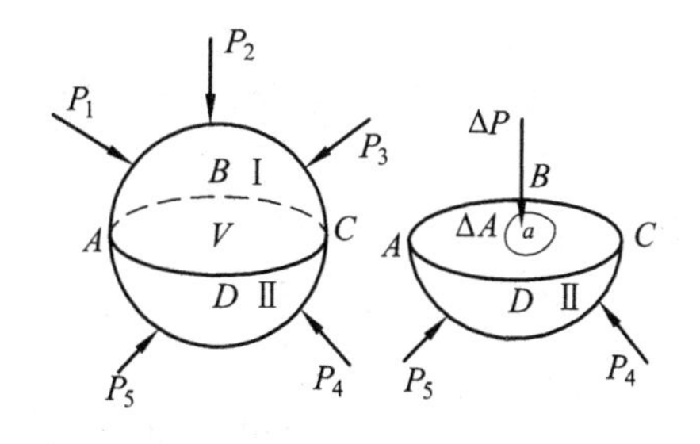


图 2-1

从平面 $ABCD$ 上取出一小块面积 $\Delta A$，$a$ 点是该面的几何中心，令力 $\Delta P$ 为移去液体作用在面积 $\Delta A$ 上的总作用力。在水力学上，力 $\Delta P$ 称为面积 $\Delta A$ 上的静水压力；$\Delta P/\Delta A$ 称为面积 $\Delta A$ 上的平均静水压力强度，简称平均压强，以 $\overline{p}$ 表示。当 $\Delta A$ 无限缩小到点 $a$ 时，平均压强 $\overline{p}=\Delta P/\Delta A$ 便趋近某一极限值，此极限值定义为该点的**静水压强**，通常以符号 $p$ 表示，即

$$p=\lim_{\Delta A\to 0}\frac{\Delta P}{\Delta A}=\frac{\mathrm{d}P}{\mathrm{d}A} \tag{2-1}$$

在国际单位制中，静水压力 $P$ 的单位为牛顿（N）或千牛（kN）；静水压强 $p$ 的单位为牛顿/米$^2$（$N/m^2$）或千牛/米$^2$（$kN/m^2$），牛顿/米$^2$ 又称帕斯卡（Pa）。在工程单位制中，静水压力的单位为公斤力（kgf）；静水压强的单位为公斤力/厘米$^2$（$kgf/cm^2$）。

**2. 静水压强特性**

静水压强有两个重要特性，即

(1) 静水压强方向与作用面的内法线方向重合。兹证明如下：

在某静止液体中，以 $N\text{-}N'$ 面将其切割为Ⅰ、Ⅱ两部分，如图 2-2 所示，现以Ⅱ部为隔离体，在属于Ⅱ部的 $N\text{-}N'$ 面上任取一点（$A$ 点），假如其所受的静水压强 $p$ 是任意方向，则 $p$ 可分为法向应力 $p_n$ 与切向应力 $\tau$。由于静止液体黏滞性不起作用，不能承受剪切变形，从而使得液体具有易动性，故静止液体在切向力 $\tau$ 作用下将会引起流动，这与静止液体的前提不符，故 $\tau=0$，亦即 $\alpha=90°$，可见，$p$ 必须垂直于其作用面。

又由于液体不能承受拉应力，静水压强 $p$ 的作用方向只能是指向其受压面，故 $p$ 为压应力。

由此可见，只有内法线方向才是静水压强的唯一方向，或者说，静水压强的作用方向只能是指向并垂直其受压面。

(2) 静止液体中某一点静水压强的大小与作用面的方位无关，或者说作用于同一点各方向的静水压强大小相等。兹证明如下：

在平衡液体中任取一点 $O$，并设直角坐标系如图 2-3 所示。在直角坐标系上，取包括原点 $O$ 在内的无限小四面体 $OABC$，以 $p_x$、$p_y$、$p_z$ 和 $p_n$ 分别表示坐标面和斜面 $ABC$ 上的平均压强。如果能够证明，当四面体 $OABC$ 无限地缩小到 $O$ 时，$p_x=p_y=p_z=p_n$（$n$ 为任意方向），则静水压强的第二特性就得到了证明。为此，用 $P_x$、$P_y$、$P_z$、$P_n$ 分别表示垂直于 $x$、$y$、$z$ 的平面及斜面上的总压力（见图 2-3）

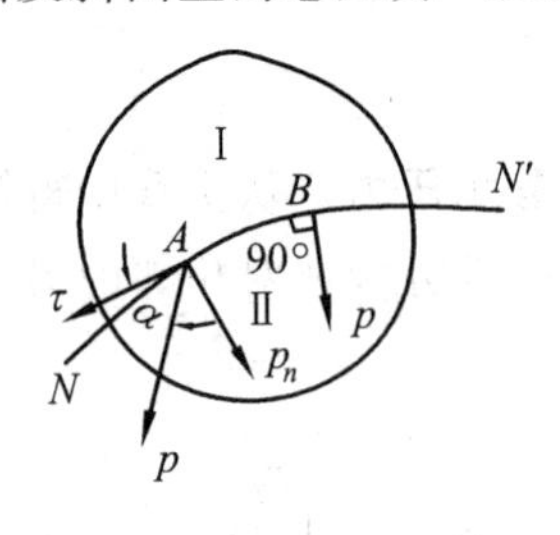


图 2-2

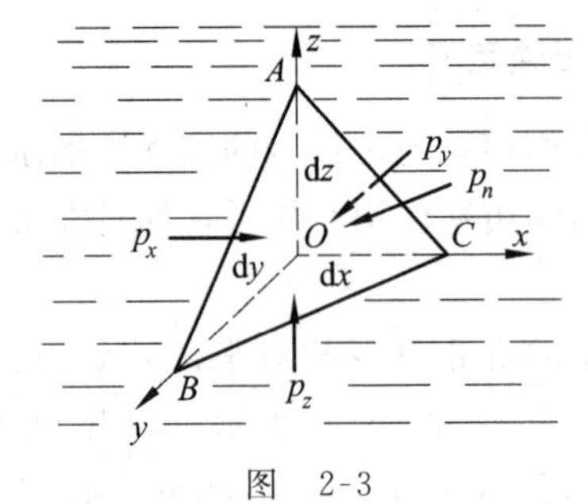


图 2-3

则有

$$P_x=\frac{1}{2}\mathrm{d}y\cdot\mathrm{d}z\cdot p_x$$

$$P_y=\frac{1}{2}\mathrm{d}x\cdot\mathrm{d}z\cdot p_y$$

$$P_z=\frac{1}{2}\mathrm{d}x\cdot\mathrm{d}y\cdot p_z$$

$P_n=\mathrm{d}s\cdot p_n$（$\mathrm{d}s$ 为斜面 $ABC$ 的面积）。

四面体 $OABC$ 除了受到上述表面力的作用外，尚有质量力的作用。

四面体 $OABC$ 的体积 $\mathrm{d}V=\frac{1}{6}\mathrm{d}x\cdot\mathrm{d}y\cdot\mathrm{d}z$，液体密度以 $\rho$ 表示，令 $f_x$、$f_y$、$f_z$ 分别为液体单位质量的质量力在相应坐标轴方向的分量，则质量力 $F$ 在坐标轴方向的分量分别为

$$F_x=f_x\cdot\rho\mathrm{d}V,\quad F_y=f_y\cdot\rho\mathrm{d}V,\quad F_z=f_z\cdot\rho\mathrm{d}V$$

由于液体处于平衡状态，利用理论力学中作用于平衡体上的合力为零的原理，分别写出

作用在四面体 $OABC$ 上诸力对各坐标轴投影的平衡方程为

$$\left.\begin{aligned}P_x-P_n\cos(\hat{nx})+F_x=0\\P_y-P_n\cos(\hat{ny})+F_y=0\\P_z-P_n\cos(\hat{nz})+F_z=0\end{aligned}\right\}\tag{2-2}$$

式中，$(\hat{nx})$、$(\hat{ny})$、$(\hat{nz})$ 分别表示倾斜面法向 $n$ 与 $x$、$y$、$z$ 轴的交角。以对 $x$ 轴的投影为例，其中 $P_n\cos(\hat{nx})=p_n\mathrm{d}s\cos(\hat{nx})=p_n\cdot(1/2)\mathrm{d}y\mathrm{d}z$，而 $(1/2)\mathrm{d}y\mathrm{d}z$ 为斜面 $\mathrm{d}s$ 在坐标面 $yOz$ 上的投影值。将上述各式代入后，式（2-2）中的第一式可写为

$$\frac{1}{2}\mathrm{d}y\mathrm{d}z\cdot p_x-\frac{1}{2}\mathrm{d}y\mathrm{d}z\cdot p_n+\frac{1}{6}\mathrm{d}x\mathrm{d}y\mathrm{d}z\cdot\rho f_x=0$$

以 $(1/2)\mathrm{d}y\mathrm{d}z$ 除以全式后，得

$$p_x-p_n+\frac{1}{3}\mathrm{d}x\rho f_x=0$$

当四面体无限地缩小到 $O$ 点时，上述方程式中的最后一项便趋近于零，而压强 $p_x$ 与 $p_n$ 的值是有限的。因此，取极限便得

$$p_x-p_n=0$$

或

$$p_x=p_n$$

同理可得

$$p_y=p_n,\qquad p_z=p_n$$

因斜面的方向是任意选取的，所以当四面体无限缩小至一点时，各个方向的静水压强均相等，即

$$p_x=p_y=p_z=p_n$$

上述第二个特性表明，作为连续介质的平衡液体内，任一点的静水压强仅是空间坐标的连续函数而与受压面的方位无关，所以

$$p=p(x,y,z)\tag{2-3}$$

该函数 $p$ 的性质将在下面各节中讨论。

## 第二节 液体平衡的微分方程及其积分

### 1. 液体平衡的微分方程

液体平衡的微分方程，是表征液体处于平衡状态时作用于液体上各种力之间的基本关系式。

设想处于相对平衡液体中任一点 $O$ 处，绘出以 $O'$ 为中心的微小正交六面体（见图 2-4），令各边长为 $\mathrm{d}x$、$\mathrm{d}y$ 和 $\mathrm{d}z$，并与相应的直角坐标轴平行。经过 $O'$ 点作平行 $x$ 轴的直线 $MN$，与平面 $ABCD$、$EFGH$ 分别交于 $M$ 点和 $N$ 点。

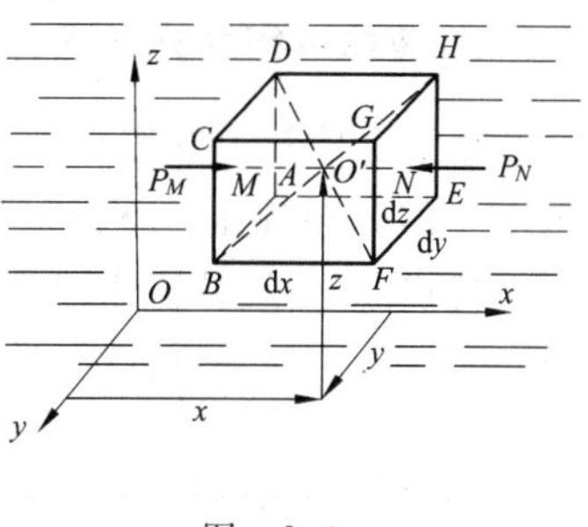


图 2-4

设正交六面体中心点 $O'(x, y, z)$ 处的静水压强为 $p$，根据液体连续性的假定，它应是坐标的连续函数，即 $p=p(x, y, z)$，用泰勒级数展开得 $M$ 点和 $N$ 点的压强为

$$p_M=p-\frac{1}{2}\frac{\partial p}{\partial x}\mathrm{d}x$$

$$p_N=p+\frac{1}{2}\frac{\partial p}{\partial x}\mathrm{d}x$$

上式忽略了级数展开后的高阶微量。并且，上式还可以用压强梯度（$\partial p/\partial x$）的概念直接写出。

由于六面体中各面的面积微小，可认为平面各点所受的压强与该面中点的压强相等，由此推出 $ABCD$ 面上的表面力为

$$\left(p-\frac{1}{2}\frac{\partial p}{\partial x}\mathrm{d}x\right)\mathrm{d}y\mathrm{d}z$$

而 $EFGH$ 面上的表面力为

$$\left(p+\frac{1}{2}\frac{\partial p}{\partial x}\mathrm{d}x\right)\mathrm{d}y\mathrm{d}z$$

此外，作用在这个微小六面体上的总质量力在 $x$ 轴上的分量为

$$f_x\cdot\rho\mathrm{d}x\mathrm{d}y\mathrm{d}z$$

根据液体平衡条件，诸力在 $x$ 轴上的投影应为零，即

$$\left(p-\frac{1}{2}\frac{\partial p}{\partial x}\mathrm{d}x\right)\mathrm{d}y\mathrm{d}z-\left(p+\frac{1}{2}\frac{\partial p}{\partial x}\mathrm{d}x\right)\mathrm{d}y\mathrm{d}z+f_x\rho\mathrm{d}x\mathrm{d}y\mathrm{d}z=0$$

或

$$-\frac{\partial p}{\partial x}\mathrm{d}x\mathrm{d}y\mathrm{d}z+f_x\rho\mathrm{d}x\mathrm{d}y\mathrm{d}z=0$$

以微小六面体的质量 $\rho\mathrm{d}x\mathrm{d}y\mathrm{d}z$ 除上式后，得单位质量液体的平衡方程式

$$f_x-\frac{1}{\rho}\frac{\partial p}{\partial x}=0$$

同理，对 $y$、$z$ 轴方向可推出类似结果，从而得到微分方程组

$$\left.\begin{aligned}f_x-\frac{1}{\rho}\frac{\partial p}{\partial x}=0\\f_y-\frac{1}{\rho}\frac{\partial p}{\partial y}=0\\f_z-\frac{1}{\rho}\frac{\partial p}{\partial z}=0\end{aligned}\right\}\tag{2-4}$$

上式为**液体平衡微分方程**。它指出液体处于平衡状态时，单位质量液体所受的表面力与质量力彼此相等。因为它是1775年由瑞士学者欧拉（Euler）得出，故又称为**欧拉平衡微分方程**。

### 2. 液体平衡微分方程的积分

在给定质量力的作用下，对式（2-4）积分，便可得到静止液体（或相对静止液体）中压强 $p$ 的分布规律。下面是积分的数学运算。

将式（2-4）依次乘以任意的 $\mathrm{d}x$、$\mathrm{d}y$、$\mathrm{d}z$ 并将它们加起来，得

$$\frac{\partial p}{\partial x}\mathrm{d}x+\frac{\partial p}{\partial y}\mathrm{d}y+\frac{\partial p}{\partial z}\mathrm{d}z=\rho\ (f_x\mathrm{d}x+f_y\mathrm{d}y+f_z\mathrm{d}z)$$

上式左边是连续函数 $p$（$x$，$y$，$z$）的全微分 $\mathrm{d}p$，这样

$$\mathrm{d}p=\rho\ (f_x\mathrm{d}x+f_y\mathrm{d}y+f_z\mathrm{d}z)\tag{2-5}$$

式（2-5）称为**液体平衡微分方程综合式**，当液体所受的质量力已知时，可以从该式求

出液体内的压强分布规律。

由于液体的密度 $\rho$ 可视为常量，式（2-5）右边括号内三项总和也应是某一个力函数 $W$（$x$，$y$，$z$）的全微分，即

$$dW=f_x dx+f_y dy+f_z dz \tag{2-6}$$

而

$$dW=\frac{\partial W}{\partial x}dx+\frac{\partial W}{\partial y}dy+\frac{\partial W}{\partial z}dz$$

由此，得

$$\left.\begin{aligned} f_x&=\frac{\partial W}{\partial x} \\ f_y&=\frac{\partial W}{\partial y} \\ f_z&=\frac{\partial W}{\partial z} \end{aligned}\right\} \tag{2-7}$$

从理论力学知，满足上式的力函数 $W$（$x$，$y$，$z$）称为**力的势函数**，而具有这样势函数的质量力称为**有势的力**。有势力所做的功与路径无关，而只与起点及终点的坐标有关。例如，重力、惯性力都是有势的力。可见，液体只有在有势的质量力作用下才能平衡。

将式（2-6）代入式（2-5），得

$$dp=\rho dW \tag{2-8}$$

积分，得

$$p=\rho W+C \tag{2-9}$$

式中 $C$ 为积分常数，由已知的边界条件确定。当液体某一点的 $p_0$、$W_0$ 已知时，代入式（2-9），得

$$C=p_0-\rho W_0$$

于是式（2-9）变为

$$p=p_0+\rho(W-W_0) \tag{2-10}$$

这就是在具有势函数 $W$（$x$，$y$，$z$）的某一质量力系作用下，静止或相对平衡的液体内任一点压强 $p$ 的表达式。

需要指出，在实际问题中，力的势函数 $W$（$x$，$y$，$z$）的表达式一般不直接给出，因而在实际计算静水压强分布规律时，采用综合式（2-5）进行计算较上式更为方便。

**3. 等压面**

液体中各点压强相等的面称为**等压面**。例如液体与气体的交界面（即自由表面），以及处于平衡状态下的两种液体的交界面都是等压面。

等压面具有如下两个性质：

（1）在平衡液体中等压面即是等势面。

因在等压面上 $p=$常数，由式（2-8）知，即 $dp=\rho dW=0$；而 $\rho$ 亦视为常量，故 $dW=0$，则得 $W=$常数。可见，等压面即是等势面。

等势面又具有什么含义呢？读者可自行思考。

（2）等压面与质量力正交。

因在等压面上有：

$$dp=\rho(f_x dx+f_y dy+f_z dz)=0$$

即 $$f_x\mathrm{d}x+f_y\mathrm{d}y+f_z\mathrm{d}z=0 \tag{2-11}$$

式中，$\mathrm{d}x$、$\mathrm{d}y$、$\mathrm{d}z$ 可看作是液体质点在等压面上的任意微小位移 $\mathrm{d}s$ 在相应坐标轴上的投影。而 $f_x$、$f_y$、$f_z$ 为单位质量力在相应坐标方向上的分量。因此，式（2-11）表示了当液体质点沿等压面移动 $\mathrm{d}s$ 距离时，质量力作的微功为零。而质量力和 $\mathrm{d}s$ 都不为零，所以，必然是等压面与质量力正交。例如重力作用下的液体，其等压面处处都是与重力方向相垂直，它近似是一个与地球同心的球面。但在实践中，这个球面的有限部分可以看成是水平面。

## 第三节　重力作用下静水压强的分布规律

**1. 水静力学的基本方程**

在实际应用中，作用于平衡液体上的质量力常常只有重力，此时的平衡液体即所谓静止液体。

若在质量力只有重力作用下的静止液体内，设置直角坐标系，如图 2-5 所示。现令坐标面 $xOy$ 与液面重合，液面上的压强为 $p_0$。此时，作用在单位质量液体的质量力（只有重力）在各坐标轴方向上的分量分别为

$$f_x=0,\quad f_y=0,\quad f_z=-g$$

因此液体平衡微分方程的综合式（2-5）可写成

$$\mathrm{d}p=-\rho g\mathrm{d}z=-\gamma\mathrm{d}z$$

积分得

$$p=-\gamma z+C'$$

或 $$\frac{p}{\gamma}+z=\frac{C'}{\gamma}=C \tag{2-12}$$

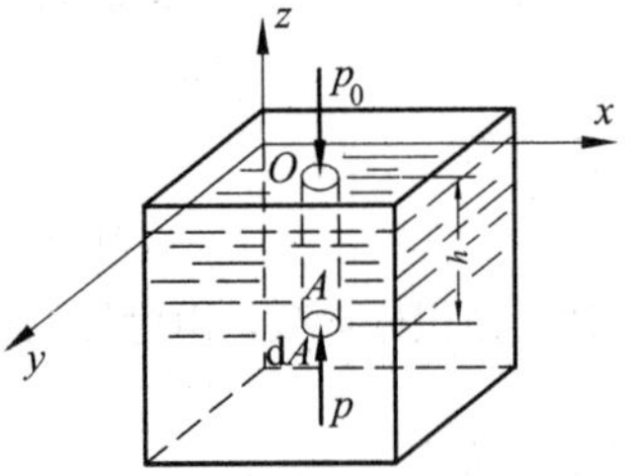

图 2-5

式中，$C'$为积分常数，$C$ 为常数，根据边界条件决定。式（2-12）就是**重力作用下水静力学基本方程**。由上式看出，对液体内任意两点，有

$$\frac{p_1}{\gamma}+z_1=\frac{p_2}{\gamma}+z_2 \tag{2-13}$$

从上述基本方程式（2-13）可看出，质量力只有重力作用的静止液体其压强具有如下一些性质：

（1）当液体中任意两点的静水压强相等（$p_1=p_2$）时，则 $z_1=z_2$，即质量力只有重力作用的静止液体其等压面为水平面。

（2）当 $z_1<z_2$ 时，则 $p_1>p_2$，即位置较低点的压强恒大于位置较高点的压强，说明水越深其静水压强越大。

（3）当已知某点的静水压强值及其位置标高时，便可求得液体内其他点的静水压强。

另外，从静水压强基本方程式（2-12）中还可得知，当静止液体上液面的边界条件为自由表面即 $z=0$ 时，自由液面上的表面压强为 $p_0$，则从式（2-12）可得

$$p=p_0-\gamma z$$

或 $$p=p_0+\gamma h \tag{2-14}$$

式中　$\gamma$——液体的容重（$\mathrm{N/m^3}$）；

$h$——液体质点的水深（m），与坐标的关系为 $h=-z$（见图 2-5）。

式（2-14）为重力作用下**水静力学基本方程的常用表达式。**

对于式（2-14），读者还可从图 2-5 中取微小圆柱体，利用理论力学的静力平衡方程直接得出。

静水压强的常用表达式（2-14）表明：

（1）静止液体中，静水压强随深度按线性规律增加。

（2）液体内任一点的静水压强 $p$ 由两部分组成，一部分是自由液面上的表面压强 $p_0$，另一部分是单位面积上的垂直液柱重量 $\gamma h$。

通常建筑物表面和自由液面上都作用着**当地大气压强** $p_a$，而当地大气压强值一般是随海拔标高及气温的变化而变化。

在物理学上，通常把北纬 45°海平面上、气温为 0℃时的大气压强称为标准大气压强。一个标准大气压强（$p_{标准}$）的大小相当于 760 毫米水银柱对其柱底所产生的压强，或相当于 10.336 米淡水柱对其柱底所产生的压强，即

$$
\begin{aligned}
1p_{标准} &= \gamma_{Hg}h_{Hg} = \rho_{Hg}gh_{Hg} \\
&= 13.6\times10^3\ \mathrm{kg/m^3}\times9.80\ \mathrm{m/s^2}\times0.76\ \mathrm{m} \\
&= 101.3\times10^3\ \mathrm{N/m^2} = 101.3\times10^3\ \mathrm{Pa}\text{（帕）} \\
&= 101.3\ \mathrm{kPa} = 1.013\ \mathrm{bar}\text{（巴）}
\end{aligned}
$$

在工程技术中，当地大气压强的大小常用一个工程大气压（$p_{工程}$）来表示。而一个工程大气压的大小规定为相当于 735 毫米水银柱或 10 米水柱对其柱底所产生的压强，即

$$
\begin{aligned}
1p_{工程} &= \gamma h = \rho gh = 10^3\ \mathrm{kg/m^3}\times9.80\ \mathrm{m/s^2}\times10\mathrm{m} \\
&= 98\ \mathrm{kN/m^2} = 98\ \mathrm{kPa} = 1.0\ \mathrm{kgf/cm^2}
\end{aligned}
$$

### 2. 绝对压强、相对压强、真空值

压强的大小根据起量点的不同，用绝对压强和相对压强来表示。

以设想没有大气分子存在的绝对真空状态作为起量点的压强，称为**绝对压强**，以 $p'$表示。

以当地大气压起量（即以工程大气压为零起算）的压强，称为**相对压强**，以 $p$ 表示。在实际工程中，建筑物表面和自由液面多为大气压强 $p_a$ 作用，所以对建筑物起作用的压强仅是相对压强。

绝对压强和相对压强，是按两种不同起量点计算的压强，它们之间相差一个当地大气压强 $p_a$ 值，即

$$p=p'-p_a \tag{2-15}$$

绝对压强 $p'$总是正值，而相对压强 $p$ 可正可负。当液体中某点的绝对压强小于当地大气压强 $p_a$，即其相对压强为负值，则称该点存在真空。真空的大小以**真空值** $p_v$ 或真空度 $p_v/\gamma$ 表示。

**真空值** $p_v$ 是指该点绝对压强 $p'$小于当地大气压强 $p_a$ 的那个数值，即

$$p_v=p_a-p' \tag{2-16}$$

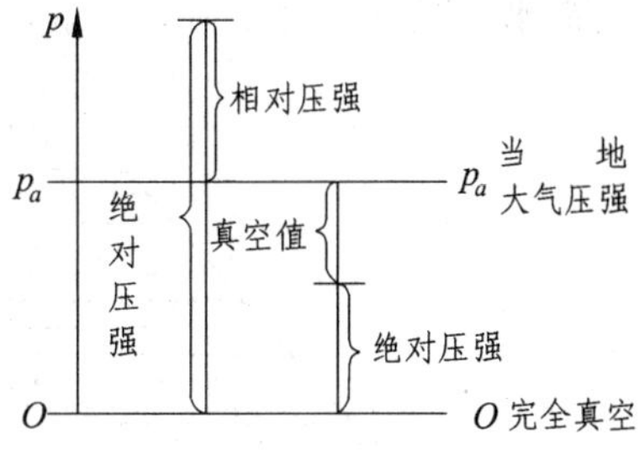

图 2-6

上述绝对压强、相对压强及真空值三者的关系如图 2-6 所示。

**例 2-1**　求静止淡水自由表面下 4m 深处的绝对压强 $p'$和相对压强 $p$（认为自由液面的

绝对压强为 1 个工程大气压)。

**解** 绝对压强为

$$
\begin{aligned}
p' &= p_0 + \gamma h = p_a + \rho g h \\
&= 98\times10^3\ \mathrm{N/m^2} + 10^3\ \mathrm{kg/m^3}\times9.80\ \mathrm{m/s^2}\times4\ \mathrm{m} \\
&= 137.2\times10^3\ \mathrm{N/m^2} = 137.2\ \mathrm{kN/m^2} \\
&= 137.2\ \mathrm{kPa} = 1.4\ \text{工程大气压} = 1.4\ \mathrm{kgf/cm^2}
\end{aligned}
$$

相对压强为

$$
\begin{aligned}
p &= p' - p_a = \gamma h = 9\ 800\ \mathrm{N/m^3}\times4\ \mathrm{m} \\
&= 39.2\times10^3\ \mathrm{N/m^2} = 39.2\ \mathrm{kPa} \\
&= 0.4\ \text{工程大气压} = 0.4\ \mathrm{kgf/cm^2}
\end{aligned}
$$

**例 2-2** 若虹吸管输水管中某点的绝对压强为 58.5 kPa，试将其换算成相应的相对压强、真空值及真空高度。

**解** 相对压强为

$$p = p' - p_a = 58.5\ \mathrm{kPa} - 98\ \mathrm{kPa} = -39.5\ \mathrm{kPa}$$

真空值为

$$p_v = p_a - p' = 98\ \mathrm{kPa} - 58.5\ \mathrm{kPa} = 39.5\ \mathrm{kPa} = 39.5\ \mathrm{kN/m^2}$$

真空高度为

$$(p_v/\gamma) = (39.5\ \mathrm{kN/m^2} \div 9.8\ \mathrm{kN/m^3}) = 4.03\ \mathrm{mH_2O}$$

### 3. 静水压强图示

静水压强图示是根据水静力学基本方程式（2-14）即 $p = p_0 + \gamma h$ 绘出作用在受压面上各点的压强方向及其大小的图示。

为简单起见，在液体中任取铅直壁面 $AB$（见图 2-7），并设横坐标为 $p$，纵坐标为 $h$。

对既定液体，重度 $\gamma$ 一定，因此 $p$ 与 $h$ 成直线关系，只要任取两对 $p$ 与 $h$ 的值，连成一直线，就可以绘出相对压强 $p=\gamma h$ 的图示。例如，在自由液面上 $h=0$，$p=0$，在任意深度 $h$ 处，$p=\gamma h$，这两对 $p$ 和 $h$ 的值，便决定三角形 $ABC$ 的图形，其中 $BC=p=\gamma h$，高度 $AB=h$。

至于表面压强 $p_0$ 对壁面 $AB$ 各点的作用大小是一样的，其压强图形是平行四边形 $ADEC$。

对实际工程计算有用的是相对压强 $p=\gamma h$ 的图示。

根据式（2-14）和静水压强垂直并指向于作用面的特性，可以绘出斜面、折面以及曲面上的静水压强（相对压强）图示，如图 2-8 所示。

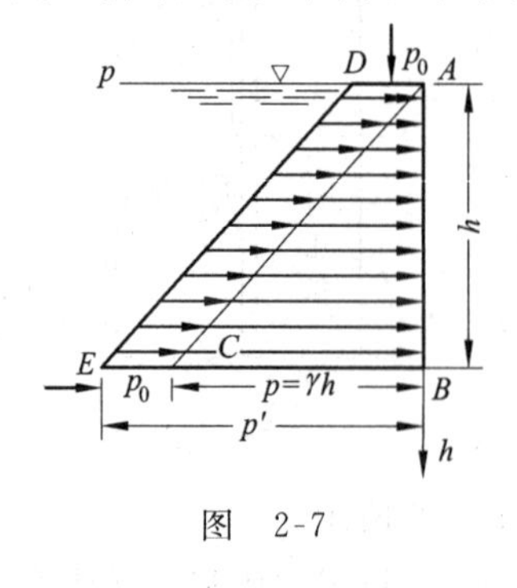


图 2-7

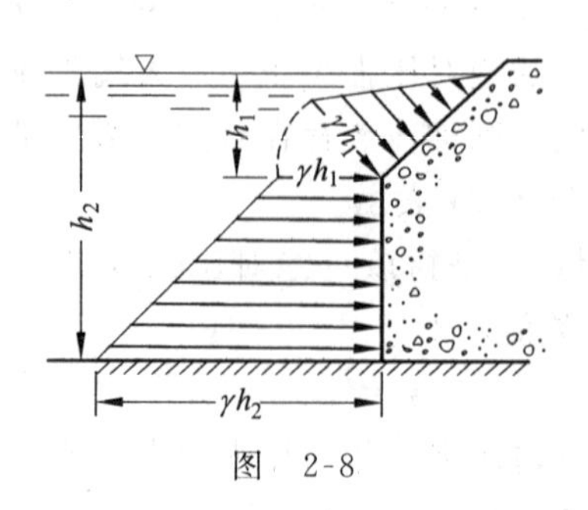


图 2-8

**4. 测压管高度、测压管水头及真空度**

液体中任一点的压强，还可以用液柱高度表示，这种方法，在工程技术上，特别在测量压强时，显得很方便。下面说明压强与液柱高度的转换关系，并引出与此相关的几个概念。

设一封闭容器如图 2-9 所示，液面压强为 $p_0$。若在器壁任一点 $A$ 处开一小孔，连上一根上端开口与大气相通的玻璃管，称为**测压管**，在 $A$ 点压强 $p_A$ 的作用下，液体将沿测压管升至 $h_A$ 高度。从测压管方面看，$A$ 点的相对压强为

$$p_A=\gamma h_A$$

即

$$h_A=\frac{p_A}{\gamma} \tag{2-17}$$

可见，液体中任一点的相对压强可以用测压管内的液柱高度（称为**测压管高度**）来表示。图 2-9中的 $h_A=p_A/\gamma$ 便是相对压强 $p_A$ 的测压管高度。

在水力学上，把任一点的相对压强高度（即测压管高度）与该点在基准面以上的位置之和称为**测压管水头**。如图 2-9 中 $A$ 点的测压管水头便为 $z_A+p_A/\gamma$。

从式（2-12）可知，在静止液体中，任一点的位置标高与该点测压管高度之和是一常数；或者说，在静止液体中，各点的测压管水头不变。

综上所述，静水压强的计量值可以有三种表示方法：用压应力强度表示，或用工程大气压表示，或用测压管高度（即液柱高度）表示。

对于式（2-16）所表示的真空值（真空压强）$p_v$，亦可用水柱高度 $h_v=p_v/\gamma$ 表示，此时 $h_v$ 称为**真空度**，即

$$h_v=\frac{p_v}{\gamma}=\frac{p_a-p'}{\gamma} \tag{2-18}$$

图 2-10 容器 $A$ 内的真空值 $p_v$，便可通过真空度 $h_v$ 来量度。

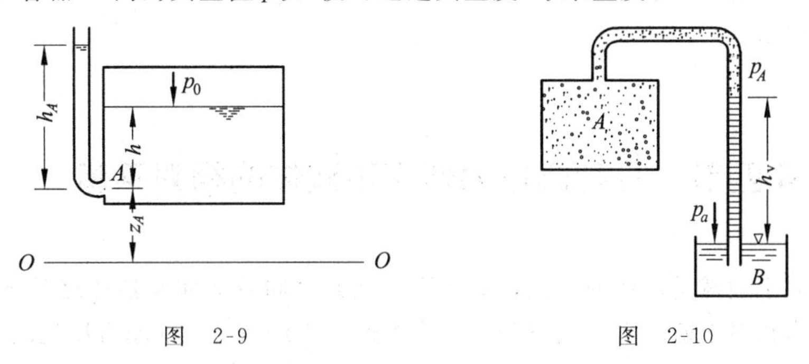


图 2-9　　　　图 2-10

当容器的绝对压强 $p'=0$ 的真空称为完全真空，其真空度为

$$h_v=\frac{p_a-0}{\gamma}=\frac{98\ 000\ \text{N/m}^2}{9\ 800\ \text{N/m}^3}=10\ \text{mH}_2\text{O}$$

这是理论上的最大真空度。完全真空实际上是不存在的，因为随着真空值的增加，即绝对压强 $p'$的减小，液体中的蒸汽和空气也随着逸出，使真空区内保持与其温度相应的汽化压强。

**例 2-3**　设在图 2-10 中，测得真空高度（简称真空度）$h_v=1.5$m 水柱，问封闭容器 $A$ 中真空值 $p_v$ 为多少？

**解**　从图 2-10 中可见，封闭容器 $A$ 中的绝对压强为

$$p'=p_a-\gamma h_v$$

因此 $p_v = p_a - p' = p_a - (p_a - \gamma h_v) = \gamma h_v$

$= 9\ 800\ \text{N/m}^3 \times 1.5\ \text{m} = 14\ 700\ \text{N/m}^2$

$= 14\ 700\ \text{Pa} = 14.7\ \text{kPa}$

**5. 水银差压计**

图 2-11 为一水银差压计。用水银差压计可测出液体中两点的压强差或测压管水头差。

图中差压计的弯管内装有水银，两端分别连到所施测点 $A$、$B$ 上，这两点的测压管水头差可用水银柱差 $\Delta h_p$ 来表示，其关系推导如下：

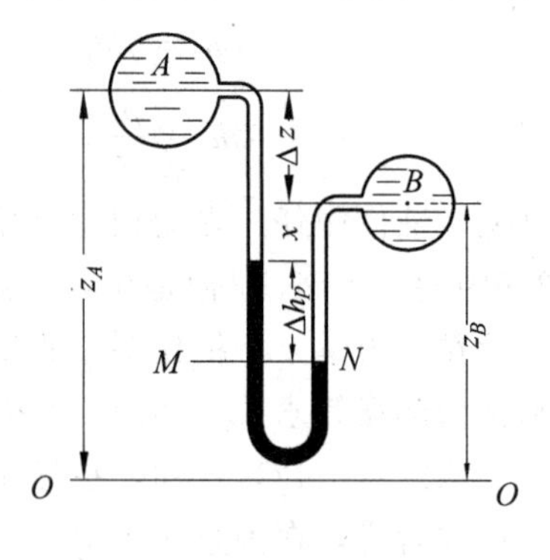


图 2-11

由图知

$$p_M = p_A + \gamma(\Delta z + x) + \gamma_p \Delta h_p$$

$$p_N = p_B + \gamma(x + \Delta h_p)$$

因为 $MN$ 水平面为等压面，故 $p_M = p_N$，即

$$p_A + \gamma(\Delta z + x) + \gamma_p \Delta h_p = p_B + \gamma(x + \Delta h_p)$$

整理化简后得

$$\left(z_B + \frac{p_B}{\gamma}\right) - \left(z_A + \frac{p_A}{\gamma}\right) = \left(\frac{\gamma_p}{\gamma} - 1\right)\Delta h_p \qquad (2\text{-}19)$$

式中 $\gamma_p$——水银的容重，为 $13.6 \times 9\ 800\ \text{N/m}^3$；

$\Delta h_p$——为实测的水银柱差（m）；

$\gamma$——为所施测液体的容重（$\text{N/m}^3$）。

式（2-19）是计算水银差压计所施测的任意两压源**测压管水头差的普遍式。**

若图 2-11 中两压源 $A$、$B$ 皆为淡水时，式（2-19）的右边表达可变为更简单的形式，相信读者可自行得出。

## 第四节　几种质量力作用下液体的相对平衡

如果液体相对于地球是运动的，但各液体质点彼此之间及液体与器皿之间无相对运动，这种运动状态称为相对平衡。例如相对于地面作等速直线运动、等加速直线运动或等角速旋转运动的器皿中的液体，在运动器皿经历一定时间之后，便可看到这种相对平衡状态。

研究处于相对平衡的液体中的压强分布规律，最方便的办法就是采用理论力学中的达兰贝尔原理，这就是把坐标系取在运动器皿上，液体相对于这一坐标系是静止的，这样便使这种运动问题作为静止问题来处理。这样处理问题时，质量力除重力外，尚有惯性力。质点惯性力的计算方法是：先求出某质点相对于地球的加速度，将其反号并乘以该质点的质量。

下面以两个相对平衡的例子，来分析其压强的分布规律。

**1. 直线等加速器皿中液体的相对平衡**

一盛有液体的敞口水车以等加速度 $a$ 向前平驶，如图 2-12 所示。坐标系取在等加速运

动的水车液面上。根据达兰贝尔原理，此时单位质量力在各坐标轴方向的分量为

$$f_x=-a,\quad f_y=0,\quad f_z=-g$$

将这些值代入液体平衡微分方程的综合式即式（2-5）后，得

$$dp=\rho(-a dx-g dz)$$

积分得 $$p=-\rho(ax+gz)+C$$

当 $x=z=0$ 时，$p=p_0$，得 $C=p_0$，代入上式后，

得 $$p=p_0-\gamma\left(\frac{a}{g}x+z\right) \tag{2-20}$$

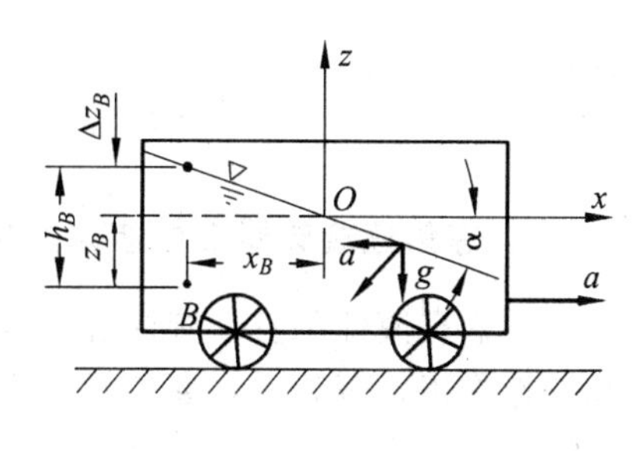


图 2-12

若液体内部任一点 $B$ 的坐标为（$x$，$z$），从图 2-12 可见

$$\tan\alpha=\frac{\Delta z}{x}\quad 及\quad \tan\alpha=\frac{a}{g}$$

因此得 $$\Delta z=\frac{a}{g}x$$

又从图中知 $B$ 点在液面以下的铅直深度 $h$ 为

$$h=|z|+\Delta z=|z|+\frac{a}{g}x$$

此时 $B$ 点的 $x$ 与 $z$ 坐标均为负值，因此从式（2-20）得

$$p=p_0-\gamma\left(\frac{a}{g}x+z\right)=p_0+\gamma h \tag{2-21}$$

可见，在这种情况下，液体的压强分布规律与静止液体完全一样。

**例 2-4** 一洒水车以匀加速度 $a=0.98\ \mathrm{m/s^2}$，向前直线行驶，如图 2-12 所示。当 $B$ 点在运动前的坐标 $x_B=-1.5$ m、$z_B=-1.0$ m 时，求洒水车作匀加速运动后该点的静水压强 $p_B$，以及求水车内自由液面与水平面间的夹角 $\alpha$。

**解** 重力的单位质量力为

$$f_{x1}=f_{y1}=0,\qquad f_{z1}=-g$$

惯性力的单位质量力为

$$f_{x2}=-a,\qquad f_{y2}=f_{z2}=0$$

故总的单位质量力为

$$f_x=f_{x1}+f_{x2}=-a$$
$$f_y=f_{y1}+f_{y2}=0$$
$$f_z=f_{z1}+f_{z2}=-g$$

代入综合式（2-5）并积分，然后根据液面边界条件定出积分常数后，得出与式（2-20）相同的计算式

$$p=p_0-\gamma\left(\frac{a}{g}x+z\right)$$

将 $x_B$ 与 $z_B$ 代入，便得 $B$ 点的相对压强为

$$p_B=-\gamma\left(\frac{a}{g}x_B+z_B\right)=-9\ 800\left[\frac{0.98}{9.80}(-1.5)-1.0\right]$$
$$=11\ 270\ \mathrm{N/m^2}=11.27\ \mathrm{kPa}$$

从式（2-20）得自由液面方程为

$$\frac{a}{g}x+z=0$$

上式中的 $x$、$z$ 值为自由液面上各质点的坐标，从图 2-12 可知

$$\tan\alpha=-\frac{z}{x}=\frac{a}{g}=\frac{0.98}{9.80}=0.10$$

故得

$$\alpha=5°45'$$

**2. 等角速旋转器皿中液体的相对平衡**

设盛有液体的直立圆筒容器绕其中心轴以等角速 $\omega$ 旋转，如图 2-13 所示。由于液体的黏滞性作用，开始时，紧靠筒壁的液体随壁运动，其后逐渐传至全部液体都以等角速 $\omega$ 跟着圆筒一起旋转，从而达到了相对平衡状态。可以看到，此时液体的自由表面已由平面变成为一个旋转抛物面。将坐标轴取在旋转圆筒上，并使原点与旋转抛物面的顶点重合，$z$ 轴指向上（见图 2-13），现分析距离 $OZ$ 轴半径为 $r$ 处任意液体质点 $A$ 所受的质量力。

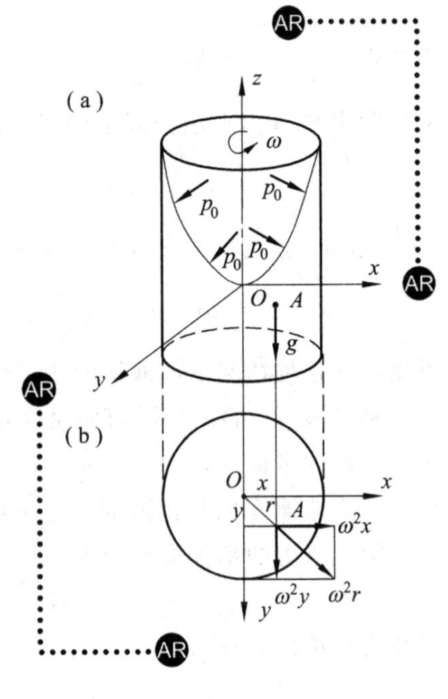


图 2-13

设质点 $A$ 的质量为 $\Delta M$，它受有重力 $\Delta G=-\Delta M\cdot g$，因方向与 $z$ 轴相反，取负号，故作用在单位质量上的重力 $\Delta G/\Delta M=-g$，对各坐标轴的分量（见图 2-13）为

$$f_{x1}=0,\quad f_{y1}=0,\quad f_{z1}=-g$$

由于质点 $A$ 相对于地球有向心加速度 $-\omega^2r$，方向与 $r$ 轴相反，取负号，故在运动坐标系中有离心惯性力 $\Delta F=\Delta M\cdot\omega^2r$，而作用在单位质量上的离心惯性力 $\Delta F/\Delta M=\omega^2r$ 对直角坐标轴的分量［见图 2-13（b）］为

$$f_{x2}=\omega^2r\cdot\frac{x}{r}=\omega^2x,\quad f_{y2}=\omega^2r\cdot\frac{y}{r}=\omega^2y,$$

$$f_{z2}=0$$

根据力的叠加原理，作用在单位质量上的总的质量力在各轴上的分量为

$$f_x=f_{x1}+f_{x2}=\omega^2x$$

$$f_y=f_{y1}+f_{y2}=\omega^2y$$

$$f_z=f_{z1}+f_{z2}=-g$$

以此代入欧拉平衡微分方程综合式（2-5），得

$$dp=\rho\left(\omega^2x\,dx+\omega^2y\,dy-g\,dz\right)$$

积分得

$$p=\rho\left(\frac{1}{2}\omega^2x^2+\frac{1}{2}\omega^2y^2-gz\right)+C$$

式中积分常数 $C$ 由边界条件决定。在原点（$x=0$，$y=0$，$z=0$）处，$p=p_0$，由此得

$$C=p_0$$

以此代回原式，并注意到 $x^2+y^2=r^2$，$\gamma=\rho g$，化简得

$$p=p_0+\gamma\left(\frac{\omega^2 r^2}{2g}-z\right) \tag{2-22}$$

这就是在等角速旋转的直立容器中，液体相对平衡时压强分布规律的一般表达式。

由式（2-22）可见，若 $p$ 为任一常数 $C_1$，则得等压面族（包括自由表面）方程

$$\frac{\omega^2 r^2}{2g}-z=C_1\ (=\text{常数}) \tag{2-23}$$

可见，等压面族是一具有中心轴的旋转抛物面。

对于自由表面，$p=p_a=p_0$，从式（2-22）得自由表面方程

$$z_0=\frac{\omega^2 r^2}{2g} \tag{2-24}$$

式中　$z_0$——自由表面的垂直坐标。以此式代入式（2-22）后，得

$$p=p_0+\gamma\ (z_0-z) \tag{2-25}$$

式中　$(z_0-z)$——质点在自由液面下的深度。若以 $h$ 表示深度，则上式变为

$$p=p_0+\gamma h \tag{2-26}$$

说明在相对平衡的旋转液体中，各点的静水压强分布仍是线性关系。但需指出，在旋转的平衡液体中各点的测压管水头并不等于常数。

## 第五节　作用在平面上的静水总压力

作用在平面上的静水总压力的大小、方向和压力作用点的确定，是许多工程技术上必须解决的实际工程问题，其方法如下。

### 1. 静水总压力的大小与方向

设有一平面 $ab$ 在与水平面交角为 $\alpha$ 的坐标平面 $xOy$ 内，如图 2-14 所示，其面积为 $A$，左侧承受水的作用。水面作用着大气压强。由于 $ab$ 右侧也有大气压强作用，所以在讨论水的作用力时只要计算相对压强所引起的静水总压力。图中 $xOy$ 平面与水面的交线为 $Ox$。

在 $ab$ 平面内任取一微小面积 $\mathrm{d}A$，其中点在水面以下的深度为 $h$。作用在 $\mathrm{d}A$ 上的压力为

$$\mathrm{d}P=p\mathrm{d}A=\gamma h\mathrm{d}A$$

其方向与 $\mathrm{d}A$ 正交且为内法线方向。

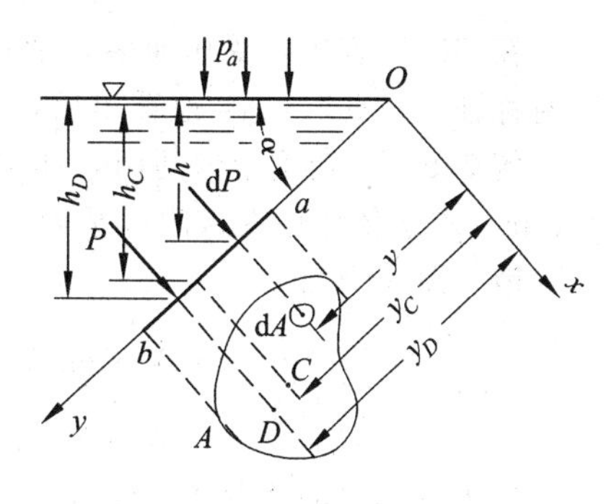

图　2-14

由于 $ab$ 为一平面，故每一微小面积上的压力方向都是互相平行的，所以可直接积分求其代数和，则作用在全部受压面 $A$ 上的总压力为

$$P=\int \mathrm{d}P=\int_A \gamma h\cdot \mathrm{d}A=\int_A \gamma y\sin\alpha\cdot \mathrm{d}A$$

$$=\gamma\sin\alpha\int_A y\,\mathrm{d}A \tag{2-27}$$

式中的积分$\int_A y\mathrm{d}A$是受压面$A$对$Ox$轴的静矩，其值应等于受压面面积$A$与其形心坐标$y_C$的乘积。因此

$$P=\gamma\sin\alpha\cdot y_CA=\gamma h_CA=p_CA \tag{2-28}$$

式中　$p_C$——受压面形心的相对压强；

$h_C$——受压面形心在水面下的深度。

式（2-28）表明，作用在任意方位（用$\alpha$表示）、任意形状平面上的静水总压力$P$的大小等于受压面面积与其形心点所受静水压强的乘积。换句话说，任意受压面上的平均压强等于其形心点上的压强，

式（2-28）中静水总压力$P$的单位为N，各物理量如容重$\gamma$、水深$h$、面积$A$的单位分别为$\mathrm{N/m^3}$、m、$\mathrm{m^2}$。

作用在平面上静水总压力的方向是指向并垂直受压面，即受压面的内法线方向。

**2. 总压力的作用点**

静水总压力的作用点又称**压力中心**，即上图中的$D$点位置。它可以利用理论力学中的合力矩定理（即合力对任一轴的力矩等于各分力对该轴力矩之代数和）求出，即对$Ox$轴有

$$P\cdot y_D=\int y\mathrm{d}P=\int_A y\gamma y\sin\alpha\mathrm{d}A$$
$$=\gamma\sin\alpha\int_A y^2\mathrm{d}A=\gamma\sin\alpha\cdot J_x$$

式中　$J_x=\int_A y^2\mathrm{d}A$——受压面面积$A$对$Ox$轴的惯性矩。

即

$$y_D=\frac{\gamma\sin\alpha\cdot J_x}{P}=\frac{\gamma\sin\alpha\cdot J_x}{\gamma\sin\alpha\cdot y_CA}=\frac{J_x}{y_CA} \tag{2-29}$$

同时，根据惯性矩的平行移轴定理，有$J_x=J_C+Ay_C^2$，$J_C$为该受压面对通过它的形心并与$x$轴平行的轴的惯性矩。于是

$$y_D=\frac{J_C+Ay_C^2}{y_CA}=y_C+\frac{J_C}{y_CA} \tag{2-30}$$

从式（2-30）知，由于$J_C/y_CA\geqslant 0$，故$y_D\geqslant y_C$，即$D$点一般在$C$点的下面。只有当受压面水平（即$\sin\alpha=0$），$y_C=\dfrac{h_C}{\sin\alpha}\to\infty$时，$J_C/y_CA\to 0$，则$y_D=y_C$，即$D$点与$C$点重合。

在实际工程中，受压面多是轴对称面（此轴与$Oy$轴平行）。总压力$P$的作用点$D$必位于对称轴上，此时，$y_D$值算出后，总压力的作用点（压力中心）$D$的位置便完全确定。

**例 2-5**　一铅垂矩形闸门，如图 2-15 所示。已知$h_1$为 1 m、$h_2$为 2 m、闸门宽度$b$为 1.5 m，求水体作用在该闸门平面上的静水总压力大小（N或kN）及其作用点的位置（m）。

**解**　总压力为

$$P=p_CA=\gamma h_CA=9\,800\ \mathrm{N/m^3}\times\left(1+\frac{2}{2}\right)\mathrm{m}\times 2\ \mathrm{m}\times 1.5\ \mathrm{m}$$
$$=58\,800\ \mathrm{N}=58.8\ \mathrm{kN}$$

压力作用点的位置为（见式 2-29）

$$y_D=y_C+\frac{J_C}{y_CA}=2+\frac{\frac{1}{12}\times 1.5\times 2^3}{2\times 1.5\times 2}=2.17\ \mathrm{m}$$

**例 2-6**　有一铅直半圆壁面，如图 2-16 所示，直径位于水面上。求作用在该平面上的静水总压力及其作用点。

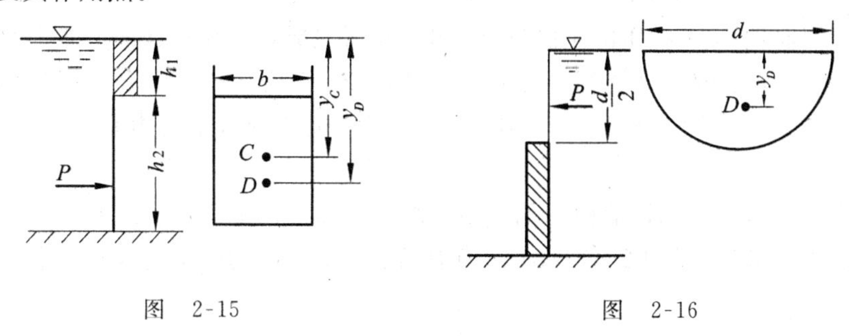


图　2-15　　　　　图　2-16

**解**　总压力为

$$P=p_C A=\gamma h_C A=\gamma\cdot\frac{4d}{6\pi}\cdot\frac{1}{8}\pi d^2=\gamma\frac{d^3}{12}$$

压力作用点的位置为（见式 2-29）

$$y_D=\frac{J_x}{y_C A}$$

式中

$$y_C=\frac{4d}{6\pi};\quad A=\frac{1}{8}\pi d^2;\quad J_x=\frac{\pi d^4}{128}$$

代入后得

$$y_D=\frac{J_x}{y_C A}=\frac{3}{32}\pi d$$

## 第六节　作用在曲面上的静水总压力

在实际工程中常遇到受压面为曲面的情况，如蓄水池壁面、圆管管壁、弧形闸门等。这些曲面多为二向曲面（或称柱面），因此，本节只讨论二向曲面的静水总压力的问题。

### 1. 总压力的大小

图 2-17 为一母线垂直于纸面（即平行于 $Oy$ 轴）的二向曲面，母线长（即柱面长）为 $b$，曲面的一侧受有静水压力的作用。

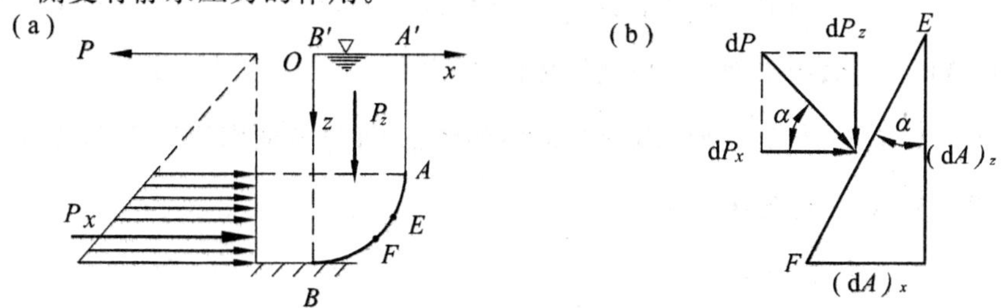


图　2-17

由于压强与受压面正交，作用在曲面各微小面积上的压力正交于各自的微小面积，其方向是变化的。这样就不能像求平面总压力那样用直接积分求和的办法去求得全部曲面上的总压力。为此，可将曲面 $A$ 看作由无数微小面积 $\mathrm{d}A$ 所组成，而作用在每一微小面积上的压力 $\mathrm{d}P$ 可分解成水平分力 $\mathrm{d}P_x$ 及垂直分力 $\mathrm{d}P_z$。然后分别积分 $\mathrm{d}P_x$ 及 $\mathrm{d}P_z$ 得到 $P$ 的水平分力 $P_x$ 及垂直分力 $P_z$。这样便把求曲面总压力 $P$ 的问题也变为求平行力系合力 $P_x$ 与 $P_z$ 的问题。

为此，做许多母线分 $AB$ 曲面为无穷多个微小曲面，以 $EF$ 表示其中之一，并认为它是个平面，其面积为 $\mathrm{d}A$ [见图 2-17（b)]，作用在这一微小面积上的力 $\mathrm{d}P$ 在水平和垂直方向的投影为

$$\mathrm{d}P_x = \mathrm{d}P\cos\alpha, \qquad \mathrm{d}P_z = \mathrm{d}P\sin\alpha$$

作用在整个二向曲面 $AB$ 上静水总压力的水平和垂直分力分别为

$$P_x = \int \mathrm{d}P_x = \int \mathrm{d}P\cos\alpha \tag{2-31}$$

$$P_z = \int \mathrm{d}P_z = \int \mathrm{d}P\sin\alpha \tag{2-32}$$

但 $\mathrm{d}P = p\mathrm{d}A = \gamma h \mathrm{d}A$； $\mathrm{d}A\sin\alpha = (\mathrm{d}A)_x$； $\mathrm{d}A\cos\alpha = (\mathrm{d}A)_z$

式中 $h$——$\mathrm{d}A$ 面积的形心在液面以下的深度；

$(\mathrm{d}A)_x$——$\mathrm{d}A$ 面在水平面 $xOy$ 上的投影大小；

$(\mathrm{d}A)_z$——$\mathrm{d}A$ 面在垂直面 $yOz$ 上的投影大小。

以此代入式（2-31)，得

$$P_x = \int \mathrm{d}P\cos\alpha = \int_A \gamma h\,\mathrm{d}A\cos\alpha = \int_{A_z} \gamma h(\mathrm{d}A)_z = \gamma\int_{A_z} h(\mathrm{d}A)_z$$

式中，$h(\mathrm{d}A)_z$ 为平面 $(\mathrm{d}A)_z$ 对水平轴 $Oy$ 的静矩，由理论力学知，$\int_{A_z} h(\mathrm{d}A)_z = h_C A_z$，以此代入上式，得

$$P_x = \gamma h_C \cdot A_z \tag{2-33}$$

式中 $A_z$——曲面 $AB$ 在垂直面 $yOz$ 上的投影面；

$h_C$——投影面 $A_z$ 的形心在水面下的深度。

由此可见，作用在曲面 $AB$ 上的静水总压力的水平分力 $P_x$ 恰等于作用于该曲面的垂直投影面上的静水总压力

仿照以上推导过程，对垂直分力 $P_z$ 有

$$P_z = \int \mathrm{d}P\sin\alpha = \int_A \gamma h\,\mathrm{d}A\sin\alpha = \gamma\int_{A_x} h(\mathrm{d}A)_x$$

式中 $h(\mathrm{d}A)_x$——微小平面 $EF$ 所托液体的体积；

$\int_{A_x} h(\mathrm{d}A)_x$——代表曲面 $AB$ 所托液体的体积，即以截面面积为 $A'ABB'$，而长为 $b$ 的柱体体积，以 $V_p$ 表示，并称为**压力体**。

于是

$$P_z = \gamma\int_{A_x} h(\mathrm{d}A)_x = \gamma \cdot V_p \tag{2-34}$$

由上式可见，作用在曲面上的静水总压力 $P$ 的垂直分力 $P_z$ 等于其压力体的液体重。

至于 $P_z$ 的方向是向上或向下，决定于液体及压力体与受压曲面间的相互位置。

当液体和压力体位于曲面同侧时（见图 2-17），$P_z$ 向下，$P_z$ 的大小等于压力体的液重，此时的压力体称为**实压力体**。当液体及压力体各在曲面的一侧时（见图 2-18）则 $P_z$ 向上，$P_z$ 的大小等于压力体的液重，这个想象的压力体称为**虚压力体**。

有了 $P_x$ 和 $P_z$ 便可求出总压力 $P$ 的大小与方向，则

$$P=\sqrt{P_x^2+P_z^2} \tag{2-35}$$

及

$$\alpha=\tan^{-1}\frac{P_z}{P_x} \tag{2-36}$$

式中，$\alpha$ 为总压力 $P$ 的作用线与水平线间的夹角。

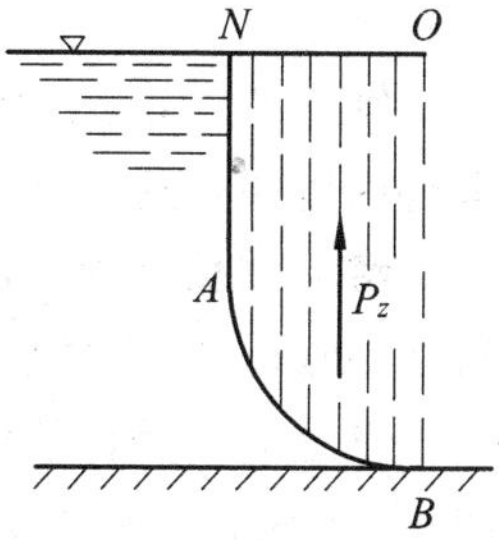

图 2-18

### 2. 总压力的作用点

要确定作用在曲面上静水总压力作用点的位置，首先应定出其水平分力 $P_x$ 和垂直分力 $P_z$ 的作用线。$P_x$ 的作用线通过曲面的垂直投影面的作用点，其方法已在上节中介绍。$P_z$ 的作用线必然通过压力体的重心。然后将此二力的合力 $P$ 的作用线与曲面相交，此交点即为静水总压力 $P$ 的作用点。

需要指出的是，$P_x$ 作用线与 $P_z$ 作用线的交点不一定恰好落在曲面上。通过下面例题可更清楚了解这一说明。

**例 2-7**　一弧形闸门如图 2-19 所示。闸门宽度 $b=4$ m，圆心角 $\varphi=45°$，半径 $r=2.0$ m，闸门旋转轴恰与水面齐平。求水对闸门轴的压力（静水总压力的大小及其作用点的位置）。

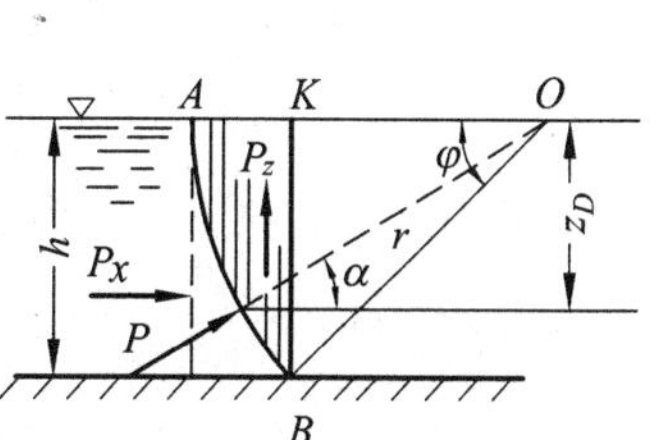


图 2-19

**解**　闸门前水深为

$$h=r\sin\varphi=2\times\sin45°$$
$$=2\times0.707=1.414\ \text{m}$$

水对闸门轴的压力为

$$P=\sqrt{P_x^2+P_z^2}$$

式中

$$P_x=\gamma h_C A_z=\frac{1}{2}\gamma h^2 b$$
$$=\frac{1}{2}\times9\ 800\ \text{N/m}^3\times(1.414\ \text{m})^2\times4\ \text{m}$$
$$=39\ 188.16\ \text{N}=39.19\ \text{kN}$$
$$P_z=\gamma V_p=\gamma\ (b\times\text{面积}\ ABK)$$
$$=\gamma b\left[\left(\frac{1}{8}\text{圆面积}\right)-(\text{面积}\ OKB)\right]$$
$$=\gamma b\left(\frac{1}{8}\pi r^2-\frac{1}{2}h^2\right)$$
$$=9\ 800\times4\left(\frac{1}{8}\times3.14\times2^2-\frac{1}{2}\times1.414^2\right)$$
$$=22\ 344.0\ \text{N}=22.34\ \text{kN}$$

得

$$P=\sqrt{39.19^2+22.34^2}=45.11\ \text{kN}$$

又

$$\tan\alpha=\frac{P_z}{P_x}=\frac{22.34}{33.19}=0.57$$

故力 $P$ 对水平线的倾角

$$\alpha=\tan^{-1}(0.57)=29.68°\approx30°$$

由于力 $P$ 必然通过闸门的旋转轴，因此，力 $P$ 在弧形闸门上作用点的垂直位置为

$$z_D=r\cdot\sin\alpha=r\sin30°=2\times\frac{1}{2}=1\ \text{m}$$

**例 2-8** 用允许应力 $[\sigma]$ 为 150 MPa（兆帕）的钢板，制成直径 $D$ 为 1 m 的水管，该水管内压强高达 500 $mH_2O$. 求管壁应有的厚度（忽略管路自重与水重）。

**解** 取长度为 1 m 管段。由于管路断面内各点因高度不同而引起的压强差与所给压强高度 500 $mH_2O$ 相比极其微小，可认为管壁各点压强都相等，

设想沿管径将管壁切开，取其中半管作为脱离体且管长 $L=1$ m 来分析其受力状况，如图 2-20 所示。作用在半环内壁面上的水平压力等于半环垂直投影面上的压力，即 $\bar{P}=pA_z=p\cdot D\cdot 1$，这一压力，由半环壁上的拉应力承受并与之平衡。如用 $T$ 表示 $L=1$ m 管段上的管壁拉力，则由图 2-20 得

$$2T=P=p\cdot D\cdot L$$

故
$$T=\frac{p\cdot D\cdot L}{2}$$

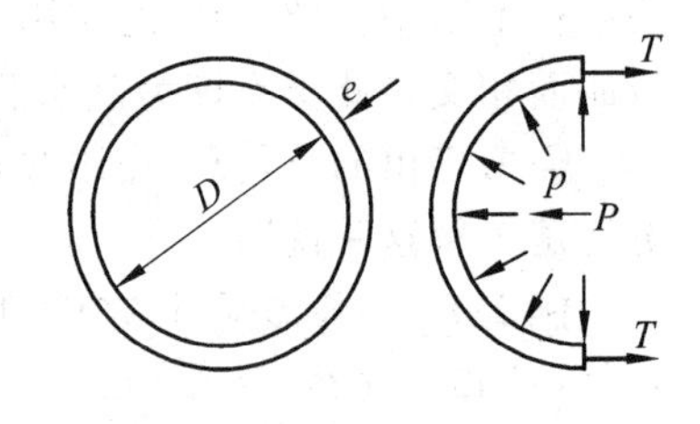

图 2-20

设管壁拉力 $T$ 在管壁厚度 $e$ 内是均匀分布的，则

$$e\geqslant\frac{T}{[\sigma]\cdot L}=\frac{p\cdot D\cdot L}{2[\sigma]\cdot L}=\frac{p\cdot D}{2[\sigma]}$$

$$=\frac{9\ 800\ \text{N/m}^3\times500\ \text{m}\times1\ \text{m}}{2(150\times10^6\ \text{N/m}^2)}$$

$$=0.016\ 3\ \text{m}$$

$$=1.63\ \text{cm}$$

## 第七节 浮力及物体的沉浮

在工程实践中，有时需要解决作用于潜体（即淹没于液体之中的物体）的静水总压力的计算问题。这可用前面关于作用在平面上和曲面上静水总压力的分析方法来解决。

现有一潜体如图 2-21 所示。在潜体表面作铅垂切线 $AA'$、$BB'$… [见图 2-21 (a)]，这些切线便是切于潜体表面的垂直圆柱的母线。圆柱面与潜体表面的交线，把潜体表面分为 $AFB$、$AHB$ 上下两部分。

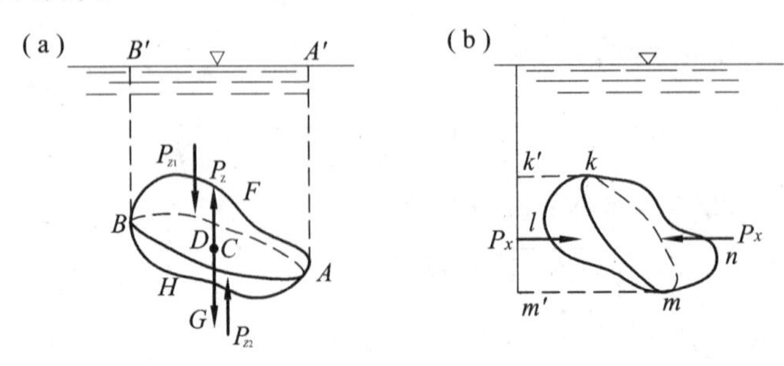

图 2-21

作用在交线以上潜体表面的静水总压力的垂直分力 $P_{z1}$ 等于曲面 $AFB$ 以上的压力体的重量，其方向朝下；作用在交线以下潜体表面上的静水总压力的垂直分力 $P_{z2}$ 等于曲面 $AHB$ 以上的压力体的重量，方向朝上。

作用在潜体整个表面上的静水总压力 $P_z$，应等于上、下两力之和，即

$$P_z = P_{z2} - P_{z1} = \gamma V_p = \text{潜体所排开液体的重量}$$

式中　　$V_p$——潜体所排开液体的体积。

利用上述类似的方法作任意方位的水平柱面［见图 2-21（b）］，其母线为与潜体相切的水平线。柱面与潜体表面的交线将潜体表面分为 $klm$，$knm$ 左右两部分。由前节知，这两部分曲面上的静水总压力的水平分力，皆等于其垂直投影面 $k'm'$ 上的静水总压力，而且方向相反。因此，潜体表面所受总压力的 $x$ 方向水平分力 $P_x$ 恰好是零。同理，潜体表面所受总压力的 $y$ 方向水平分力 $P_y$ 也恰好是零。

综上所述，物体在液体中所受的静水总压力，仅有铅垂向上的分力，其大小恰好等于物体所排开的同体积的液体重量，这就是**阿基米德（Archimedes）原理**。

由于 $P_z$ 具有把物体推向液体表面的倾向，故又称为**浮力**。浮力的作用点称为**浮心**，浮心显然与所排开液体体积的形心重合。

物体的重量 $G$ 与所受浮力 $P_z$ 的相对大小，决定着物体的浮沉：

当 $G>P_z$，物体下沉至底。

$G=P_z$，物体潜没于液体中的任意位置而保持平衡。

$G<P_z$，物体浮出液体表面，直至液面下部分所排开的液重恰好等于物体的自重才保持平衡，这称**浮体**，船是其中最显著的例子。

## 思　考　题

**1.** 静水压强有哪些表示方法？

**2.** 在工程计算中，为何采用工程大气压计量而不用标准大气压计量？

**3.** 在相对平衡状态的液体中，各点的测压管水头均为常数吗？

**4.** 在计算曲面静水总压力时，其实压力体或虚压力体如何构成？

**5.** 从点的静水压强，到平面或曲面的静水总压力，然后到整个物体所受到的浮力，相互之间有何联系？

## 习　　题

**2-1**　一封闭容器如图所示，测压管液面高于容器液面 $h$ 为 1.5 m，若容器盛的是水或汽油，求容器液面的相对压强 $p_0$。汽油容重采用 7 350 $N/m^3$。

**2-2**　上题中，若测压管液面低于容器液面 $h$ 为 1.5 m，问容器内是否出现真空，其最大真空值 $p_v$ 为多少？

**2-3**　一封闭水箱如图所示，金属测压计测得的压强值为 4 900 $N/m^2$（相对压强），金属测压计中心比 $A$ 点高 0.5 m，而 $A$ 点在液面下 1.5 m。问液面的绝对压强及相对压强为多少？

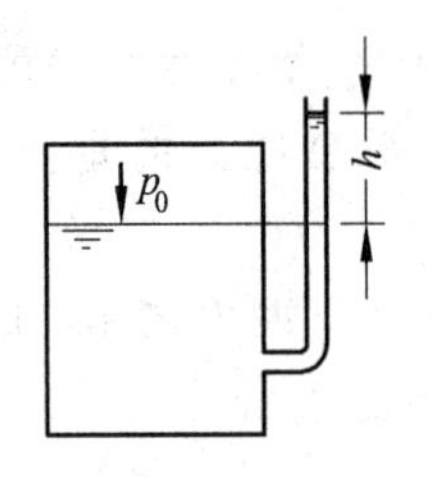


题 2-2 图

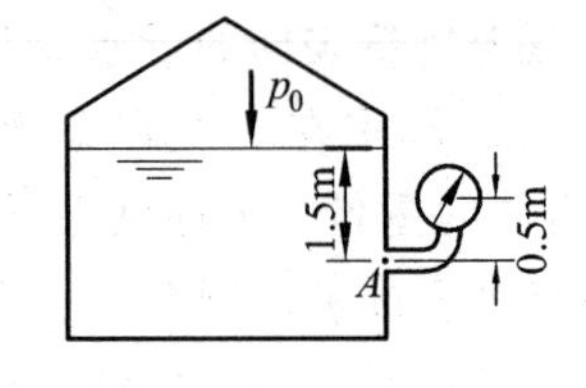


题 2-3 图

**2-4** 一密闭储液罐，在边上 8.0 m 高度处装有金属测压计，其读数为 57.4 kN/m²；另在高度为 5.0 m 处亦安装了金属测压计，读数为 80.0 kN/m²。问该罐内液体的容重 $\gamma$ 和密度 $\rho$ 为多少？

**2-5** 一敞口储液池，储有 5 m 深度的水，在水上还有 2 m 深的油（$\gamma_{油}=8.0$ kN/m³）。试绘出直立池壁的静水压强分布图，并问池底的相对压强为多少？

**2-6** 封闭容器水面绝对压强 $p_0'=85$ kPa，中央玻璃管是两端开口的（见图示），求玻璃管应伸入水面以下多少深度时，则既无空气通过玻璃管进入容器，又无水进入玻璃管。

**2-7** 一给水管路在其出口闸门关闭时（见图示），试确定管路中 $A$、$B$ 两点的测压管高度和测压管水头。

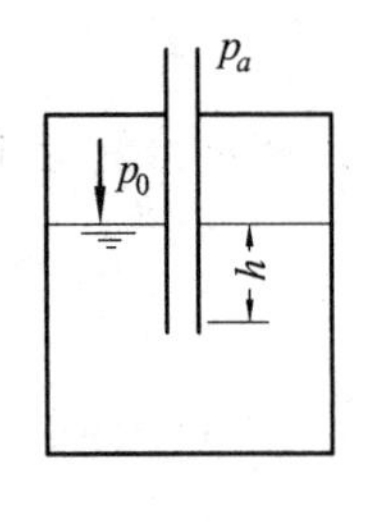


题 2-6 图

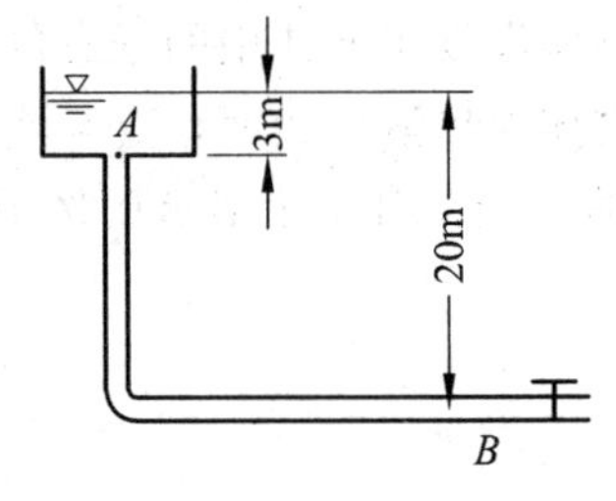


题 2-7 图

**2-8** 绘出图示中 $AB$ 面上的静水压强分布图。

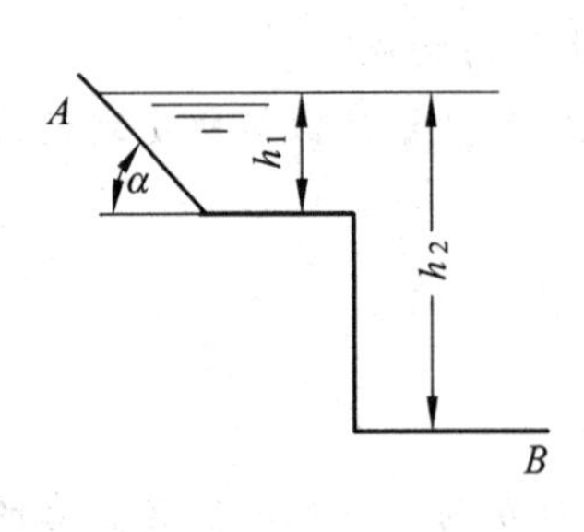


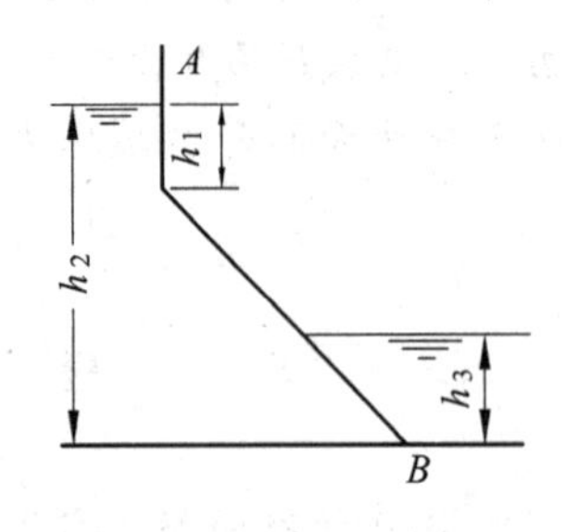


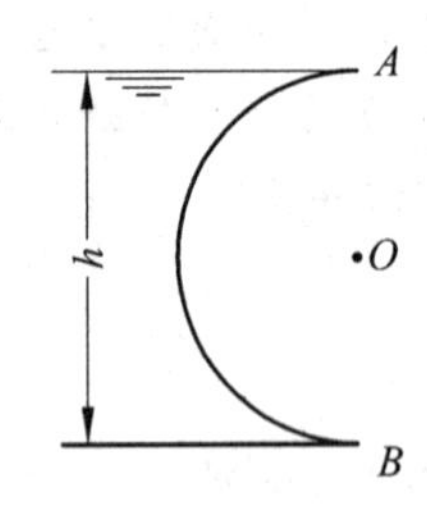


题 2-8 图

**2-9** 根据复式水银测压管（如图示）所示读数：$z_1=1.80$ m、$z_2=0.7$ m、$z_3=2.0$ m、$z_4=0.9$ m、$z_A=1.5$ m、$z_0=2.5$ m，试求压力箱中液面的相对压强 $p_0$。水银的容重 $\gamma_p$ 为 133.28 kN/m³。

**2-10** （本题属于“工程单位制”应用的练习）问绝对压强 1.2 kgf/cm² 的相对压强及其水柱高为多少？又问相对压强 7 m 水柱的绝对压强为多少？

**2-11** 一个装有 2 m 深水的敞口水箱以 3 m/s² 向上作加速运动。试计算箱底上的相对压强。

**2-12** 一盛有水的封闭容器，水面压强为 $p_0$，如图所示。当容器在自由下落时，求容器内水的压强分布规律。

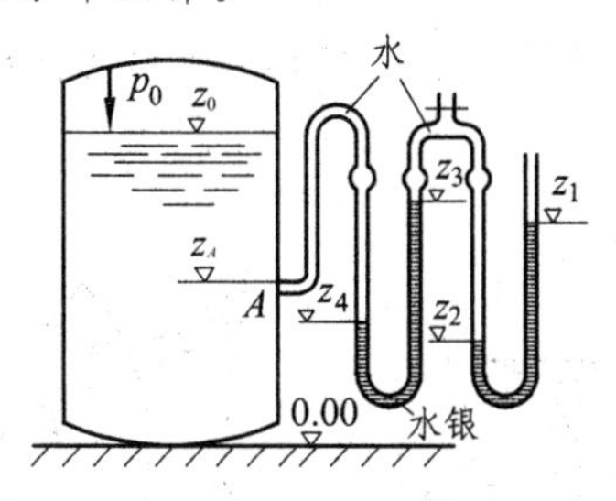


题 2-9 图

$p_0$

$g$

题 2-12 图

**2-13** 在 $D$ 为 30 cm、高度 $H$ 为 50 cm 的圆柱容器（见图示）中，原有水深 $h$ 为 30 cm，若使容器绕其中心轴旋转，试问使水恰好升到容器顶边的角速度 $\omega$ 为多少？

**2-14** 一矩形闸门的位置与尺寸如图所示，闸门上缘 $A$ 处设有轴，下缘连接铰链，以备开闭。若忽略闸门自重及轴间摩擦力，求开启闸门所需的拉力 $T$。

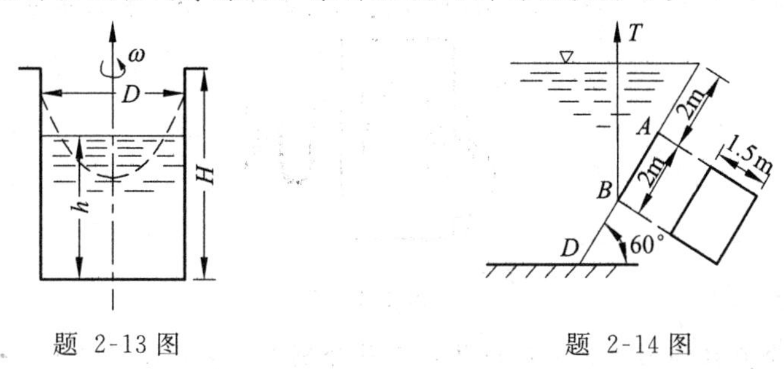


题 2-13 图　　　　题 2-14 图

**2-15** 图中所示平面 $AB$，宽 1 m，倾角为 45°，左侧水深 $h_1=3$ m，右侧水深 $h_2=2$ m，试求静水总压力及其作用点。

**2-16** 设一受两种液压的平板 $AB$ 如图所示，其倾角 $\alpha=60°$，上部受油压深度 $h_1=1.0$ m，下部受水压深度 $h_2=2.0$ m，油的容重 $\gamma_1=8.0\ \mathrm{kN/m^3}$，求作用在 $AB$ 板上（单宽）的静水总压力及其作用点的位置。

**2-17** 有一圆柱，其左半部在水作用下，受有浮力 $P_z$（见图示），问圆柱在该浮力作用下能否绕其中心轴转动不息？

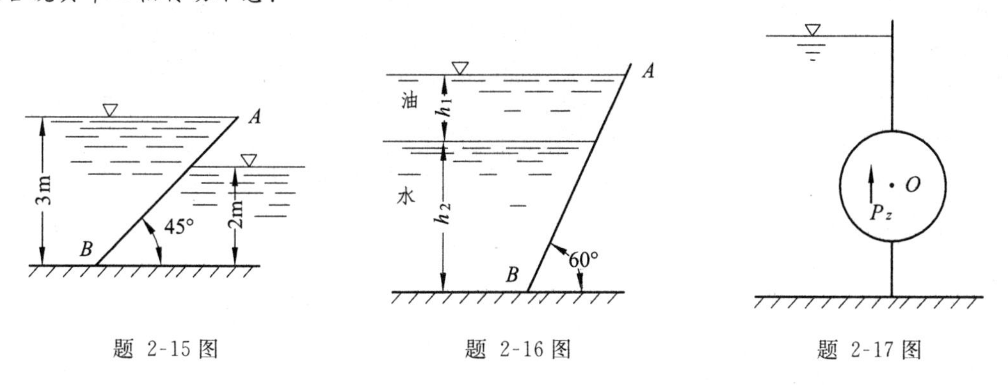


题 2-15 图　　　　题 2-16 图　　　　题 2-17 图

**2-18** 一圆弧形闸门，宽度 $b$ 为 6 m，圆心角 $\varphi$ 为 30°，半径 $R$ 为 2.5 m，闸门转轴恰与水面齐平如图所示，求水对闸门的总压力及对转轴的力矩。

**2-19** 绘出图中两个 $AB$ 曲面上的压力体，若图（b）为宽 1 m 的半圆柱面，且 $D$ 为 3 m，求该面上的静水总压力的大小和方向。

**2-20** 一扇形闸门如图所示，圆心角 $\alpha$ 为 45°，半径 $r$ 为 4.24 m，闸门所挡水深 $H$ 为 3 m。求闸门每米宽所承受的水压力及其方向。

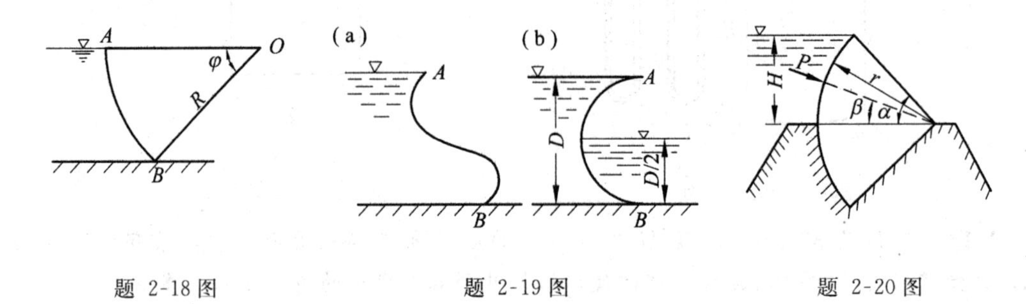


题 2-18 图　　　　题 2-19 图　　　　题 2-20 图

**2-21** 如图所示密闭盛水容器，水深 $h_1=60$ cm、$h_2=100$ cm，水银测压计读值 $\Delta h=25$ cm，试求半径 $R=0.5$ m 的半球形盖 $AB$ 所受总压力的水平分力和铅垂分力。

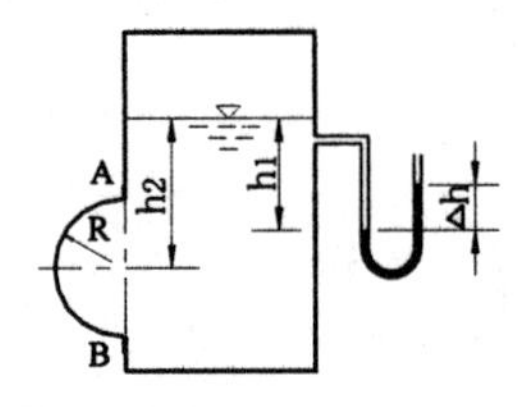


题 2-21 图

**2-22** 有两个直径均为 1.2 m 的球体，重量分别为 4 kN 与 12 kN。它们以一根短绳（自重忽略）连接并放在水中。问绳的张力 $T$ 为多少？较轻的球从水中浮出的部分为多少（%）？

**2-23** 一物体的重量为 2 N，潜没在水中后其重量减至 1.6 N，试问该物体的体积 $V_1$ 和重度 $\gamma_1$ 为多少？

# 第三章　水动力学基础

水动力学研究液体机械运动的基本规律及其在工程中的应用。液体运动和其他物质运动一样，都要遵循物质运动的普遍规律。因此，本章根据物理学和理论力学中的质量守恒定律、能量守恒定律以及动量定理等，建立液体运动的三大基本方程，即连续性方程、能量方程（伯努利方程）和动量方程。

液体的机械运动规律也适用于远小于音速（约 340 m/s）的低速运动气体。例如，当气体的运动速度小于 50 m/s 时，其密度变化不超过 1%，这种情况下的气体可以认为是不可压缩流体，其运动规律与液体相同。

表征液体运动状态的主要物理量有流速、加速度、动水压强等。这些物理量统称为**液体的运动要素**。研究液体的运动规律，就是要确定各运动要素随时间和空间的变化规律及其相互间的关系。

按运动要素是否随时间变化，可把液流分为运动要素不随时间变化的**恒定流**和随时间变化的**非恒定流**。虽然严格的恒定流问题在工程中并不多见，但大多数液体运动可以近似当作恒定流来处理。本书主要研究恒定流问题。

按运动要素与空间坐标的关系，可把液流分为**一元流、二元流**和**三元流**。运动要素仅随一个坐标（包括曲线坐标）变化的液流称为一元流。实际水力学问题，运动要素大多是三个坐标的函数，属于三元流。但是由于三元流动的复杂性，在数学上处理起来有相当大的困难。为此，人们往往根据具体问题的性质把它简化为二元流（运动要素是两个坐标的函数）或一元流来处理。本书主要介绍一元分析法即总流分析法。

由于实际液体运动时存在黏性，使得对液体运动的分析十分复杂。为了摆脱黏性在分析液体运动时在数学上的某些困难，在研究方法上，我们先以忽略黏性的理想液体为研究对象，然后在此基础上进一步研究实际液体。在某些工程问题中，可将实际液体近似地按理想液体估算。

## 第一节　描述液体运动的两种方法

描述液体运动的方法有拉格朗日（J. L. Lagrange）法和欧拉（L. Euler）法两种。

### 1. 拉格朗日法

**拉格朗日法**着眼于液体各质点的运动情况，追踪每一质点，研究各质点的运动历程，通过综合足够多质点的运动情况来获得整个液体运动的规律。这种方法与一般力学中研究质点与质点系运动的方法是一样的。

用拉格朗日法描述液体运动时，运动质点的位置坐标不是独立变量，而是起始坐标 $a$、$b$、$c$ 和时间变量 $t$ 的函数，即

$$\left.\begin{aligned} x&=x(a, b, c, t) \\ y&=y(a, b, c, t) \\ z&=z(a, b, c, t) \end{aligned}\right\} \tag{3-1}$$

变量 $a$、$b$、$c$、$t$ 统称为**拉格朗日变量**。显然，对于不同的运动质点，起始坐标 $a$、$b$、$c$ 是不同的。

拉格朗日法尽管对液体运动描述得比较全面，从理论上讲，可以求出每个液体运动质点的轨迹。但是，由于液体质点的运动轨迹非常复杂，用拉格朗日法去分析液流，在数学上会遇到很多困难。同时，实用上一般也不需要知道给定质点的运动规律，所以除少数情况（如研究波浪运动）外，在水力学中通常不采用这种方法，而采用较为简便的欧拉法。

**2. 欧拉法**

**欧拉法**只着眼于液体经过流场（即充满运动液体质点的空间）中空间各固定点时的运动情况，而不过问这些运动情况是由哪些质点表现出来的，也不管那些质点的来龙去脉。通过综合流场中足够多的空间点上各质点的运动要素及其变化规律，来获得整个流场的运动特性。

用欧拉法描述液体运动时，运动要素是空间坐标 $x$、$y$、$z$ 与时间变量 $t$ 的连续可微函数，变量 $x$、$y$、$z$、$t$ 统称为**欧拉变量**。因此，各空间点的流速所组成的**流速场**可表示为

$$\left.\begin{aligned} u_x&=u_x(x, y, z, t) \\ u_y&=u_y(x, y, z, t) \\ u_z&=u_z(x, y, z, t) \end{aligned}\right\} \tag{3-2}$$

各空间点的压强所组成的**压强场**可表示为

$$p=p(x, y, z, t) \tag{3-3}$$

加速度应是速度对时间的全导数。实际液流一般为非恒定流，故在式（3-2）中 $x$、$y$、$z$ 是液体质点在 $t$ 时刻的运动坐标，对同一质点来说它们不是独立变量，而是时间变量 $t$ 的函数。根据复合函数求导规则，可得该运动质点的加速度在三个坐标 $x$、$y$、$z$ 方向的分量为

$$\left.\begin{aligned} a_x&=\frac{\mathrm{d}u_x}{\mathrm{d}t}=\frac{\partial u_x}{\partial t}+\left(u_x\frac{\partial u_x}{\partial x}+u_y\frac{\partial u_x}{\partial y}+u_z\frac{\partial u_x}{\partial z}\right) \\ a_y&=\frac{\mathrm{d}u_y}{\mathrm{d}t}=\frac{\partial u_y}{\partial t}+\left(u_x\frac{\partial u_y}{\partial x}+u_y\frac{\partial u_y}{\partial y}+u_z\frac{\partial u_y}{\partial z}\right) \\ a_z&=\frac{\mathrm{d}u_z}{\mathrm{d}t}=\frac{\partial u_z}{\partial t}+\left(u_x\frac{\partial u_z}{\partial x}+u_y\frac{\partial u_z}{\partial y}+u_z\frac{\partial u_z}{\partial z}\right) \end{aligned}\right\} \tag{3-4}$$

上式等号右边第一项 $\partial u_x/\partial t$、$\partial u_y/\partial t$、$\partial u_z/\partial t$ 表示通过某固定点的液体质点，其速度随时间的变化率，它是由液流的非恒定性所造成的，称为**当地加速度**或**时变加速度**；等号右边括号内项反映了在同一时刻因地点变更而形成的加速度，称为**迁移加速度**或**位变加速度**。所以，用欧拉法描述液体运动时，液体运动质点的加速度应是当地加速度与迁移加速度之和。例如，由水箱侧壁开口接出一根收缩管，如图 3-1 所示，水经该管流出。由于水箱中的水位逐渐下降，收缩管内同一点的流速随时间不断减少；另一方面，由于管段收缩，同一时刻收缩管内各点的流速又沿程增加（理由见第三节）。前者引起的加速度就是当地加速度

（在本例中为负值），后者引起的加速度就是迁移加速度（在本例中为正值）。

对于一元流动，若沿流程选取坐标，则流速、动水压强是流程坐标 $s$ 和时间变量 $t$ 的函数，即

$$\left.\begin{aligned} u&=u\ (s,\ t) \\ p&=p\ (s,\ t) \end{aligned}\right\} \tag{3-5}$$

而运动质点的加速度则为

$$a=\frac{\mathrm{d}u}{\mathrm{d}t}=\frac{\partial u}{\partial t}+u\frac{\partial u}{\partial s} \tag{3-6}$$

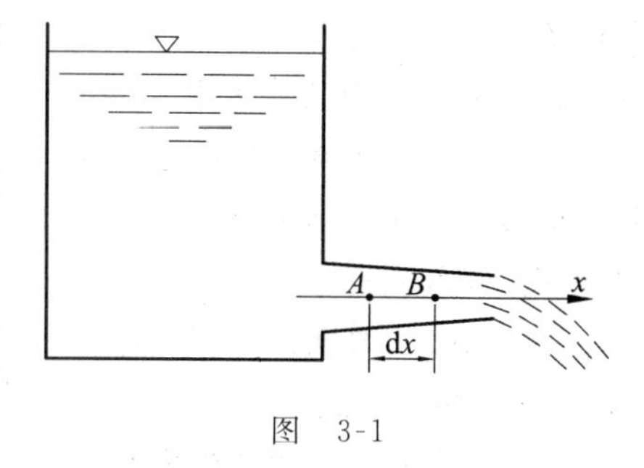


图 3-1

## 第二节　研究流体运动的若干基本概念

### 1. 流线和迹线

**流线**是某一时刻在流场中画出的一条空间曲线，在该时刻，曲线上所有质点的流速矢量均与这条曲线相切（见图 3-2）。因此，一条某时刻的流线表明了该时刻这条曲线上各点的流速方向。流线的形状与固体边界的形状有关，离边界越近，受边界的影响越大。在运动液体的整个空间，可绘出一系列流线，称为**流线簇**。流线簇构成的流线图称为**流谱**（见图 3-3）。

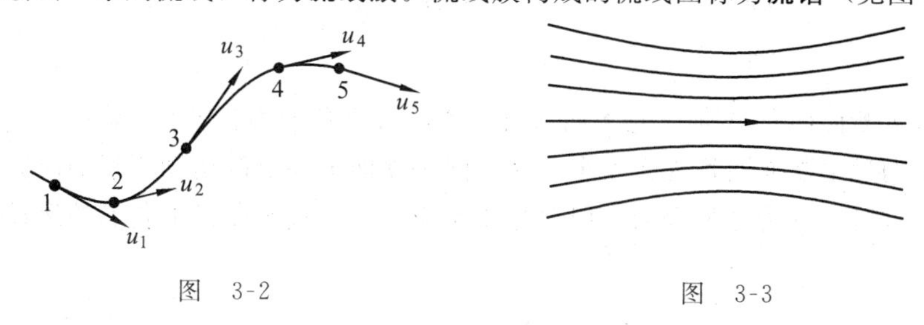


图 3-2　　　　图 3-3

流线和迹线是两个完全不同的概念。流线是同一时刻与许多质点的流速矢量相切的空间曲线，而迹线则是同一质点在一个时段内运动的轨迹线。前者是欧拉法分析液体运动的概念，时间是参变量，后者则是拉格朗日法分析液体运动的概念，时间是变量。

流线具有如下特征：

（1）一般情况下，流线不能相交，且只能是一条光滑曲线。否则，在交点或非光滑处存在两个切线方向，这意味着在同一时刻，同一液体质点具有两个运动方向，这显然是不可能的。

（2）流场中每一点都有流线通过，即流线充满整个流场。

（3）在恒定流条件下，流线的形状、位置以及流谱不随时间变化，且流线与迹线重合。

（4）对于不可压缩液体，流线簇的疏密程度反映了该时刻流场中各点的速度大小。流线密的地方速度大，而疏的地方速度小（理由见第三节）。

实际上，流线是空间流速分布的形象化，是流场的几何描述。它类似于电磁场中的电力线与磁力线。如果能获得某一时刻的许多流线，也就了解了该时刻整个液流的图像。

### 2. 流管、元流、总流、过水断面

（1）流管　**流管**是在流场中通过任意封闭曲线（非流线）上各点作流线而构成的管状面

[见图 3-4（a）]。由于流线不能相交，所以在各个时刻，流体质点只能在流管内部或沿流管表面流动，而不能穿越流管。因此，流管仿佛就是一根实际的水管，其周界可以视为像固壁一样。日常生活中的自来水管的内表面就是流管的实例之一。

（2）元流　**元流**又称微小流束，是充满于流管中的液流 [见图 3-4（b）]。元流的极限就是流线，因恒定流时流线的形状与位置不随时间变化，故恒定流时流管及元流的形状与位置也不随时间变化。

（3）总流　**总流**是许多元流的有限集合体。如实际工程中的管流（第五章）及明渠水流（第六章）都是总流。

（4）过水断面　**过水断面**是与元流或总流所有流线正交的横断面。过水断面不一定是平面，其形状与流线的分布情况有关。只有当流线相互平行时，过水断面才为平面；否则为曲面（见图 3-5）。

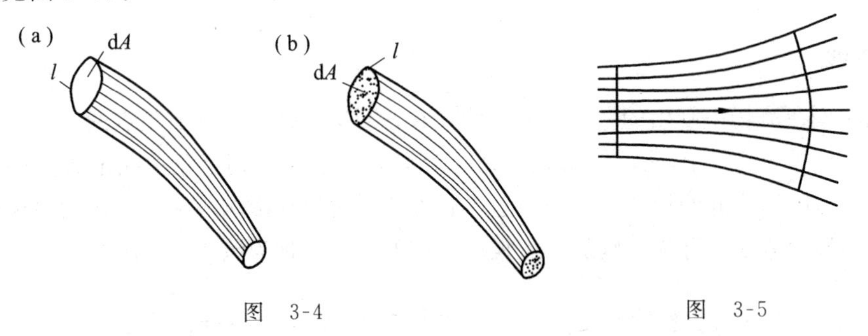


图　3-4　　　　图　3-5

总流的过水断面面积 $A$ 等于它上面所有元流的过水断面面积 $dA$ 之总和。

由于元流的过水断面面积为无限小，因而同一断面上各点的运动要素如流速、动水压强等，在同一时刻可以认为是相等的，但对总流来说，同一过水断面上各点的运动要素却不一定相等。

### 3. 流量与断面平均流速

（1）流量　**流量**是单位时间内通过过水断面的液体体积，以 $Q$ 表示。流量的单位是 $m^3$/s（米$^3$/秒）或 L/s（升/秒）等。

对于元流，因过水断面上各点的流速 $u$ 在同一时刻可以认为是相等的，而过水断面又与流速矢量正交，故元流的流量为

$$dQ = u dA \tag{3-7}$$

而总流的流量等于所有元流的流量之和，即

$$Q = \int_A dQ = \int_A u dA \tag{3-8}$$

（2）断面平均流速　如果已知过水断面上的流速分布，则可利用式（3-8）计算总流的流量。但是，一般情况下断面流速分布不易确定，为使研究简便，可引入断面平均流速的概念。

**断面平均流速** $v$ 是假想均匀分布在过水断面上的流速（见图 3-6），以它通过过水断面的流量与以实际流速分布通过同一过水断面的流量相等，即

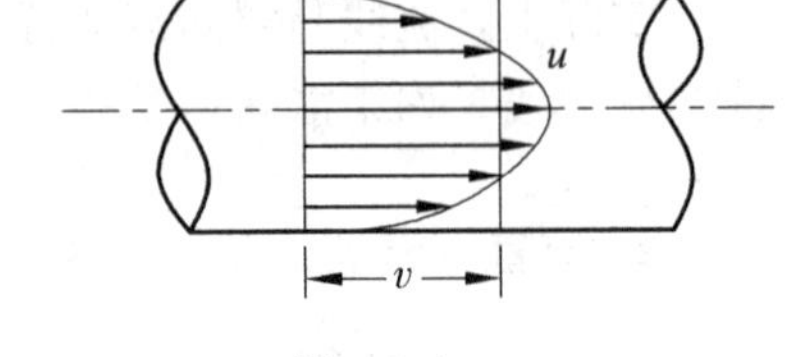


图　3-6

$$Q = vA = \int_A u \mathrm{d}A \tag{3-9}$$

故断面平均流速

$$v = \frac{Q}{A} = \frac{\int_A u \mathrm{d}A}{A} \tag{3-10}$$

引进断面平均流速后，可将实际三元或二元问题简化为一元问题，这就是所谓的一元分析法或总流分析法。

#### 4. 均匀流与非均匀流

根据位于同一流线上各质点的流速矢量是否沿流程变化，可将液体流动分为均匀流和非均匀流两种。若液流中同一流线上各质点的流速矢量沿程不变，这种流动称为**均匀流**，否则称为非均匀流。均匀流中各流线是彼此平行的直线，各过水断面上的流速分布沿流程不变，过水断面为平面。例如，液体在等截面直管中的流动，或液体在断面形式与大小沿程不变的长直顺坡渠道中的流动，就是均匀流。

均匀流与恒定流、非均匀流与非恒定流是两种不同的概念。在恒定流时，当地加速度等于零，而在均匀流时，则是迁移加速度等于零。

#### 5. 渐变流与急变流

在非均匀流中，流线多为彼此不平行的曲线。按流线图形沿流程变化的缓急程度，又可将非均匀流分为渐变流和急变流两类。**渐变流**（又称缓变流）是指各流线接近于平行直线的流动（见图 3-7）。也就是说，渐变流各流线之间的夹角 $\beta$ 很小，而且流线的曲率半径 $R$ 又很大，否则称为**急变流**。渐变流的极限情况就是流线为平行（$\beta=0$）直线（$R \to \infty$）的均匀流。

渐变流过水断面具有下面两个性质：

（1）渐变流过水断面近似为平面。

（2）恒定渐变流过水断面上，动水压强近似地按静水压强分布。现证明如下：在过水断面上任意两相邻流线间取微小液柱，长为 $\mathrm{d}n$，截面面积为 $\mathrm{d}A$（见图 3-8）。分析该液柱所受轴线方向的作用力：

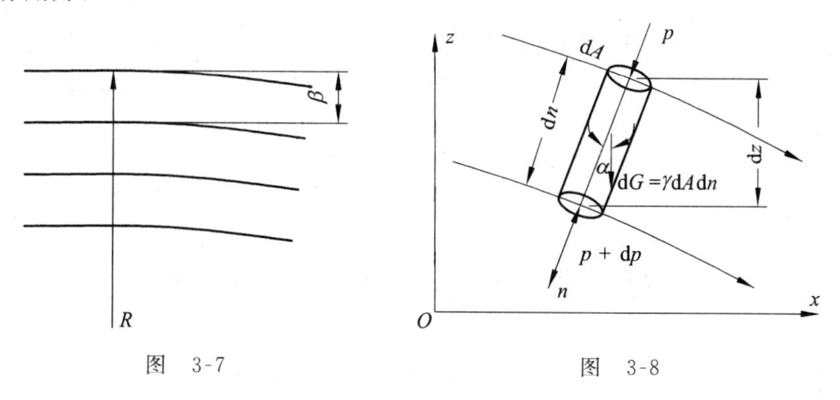


图 3-7　　图 3-8

① 表面力：

液柱上下底面上的动水压力 $p\mathrm{d}A$ 与（$p+\mathrm{d}p$）$\mathrm{d}A$；

液柱侧面上的动水压力及侧面上的摩擦力趋于零；

液柱上下底面上的摩擦力因与液柱垂直，故在轴线方向投影为零。

② 质量力：

液柱自重沿轴线方向的投影为 $\gamma \mathrm{d}A\mathrm{d}n\cos\alpha$，其中 $\alpha$ 为重力与轴线的夹角；

在恒定渐变流条件下，惯性力可略去不计。

根据达兰贝尔原理，沿轴线方向的各表面力与质量力之代数和等于零，即

$$p\mathrm{d}A-(p+\mathrm{d}p)\mathrm{d}A+\gamma\mathrm{d}A\mathrm{d}n\cos\alpha\doteq 0\text{（忽略惯性力）}$$

注意到 $\mathrm{d}n\cos\alpha=-\mathrm{d}z$

代入化简为 $\mathrm{d}p+\gamma\mathrm{d}z\doteq 0$

积分上式得

$$z+\frac{p}{\gamma}\doteq\text{常数} \tag{3-11}$$

上式说明，在恒定渐变流中，同一过水断面上的动水压强近似地按静水压强分布。但是，对于不同的过水断面，式（3-11）中的常数一般是不相同的。

对于恒定均匀流，由于不存在加速度，惯性力等于零，则式（3-11）成为

$$z+\frac{p}{\gamma}=\text{常数} \tag{3-12}$$

上式表明，在恒定均匀流中，同一过水断面上的动水压强精确地按静水压强分布。同样，式（3-12）中的常数，对于不同的过水断面一般是不相同的。

至于急变流，其过水断面上的动水压强分布与静水压强是不同的，即 $z+\frac{p}{\gamma}\neq$常数。这是由于液流的惯性所致，因急变流时，加速度不可忽略，按上述方法分析液柱受力时，必须考虑惯性力。急变流的动水压强分布应由实验测定，但是根据流线弯曲的凹凸情况，可以判断动水压强偏离静水压强分布的情况，如图 3-9 所示。图中实线为动水压强分布曲线，虚线为静水压强分布曲线。对于凸形壁面水流［见图 3-9（a）］，$p_{动}<p_{静}$，而对于凹形壁面水流［见图 3-9（b）］，则 $p_{动}>p_{静}$。

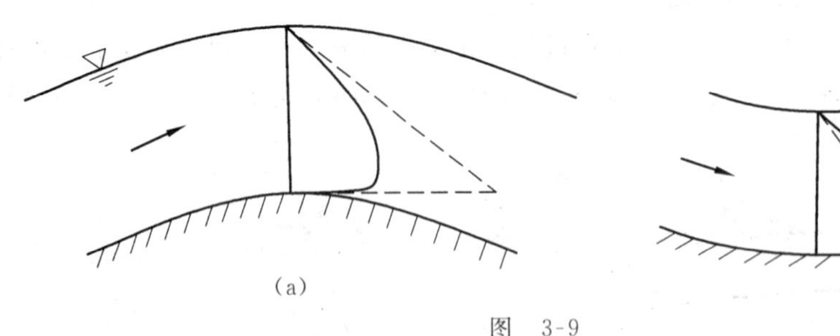
(a)

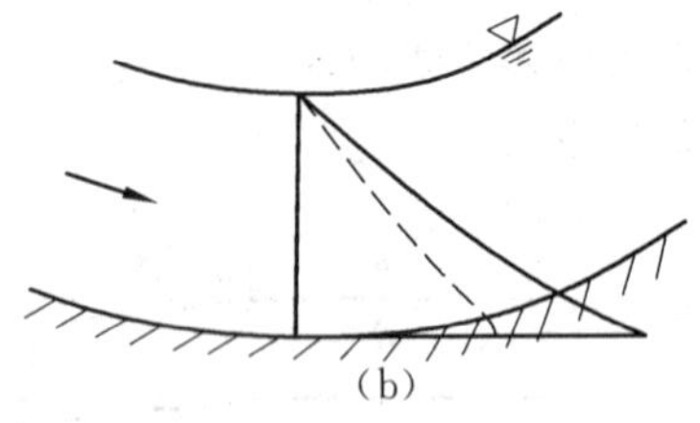
(b)

图 3-9

## 第三节　恒定总流的连续性方程

恒定总流的连续性方程是质量守恒定律在水力学中的具体体现。

从总流中任取一段（见图 3-10），其进口过水断面 1-1 面积为 $A_1$，出口过水断面 2-2 面积为 $A_2$；再从中任取一束元流，其进口过水断面面积为 $\mathrm{d}A_1$，流速为 $u_1$，出口过水断面面

积为 $\mathrm{d}A_2$，流速为 $u_2$。考虑到：

（1）在恒定流条件下，元流的形状与位置不随时间改变；

（2）不可能有液体经元流侧面流进或流出；

（3）液流为连续介质，元流内部不存在空隙。

根据质量守恒原理，单位时间内流进 $\mathrm{d}A_1$ 的质量等于流出 $\mathrm{d}A_2$ 的质量。即

$$\rho_1 u_1 \mathrm{d}A_1 = \rho_2 u_2 \mathrm{d}A_2 = 常数 \tag{3-13}$$

对于不可压缩液体，密度 $\rho_1 = \rho_2 = \rho =$ 常数，则有

$$u_1 \mathrm{d}A_1 = u_2 \mathrm{d}A_2 = \mathrm{d}Q = 常数 \tag{3-14}$$

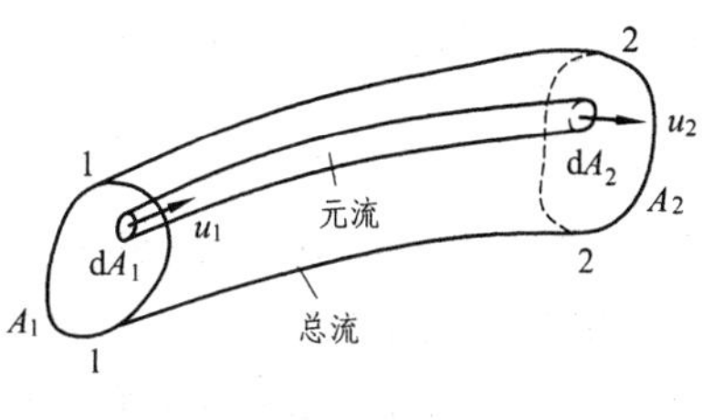

图 3-10

上式即为**恒定元流的连续性方程**。它表明：对于不可压缩液体，元流的流速与其过水断面面积成反比，因而流线密集的地方（过水断面面积小）流速大，而流线疏的地方（过水断面面积大）流速小。

因总流为许多元流所组成的有限集合体，因此，将恒定元流的连续性方程在总流过水断面上积分

$$Q = \int_{A_1} u_1 \mathrm{d}A_1 = \int_{A_2} u_2 \mathrm{d}A_2$$

引入断面平均流速后，可得

$$v_1 A_1 = v_2 A_2 = Q = 常数 \tag{3-15}$$

上式即为**恒定总流的连续性方程**，它在形式上与恒定元流的连续性方程相类似，但应注意的是，总流的连续性方程是以断面平均流速 $v$ 代替点流速 $u$。

恒定总流的连续性方程是不涉及任何作用力的运动学方程，所以，它无论对于理想液体还是实际液体都适用。

上述恒定总流的连续性方程是在流量沿程不变的条件下导得的。若沿程有流量流进或流出，则总流的连续性方程在形式上需作相应的修正。如图 3-11 所示的情况，其总流的连续性方程可写为

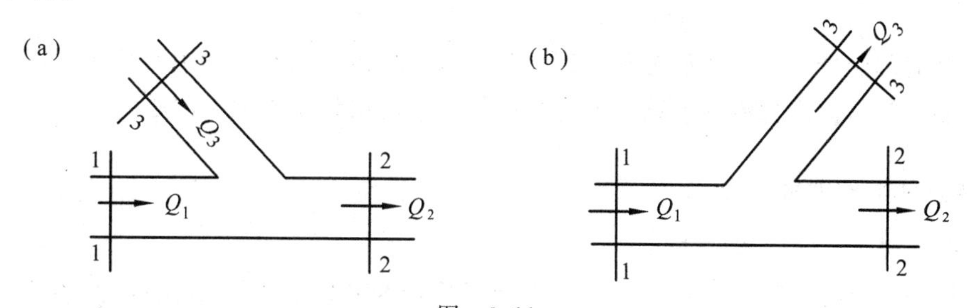

图 3-11

$$Q_1 \pm Q_3 = Q_2 \tag{3-16}$$

式中，$Q_3$ 为流进（取正号）或流出（取负号）的流量。

**例 3-1** 直径 $d$ 为 100 mm 的输水管中有一变截面管段（见图 3-12），若测得管内流量 $Q$ 为 10 L/s，变截面管段最小截面处的断面平均流速 $v_0 = 20.3$ m/s，求输水管的断面

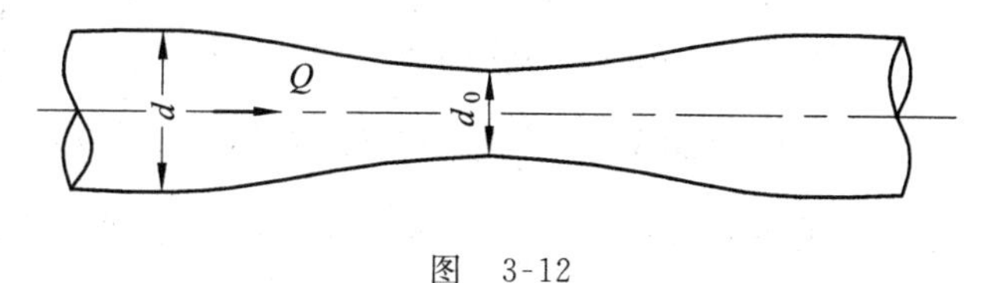

图 3-12

平均流速 $v$ 及最小截面处的直径 $d_0$。

**解** 由式（3-10）

$$v=\frac{Q}{\frac{1}{4}\pi d^2}=\frac{10\times 10^{-3}}{\frac{1}{4}\times 3.14\times 0.1^2}=1.27\ \text{m/s}$$

根据式（3-15）

$$d_0^2=\frac{v}{v_0}d^2=\frac{1.27}{20.3}\times 0.1^2=0.000\ 626$$

故 $$d_0=0.025\ 0\ \text{m}=25\ \text{mm}$$

**例 3-2** 图 3-13 为一三通管。已知流量 $Q_1=140$ L/s，两支管直径分别为 $d_2=150$ mm 和 $d_3=200$ mm，且两者断面平均流速相等。试求两支管流量 $Q_2$ 和 $Q_3$。

**解** 由式（3-16），得

$$Q_1=Q_2+Q_3=v_2\ \frac{\pi}{4}d_2^2+v_3\ \frac{\pi}{4}d_3^2$$

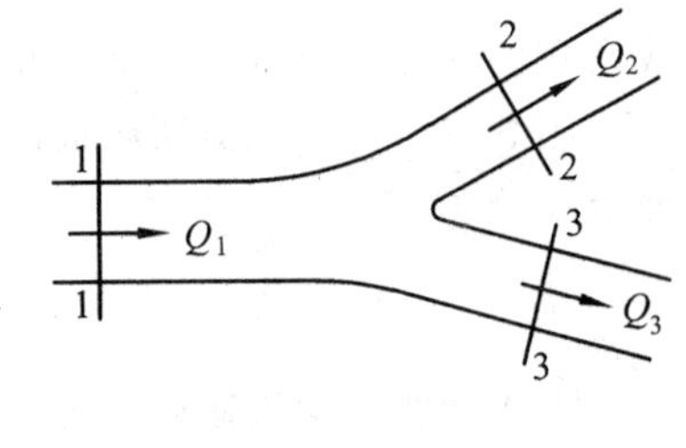


图 3-13

因 $v_2=v_3$，所以

$$v_2=v_3=\frac{Q_1}{\frac{\pi}{4}\ (d_2^2+d_3^2)}=\frac{140\times 10^{-3}}{\frac{3.14}{4}\times\ (0.15^2+0.20^2)}$$

$$=2.85\ \text{m/s}$$

各支管流量

$$Q_2=2.85\times\frac{3.14}{4}\times 0.15^2=0.050\ 4\ \text{m}^3/\text{s}=50.4\ \text{L/s}$$

$$Q_3=Q_1-Q_2=140-50.4=89.6\ \text{L/s}$$

## 第四节 恒定总流的能量方程

恒定总流的能量方程（即伯努利方程）是能量守恒定律在水力学中的具体体现，是水动力学的核心，它与恒定总流的连续性方程相结合，可解决许多水力学问题。

### 1. 恒定元流的能量方程

（1）理想液体恒定元流的能量方程：

在流场中，沿流线取一长度为 ds、过水断面面积为 dA 的微小元流段，如图 3-14 所示。作用在沿流线方向的外力有：进口断面的压力 $p\text{d}A$，出口断面的压力 $(p+\text{d}p)\ \text{d}A$，作用在元流段的重力在流线方向的分力 $\text{d}G\cos\alpha$，对于理想液体，作用在元流段侧表面的切向力等于零。

在流线方向应用牛顿第二定律，有

$$p\text{d}A-\ (p+\text{d}p)\ \text{d}A-\text{d}G\cos\alpha=\text{d}M\ \frac{\text{d}u}{\text{d}t}$$

其中，$\text{d}M=\rho\text{d}A\text{d}s$ 为元流段液体质量，$\text{d}G=\gamma\text{d}A\text{d}s$ 为元流段液体重量，$\cos\alpha$ 根据图 3-14 中几何关系有 $\cos\alpha=\frac{\text{d}z}{\text{d}s}$。将 $\text{d}G$、$\text{d}M$ 和 $\cos\alpha$ 关系式代入上式，化简整理，并考虑到 $\frac{\text{d}s}{\text{d}t}=$

$u$，$u\mathrm{d}u=\mathrm{d}\left(\dfrac{u^2}{2}\right)$，得

$$\mathrm{d}z+\frac{1}{\gamma}\mathrm{d}p+\frac{1}{g}\mathrm{d}\left(\frac{u^2}{2}\right)=0$$

对于不可压缩液体，$\gamma=$常数，故上式可写成

$$\mathrm{d}\left(z+\frac{p}{\gamma}+\frac{u^2}{2g}\right)=0$$

沿流线积分上式得

$$z+\frac{p}{\gamma}+\frac{u^2}{2g}=\text{常数} \tag{3-17}$$

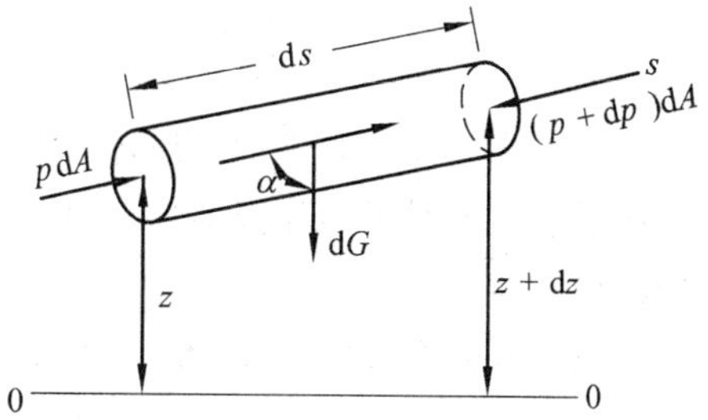

图 3-14

对于同一流线上任意两点 1 与 2，上式可改写成

$$z_1+\frac{p_1}{\gamma}+\frac{u_1^2}{2g}=z_2+\frac{p_2}{\gamma}+\frac{u_2^2}{2g} \tag{3-18}$$

这就是理想液体恒定元流的能量方程。

**理想液体恒定元流的能量方程**是 1738 年由瑞士物理学家伯努利（D. Bernoulli）首先导出的，故又称其为伯努利方程。这一方程在水力学中极为重要，它反映了重力场中理想液体沿元流（或者说沿流线）作恒定流动时，位置标高 $z$、动水压强 $p$ 与流速 $u$ 之间的关系。

从物理意义上看，$z$ 表示单位重量液体相对于某基准面所具有的位能（重力势能）；$p/\gamma$ 表示单位重量液体所具有的压能（压强势能）；$u^2/2g$ 表示单位重量液体所具有的动能。因一般称重力势能与压强势能之和为势能，势能与动能之和为机械能，故 $z+p/\gamma$ 表示单位重量液体所具有的势能，而 $z+p/\gamma+u^2/2g$ 则表示单位重量液体所具有的机械能。

从几何意义上看，$z$ 表示元流过水断面上某点相对于某基准面的位置高度，称为**位置水头**；$p/\gamma$ 称为**压强水头**，当 $p$ 为相对压强时，$p/\gamma$ 也称为**测压管高度**；$u^2/2g$ 称为**流速水头**，也即液体以速度 $u$ 垂直向上喷射到空气中时所达到的高度（不计射流本身重量及空气对它的阻力）。通常 $p$ 为相对压强，此时称 $z+p/\gamma$ 为**测压管水头**，而 $z+p/\gamma+u^2/2g$ 称为**总水头**。

（2）实际液体恒定元流的能量方程：

由于实际液体具有黏性，在流动过程中内摩擦阻力做功，将消耗液流的一部分机械能，使之不可逆地转变为热能等能量形式而耗散掉，因而液流的机械能将沿程减少。设 $h_w'$为元流中单位重量液体从 1-1 过水断面流至 2-2 过水断面的机械能损失（称为**元流的水头损失**），根据能量守恒原理，实际液体恒定元流的能量方程为

$$z_1+\frac{p_1}{\gamma}+\frac{u_1^2}{2g}=z_2+\frac{p_2}{\gamma}+\frac{u_2^2}{2g}+h_w' \tag{3-19}$$

实际液体恒定元流的能量方程各项及总水头，测压管水头的沿程变化可用几何曲线表示。元流各过水断面的测压管水头连线称为**测压管水头线**，而总水头的连线则称为**总水头线**（见图 3-15）。这两条线清晰地表示了液体三种能量（位能、压能和动能）及其组合沿程的变化过程。

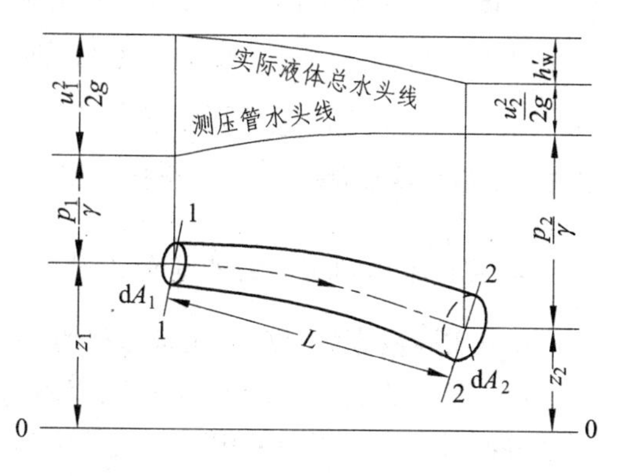


图 3-15

实际液体沿元流单位流程上的水头损失称为**总水头线坡度**（或称为**水力坡度**），用 $J$ 表示。

按定义

$$J=\frac{\mathrm{d}h_{\mathrm{w}}'}{\mathrm{d}l}=-\frac{\mathrm{d}\left(z+\frac{p}{\gamma}+\frac{u^2}{2g}\right)}{\mathrm{d}l} \tag{3-20}$$

从上式可知，对于理想液体，$J=0$（因 $\mathrm{d}h_{\mathrm{w}}'=0$），故理想液体恒定元流的总水头线是一条水平直线；对于实际液体，$J>0$（因为 $\mathrm{d}h_{\mathrm{w}}'>0$），因此，实际液体恒定元流的总水头线总是沿程下降的。

沿元流单位流程上的势能（即测压管水头）减少量称为**测压管坡度**，用 $J_p$ 表示。按定义

$$J_p=-\frac{\mathrm{d}\left(z+\frac{p}{\gamma}\right)}{\mathrm{d}l} \tag{3-21}$$

测压管水头线沿程可升（$J_p<0$），可降（$J_p>0$），也可不变（$J_p=0$），主要取决于水头损失及动能与势能之间相互转化的情况。

值得注意，当为均匀流时，流速 $u$ 沿程不变，$\mathrm{d}(z+p/\gamma+u^2/2g)=\mathrm{d}(z+p/\gamma)$，由式（3-20）和（3-21）可知 $J=J_p$，即均匀流的水力坡度与测压管坡度恒相等。

**例 3-3** 恒定液流（如管流）中任一点 $A$ 处的流速 $u$ 可用**皮托**（H. Pitor）**管**测定。皮托管是由测压管和一根与它装配在一起的，两端开口的直角弯管（称为测速管）组成，如图 3-16 所示。将弯端管口对着液流方向放在 $A$ 点下游同一水平流线上相距很近的 $B$ 点，液体流入测速管，$B$ 点流速等于零（$B$ 点称为**滞止点或驻点**），动能全部转化为势能，测速管内液柱保持一定高度。试根据 $B$、$A$ 两点的测压管高度差 $h_u=p'/\gamma-p/\gamma$，计算 $A$ 点的流速 $u$。

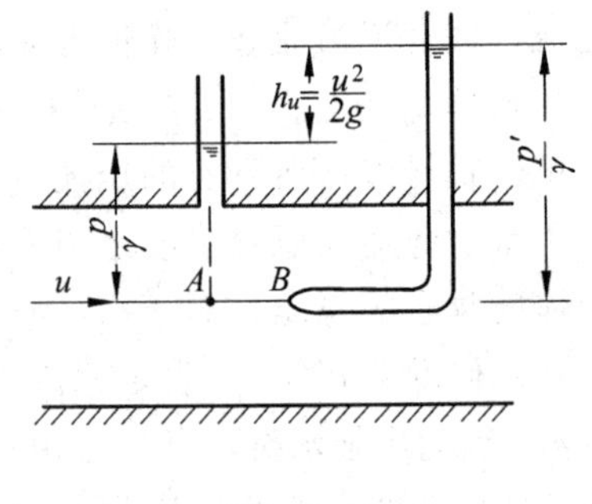


图 3-16

**解** 先按理想液体研究，应用恒定元流的能量方程于 $A$、$B$ 两点，有

$$\frac{p}{\gamma}+\frac{u^2}{2g}=\frac{p'}{\gamma}$$

故

$$u=\sqrt{2g\left(\frac{p'}{\gamma}-\frac{p}{\gamma}\right)}=\sqrt{2gh_u} \tag{3-22}$$

考虑到实际液体黏性作用引起的水头损失和测速管对水流的影响等，点 $A$ 处的实际流速不等于 $\sqrt{2gh_u}$，应引入修正系数 $\zeta$，即

$$u=\zeta\sqrt{2gh_u} \tag{3-23}$$

式中，$\zeta$ 值由实验测定，通常很接近于 1。

### 2. 实际液体恒定总流的能量方程

（1）实际液体恒定总流能量方程的推导：

前面已经得到了实际液体恒定元流的能量方程（3-19），但要解决实际工程问题，往往还需要通过在过水断面上积分把它推广到总流上去。将式（3-19）各项同乘以 $\gamma \mathrm{d}Q$，得单位时间内通过元流两过水断面的全部液体的能量关系式

$$\left(z_1+\frac{p_1}{\gamma}+\frac{u_1^2}{2g}\right)\gamma \mathrm{d}Q=\left(z_2+\frac{p_2}{\gamma}+\frac{u_2^2}{2g}\right)\gamma \mathrm{d}Q+h'_{\mathrm{w}}\gamma \mathrm{d}Q$$

注意到 $\mathrm{d}Q=u_1\mathrm{d}A_1=u_2\mathrm{d}A_2$，在总流过水断面上积分，得到通过总流两过水断面的总能量之间的关系为

$$\int_{A_1}\left(z_1+\frac{p_1}{\gamma}+\frac{u_1^2}{2g}\right)\gamma u_1\mathrm{d}A_1=\int_{A_2}\left(z_2+\frac{p_2}{\gamma}+\frac{u_2^2}{2g}\right)\gamma u_2\mathrm{d}A_2+\int_Q h'_{\mathrm{w}}\gamma \mathrm{d}Q$$

或

$$\begin{aligned}&\gamma\int_{A_1}\left(z_1+\frac{p_1}{\gamma}\right)u_1\mathrm{d}A_1+\gamma\int_{A_1}\frac{u_1^3}{2g}\mathrm{d}A_1\\=&\gamma\int_{A_2}\left(z_2+\frac{p_2}{\gamma}\right)u_2\mathrm{d}A_2+\gamma\int_{A_2}\frac{u_2^3}{2g}\mathrm{d}A_2+\int_Q h'_{\mathrm{w}}\gamma \mathrm{d}Q\end{aligned}\tag{3-24}$$

上式共有三种类型的积分，现分别确定如下：

① $\gamma\int_A(z+p/\gamma)u\mathrm{d}A$　它是单位时间内通过总流过水断面的液体势能的总和。为了确定这个积分，需要知道总流过水断面上的平均势能或者找出总流过水断面上各点 $z+p/\gamma$ 的分布规律，而这一分布规律与该断面上的流动状况有关。

在急变流断面上，各点的 $z+p/\gamma$ 不是常数，其变化规律因各种具体情况而异，积分较困难。但在均匀流或渐变流断面上，各点的 $z+p/\gamma$ 等于或近似等于常数，因此，若将过水断面取在均匀流或渐变流断面上，则积分

$$\begin{aligned}\gamma\int_A\left(z+\frac{p}{\gamma}\right)u\mathrm{d}A&=\gamma\left(z+\frac{p}{\gamma}\right)\int_A u\mathrm{d}A=\gamma\left(z+\frac{p}{\gamma}\right)vA\\&=\left(z+\frac{p}{\gamma}\right)\gamma Q\end{aligned}\tag{3-25}$$

② $\gamma\int_A(u^3/2g)\mathrm{d}A$　它是单位时间内通过总流过水断面的液体动能的总和。由于流速 $u$ 在过水断面上的分布一般难以确定，工程实践上为了计算方便，常用断面平均流速 $v$ 来表示实际动能

$$\gamma\int_A\frac{u^3}{2g}\mathrm{d}A=\gamma\frac{\alpha v^3}{2g}A=\frac{\alpha v^2}{2g}\gamma Q\tag{3-26}$$

因用 $(v^2/2g)\gamma Q$ 代替 $\gamma\int_A(u^3/2g)\mathrm{d}A$ 存在差异，故在式中引入了**动能修正系数** $\alpha$——实际动能与按断面平均流速计算的动能之比值，即

$$\alpha=\frac{\gamma\int_A\frac{u^3}{2g}\mathrm{d}A}{\frac{v^2}{2g}\gamma Q}=\frac{\int_A u^3\mathrm{d}A}{v^3A}\tag{3-27}$$

$\alpha$ 值取决于总流过水断面上的流速分布，一般流动的 $\alpha=1.05\sim1.10$，但有时可达到 2.0 或更大，在工程计算中常取 $\alpha=1$。

③ $\int_Q h'_{\mathrm{w}}\gamma \mathrm{d}Q$　它是单位时间内总流 1-1 过水断面与 2-2 过水断面间的机械能损失，同样可用单位重量液体在这两断面间的平均机械能损失（称为总流的水头损失）$h_{\mathrm{w}}$ 来表示，即

$$\int_Q h'_{\mathrm{w}}\gamma \mathrm{d}Q=h_{\mathrm{w}}\gamma Q\tag{3-28}$$

将式(3-25)、(3-26)与(3-28)代入式(3-24)，注意到恒定流时，$Q_1 = Q_2 = Q$，现将各项同除以 $\gamma Q$，得

$$z_1 + \frac{p_1}{\gamma} + \frac{\alpha_1 v_1^2}{2g} = z_2 + \frac{p_2}{\gamma} + \frac{\alpha_2 v_2^2}{2g} + h_W \tag{3-29}$$

这就是**实际液体恒定总流的能量方程(伯努利方程)**。它在形式上类似于实际液体恒定元流的能量方程，但是以断面平均流速 $v$ 代替点流速 $u$(相应地考虑动能修正系数 $\alpha$)，以平均水头损失 $h_W$ 代替元流的水头损失 $h'_W$。总流能量方程的物理意义和几何意义与元流的能量方程相类似。

(2) 恒定总流能量方程的应用条件：

推导恒定总流的能量方程时，采用了一些限制条件，因此应用时也必须符合或尽量符合这些条件，否则将不能得到符合实际的正确结果。这些限制条件可归纳如下：

① 恒定流。

② 不可压缩流体。

③ 质量力只有重力。

④ 过水断面取在均匀流或渐变流区段上，但两过水断面之间可以是急变流。

⑤ 两过水断面间除了水头损失以外，总流没有能量的输入或输出。当总流在该两断面间通过水泵、风机或水轮机等流体机械时，流体额外地获得或失去能量，则总流的能量方程应作如下的修正

$$z_1 + \frac{p_1}{\gamma} + \frac{\alpha_1 v_1^2}{2g} \pm H = z_2 + \frac{p_2}{\gamma} + \frac{\alpha_2 v_2^2}{2g} + h_W \tag{3-30}$$

式中，$+H$ 表示单位重量流体流过水泵、风机所获得的能量，$-H$ 表示单位重量流体流经水轮机所失去的能量。

(3) 应用恒定总流能量方程解题的几点补充说明：

① 基准面可以任选，但必须是水平面，且对于两不同过水断面，必须选取同一基准面，通常使 $z \geqslant 0$。

② 选取均匀流或渐变流过水断面是运用能量方程解题的关键，应将均匀流或渐变流过水断面取在已知数较多的断面上，并使能量方程含有所要求的未知量。

③ 过水断面上的计算点原则上可以任取，这是因为它上面各点的势能等于或近似等于常数，而断面上平均动能 $\alpha v^2/2g$ 又是一样的。为方便起见，通常对于管流取在断面形心(管轴中心)点，对于明渠流取在自由液面上。

上述三点可归结为：选取基准面，选取过水断面和选取计算点。这三个“选取”应综合考虑，以计算方便为宜。

④ 方程中动水压强 $p_1$ 和 $p_2$，既可取绝对压强，也可取相对压强，但对同一问题，必须采用相同的计算标准。

(4) 恒定总流能量方程的应用举例：

**例3-4** 如图3-17所示，用一根直径 $d = 200$ mm的管道从水箱中引水，水箱中的水由于不断得到外界的补充而保持水位恒定。若需要流量 $Q = 60$ L/s，问水箱中水位与管道出口断面中心的高差 $H$ 应保持多大？假定水箱截面面积远大于管道截面面积，水流总水头损失 $h_W = 5$ $mH_2O$。

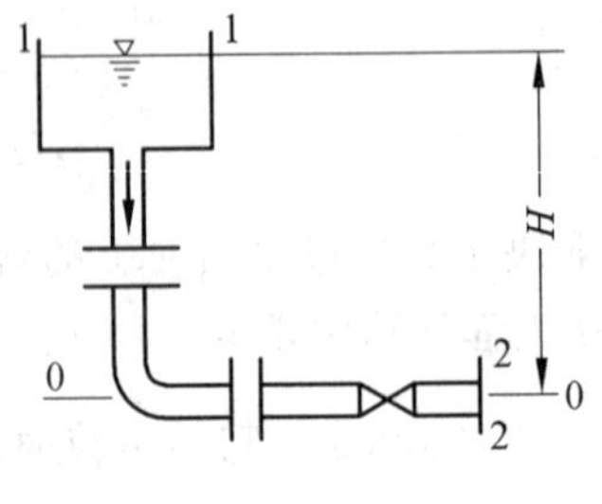

图 3-17

**解** 利用恒定总流的能量方程

$$z_1+\frac{p_1}{\gamma}+\frac{\alpha_1 v_1^2}{2g}=z_2+\frac{p_2}{\gamma}+\frac{\alpha_2 v_2^2}{2g}+h_{\mathrm{W}}$$

取渐变流过水断面：水箱液面为1-1断面，管道出口断面为2-2断面。选1-1断面的计算点在自由液面上，2-2断面的计算点在管轴中心点。取基准面0-0位于通过2-2断面中心的水平面上。

根据总流的连续性方程，在水箱截面面积远大于管道截面面积的情况下可认为 $v_1=0$；此外，$p_1$ 与 $p_2$ 等于周围介质（大气）的压强，其相对压强等于零，则上式成为

$$H=\frac{\alpha_2 v_2^2}{2g}+h_{\mathrm{W}}$$

其中 $$v_2=\frac{Q}{\frac{1}{4}\pi d^2}=\frac{60\times10^{-3}}{\frac{1}{4}\times3.14\times0.2^2}=1.91\ \mathrm{m/s}$$

取 $$\alpha_2=1$$

则 $$H=\frac{1.91^2}{2\times9.80}+5=0.186+5=5.186\ \mathrm{m}$$

**例3-5** 一离心式水泵（见图3-18）的抽水量 $Q=20\ \mathrm{m^3/h}$，安装高度 $H_S=5.5\ \mathrm{m}$，吸水管直径 $d=100\ \mathrm{mm}$。若吸水管总的水头损失 $h_{\mathrm{W}}=0.25\ \mathrm{mH_2O}$，试求水泵进口处的真空度 $h_{v2}$ 及真空值 $p_{v2}$。

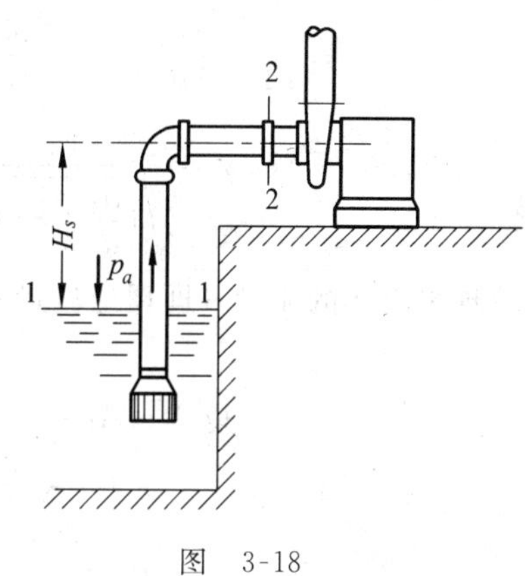

图 3-18

**解** 运用恒定总流的能量方程式（3-29），取渐变流过水断面：水池液面为1-1断面，水泵进口断面为2-2断面，它们的计算点分别取在自由液面与管轴上，选基准面0-0在自由液面上。因水池面远大于吸水管截面，故认为 $v_1=0$。注意到 $p_1'=p_a$（大气压强），取 $\alpha=1$，则得

$$h_{v2}=\frac{p_a-p_2'}{\gamma}=\frac{p_1'-p_2'}{\gamma}=H_S+\frac{v_2^2}{2g}+h_{\mathrm{W}}$$

式中 $$v_2=\frac{Q}{\frac{1}{4}\pi d^2}=\frac{20}{3\ 600\times\frac{1}{4}\times3.14\times0.1^2}=0.707\ \mathrm{m/s}$$

故 $$h_{v2}=5.5+\frac{0.707^2}{2\times9.80}+0.25=5.78\ \mathrm{m}$$

因 $$h_{v2}=\frac{p_{v2}}{\gamma}$$

所以 $$p_{v2}=\gamma h_{v2}=9\ 800\times5.78=56\ 600\ \mathrm{N/m^2}$$
$$=56.6\ \mathrm{kN/m^2}$$

**例3-6** 文丘里（Venturi）流量计是一种测量有压管道中液体流量的仪器。它由光滑的收缩段、喉道与扩散段三部分组成（见图3-19）。在收缩段进口断面与喉道处分别安装一根测压管（或是连接两处的水银差压计）。设在恒定流条件下读得测压管水头差 $\Delta h=0.5\ \mathrm{m}$（或水银差压计的水银柱高差 $h_p=3.97\ \mathrm{cm}$），测量流量之前，预先经实验测得文丘里管的流量系数（实际流量与不计

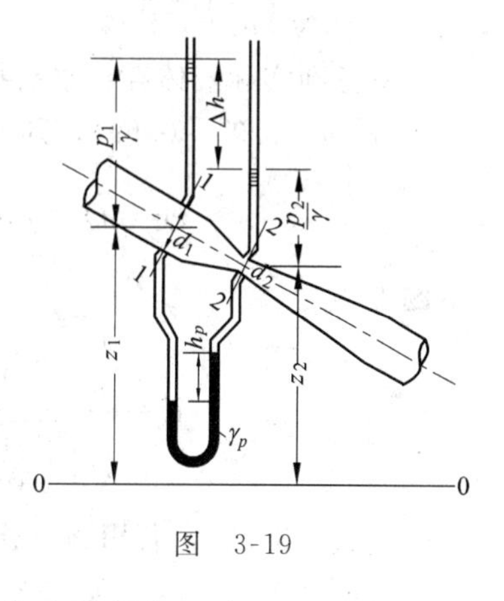

图 3-19

水头损失的理论流量之比）$\mu=0.98$。若已知文丘里管的进口直径 $d_1=100$ mm，喉道直径 $d_2=50$ mm，且 $\gamma_p/\gamma=13.6$，求管道实际流量 $Q$。

**解** 应用恒定总流的能量方程式（3-29），选取渐变流的进口断面与喉道断面为 1-1 断面和 2-2 断面（尽管它们之间是急变流）。计算点取在管轴上，基准面 0-0 置于管道下面某一固定位置。注意到由于光滑的收缩段很短，因而暂可忽略 $h_w$，再取 $\alpha_1=\alpha_2=1$，则有

$$z_1+\frac{p_1}{\gamma}+\frac{v_1^2}{2g}=z_2+\frac{p_2}{\gamma}+\frac{v_2^2}{2g}$$

或

$$\frac{v_2^2}{2g}-\frac{v_1^2}{2g}=\left(z_1+\frac{p_1}{\gamma}\right)-\left(z_2+\frac{p_2}{\gamma}\right)$$

上式中有 $v_1$ 和 $v_2$ 两个未知量，还需运用总流的连续性方程

$$v_1A_1=v_2A_2$$

故

$$v_2=\frac{A_1}{A_2}v_1=\left(\frac{d_1}{d_2}\right)^2v_1$$

代入前式得

$$\left[\left(\frac{d_1}{d_2}\right)^4-1\right]\frac{v_1^2}{2g}=\left(z_1+\frac{p_1}{\gamma}\right)-\left(z_2+\frac{p_2}{\gamma}\right)$$

$$v_1=\frac{1}{\sqrt{\left(\frac{d_1}{d_2}\right)^4-1}}\sqrt{2g\left[\left(z_1+\frac{p_1}{\gamma}\right)-\left(z_2+\frac{p_2}{\gamma}\right)\right]} \tag{3-31}$$

故理想液体的流量（即理论流量）

$$Q'=v_1A_1=\frac{\frac{1}{4}\pi d_1^2}{\sqrt{\left(\frac{d_1}{d_2}\right)^4-1}}\sqrt{2g\left[\left(z_1+\frac{p_1}{\gamma}\right)-\left(z_2+\frac{p_2}{\gamma}\right)\right]}$$

$$=K\sqrt{\left(z_1+\frac{p_1}{\gamma}\right)-\left(z_2+\frac{p_2}{\gamma}\right)} \tag{3-32}$$

式中，$K=\frac{\frac{1}{4}\pi d_1^2}{\sqrt{\left(\frac{d_1}{d_2}\right)^4-1}}\sqrt{2g}$ 取决于文丘里管的结构尺寸，称为文丘里管系数。

考虑到实际液体存在水头损失，实际流量比理论流量略小，因此需再乘以一个流量系数 $\mu$（一般 $\mu=0.95\sim0.99$），则实际流量为

$$Q=\mu Q'=\mu K\sqrt{\left(z_1+\frac{p_1}{\gamma}\right)-\left(z_2+\frac{p_2}{\gamma}\right)} \tag{3-33}$$

本题中

$$K=\frac{\frac{1}{4}\times3.14\times0.1^2}{\sqrt{\left(\frac{0.1}{0.05}\right)^4-1}}\sqrt{2\times9.80}=0.008\ 98\ \mathrm{m^{5/2}/s}$$

由式（3-33），若用测压管测势能差，则

$$Q=\mu K\sqrt{\Delta h}=0.98\times0.008\ 98\times\sqrt{0.5}=0.006\ 22\ \mathrm{m^3/s}$$

若用水银差压计测势能差，则

$$Q=\mu K\sqrt{\left(\frac{\gamma_p}{\gamma}-1\right)h_p}=0.98\times0.00898\times\sqrt{12.6\times0.0397}$$
$$=0.00622\ \mathrm{m^3/s}$$

## 第五节　恒定总流的动量方程

恒定总流的基本方程除前面阐述的连续性方程和能量方程外，还有另外一个重要方程——动量方程。恒定总流的动量方程是动量守恒定律在水力学中的具体体现，它反映了水流动量变化与作用力之间的关系。动量方程的特殊优点在于不必知道流动范围内部的流动过程，而只需要知道其边界面上的流动状况即可，因此它可用来解决急变流动中，水流与边界面之间的相互作用力问题。

### 1. 恒定总流动量方程的推导

恒定总流的动量方程是根据理论力学中的质点系动量定理导得的。该定理可表述为：在 $dt$ 时间内，质点系的动量变化 $d\boldsymbol{K}$ 等于该质点系所受外力的合力 $\boldsymbol{F}$ 在这一时间内的冲量 $\boldsymbol{F}dt$，即

$$d\boldsymbol{K}=d(\sum m\boldsymbol{u})=\boldsymbol{F}dt$$

上式是矢量方程，同时方程中不出现内力。

为了把动量定理应用到液流，现从恒定总流中任取一束元流（见图 3-20），初始时刻在 1-2 位置，经 $dt$ 时间后变形运动到 1′-2′位置，设通过过水断面 1-1 与 2-2 的流速分别为 $\boldsymbol{u}_1$ 和 $\boldsymbol{u}_2$。

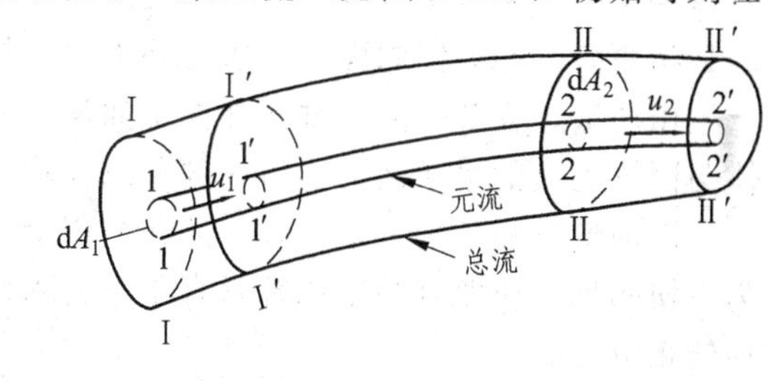

图　3-20

$dt$ 时间内元流的动量变化 $d\boldsymbol{K}$ 等于 1′-2′段与 1-2 段液体各质点动量的矢量和之差，由于恒定流时公共部分 1′-2 段的形状与位置及其动量不随时间改变，因而等于 2-2′段动量与 1-1′段动量之矢量差。根据质量守恒原理，2-2′段的质量与 1-1′段的质量相等（设为 $dM$），则元流的动量变化

$$d\boldsymbol{K}=dM\boldsymbol{u}_2-dM\boldsymbol{u}_1=dM(\boldsymbol{u}_2-\boldsymbol{u}_1)$$

对于不可压缩的液体，$dQ_1=dQ_2=dQ$，故

$$d\boldsymbol{K}=\rho dQdt(\boldsymbol{u}_2-\boldsymbol{u}_1)$$

总流的动量变化 $d\sum\boldsymbol{K}$ 等于所有元流的动量变化之矢量和 $\sum d\boldsymbol{K}$，将元流的动量变化沿总流过水断面积分，则 $dt$ 时间内总流的动量变化等于

$$d\sum\boldsymbol{K}=\int_{A_2}\rho dQdt\boldsymbol{u}_2-\int_{A_1}\rho dQdt\boldsymbol{u}_1$$
$$=\rho dt\left(\int_{A_2}\boldsymbol{u}_2u_2dA_2-\int_{A_1}\boldsymbol{u}_1u_1dA_1\right)$$

由于流速 $u$ 在过水断面上的分布一般难以确定，需用断面平均流速 $v$ 代替 $u$ 计算总流的动量变化。但按 $v$ 计算的动量与实际动量存有差异，为此需要修正。若 1-1 断面与 2-2 断面

是均匀流或渐变流断面，$u$ 与 $v$ 方向相同或几乎相同，则可引入**动量修正系数** $\beta$——实际动量与按 $v$ 计算的动量之比，即

$$\beta=\frac{\int_A u^2\mathrm{d}A}{v^2A} \tag{3-34}$$

β值的大小与总流过水断面上的流速分布有关。一般流动的 $\beta=1.02\sim1.05$,但有时可达到1.33或更大,在工程计算中常取 $\beta=1.0$。

这样 $\sum d\boldsymbol{K}$ 可表示为

$$\sum\mathrm{d}\boldsymbol{K}=\rho\mathrm{d}t(\beta_2\boldsymbol{v}_2v_2A_2-\beta_1\boldsymbol{v}_1v_1A_1)$$

若总流在流动过程中,流量沿程不变,即 $v_1A_1=v_2A_2=Q$,则上式成为

$$\sum\mathrm{d}\boldsymbol{K}=\rho Q\mathrm{d}t(\beta_2\boldsymbol{v}_2-\beta_1\boldsymbol{v}_1)$$

根据质点系动量定理,对于总流有 $\sum\mathrm{d}\boldsymbol{K}=\sum\boldsymbol{F}\mathrm{d}t$,得

$$\rho Q\mathrm{d}t(\beta_2\boldsymbol{v}_2-\beta_1\boldsymbol{v}_1)=\sum\boldsymbol{F}\mathrm{d}t$$

两边消去 $\mathrm{d}t$,得

$$\rho Q(\beta_2\boldsymbol{v}_2-\beta_1\boldsymbol{v}_1)=\sum\boldsymbol{F} \tag{3-35}$$

这就是**恒定总流的动量方程**。其中 $\sum\boldsymbol{F}$ 为作用在总流流段即由Ⅰ—Ⅰ—Ⅱ—Ⅱ—Ⅰ所组成的封闭曲面（称为**控制面**）上所有外力（包括表面力和质量力中的重力）的合力。

用动量方程解题的关键往往在于如何选取控制面，一般应将控制面的一部分取在运动液体与固体边壁的接触面上，另一部分取在均匀流或渐变流过水断面上，并使控制面封闭。

因动量方程是个矢量方程，故在实用上一般是利用它在某坐标系上的投影式进行计算。为方便起见，应使有的坐标轴垂直于不要求的作用力或动量（速度）。写投影式时应注意各项的正负号。

**2. 恒定总流动量方程的应用举例**

**例 3-7** 水流从喷嘴中水平射向一相距不远的静止铅垂平板，水流随即在平板上向四周散开，如图 3-21 所示，试求射流对平板的冲击力 $R$。

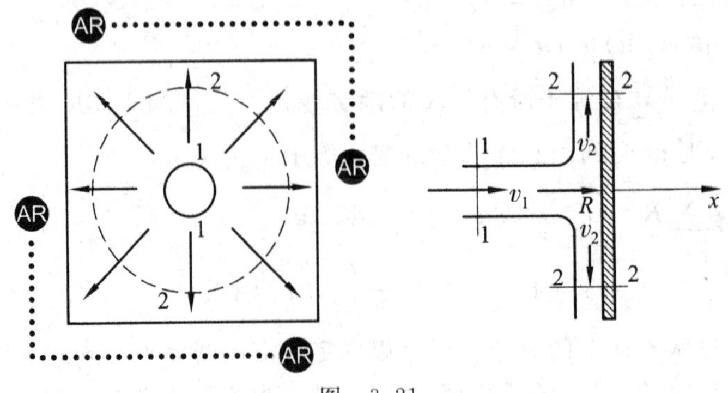


图 3-21

**解** 利用恒定总流的动量方程计算射流对平板的作用力。取射流转向前的断面 1-1 和射流完全转向后的断面 2-2（注意 2-2 断面是一个圆筒面，它应截取全部散射的水流）及液流边界面所包围的封闭曲面为控制面（见图 3-22）。

流入与流出控制面的流速以及作用在控制面上的外力分别示于图 3-21 和图 3-22，其中 $R'$是平板对射流的作用力，即为所求射流对平板的冲击力的反作用力。控制面四周大气压强的作用因相互抵消而不需计及。同时，射流方向水平，重力可以不考虑。

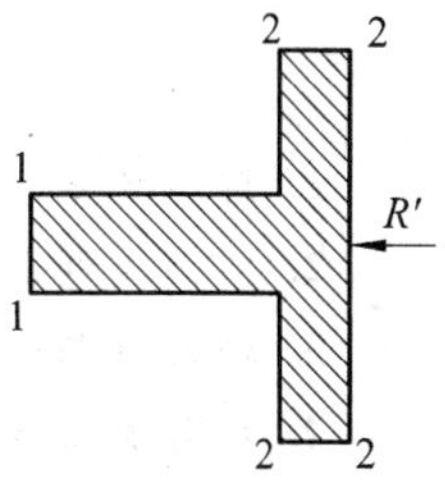

图 3-22

若略去液流的机械能损失，则由恒定总流的能量方程可得

$$v_1=v_2=v$$

取 $x$ 方向如图 3-21 所示，则恒定总流的动量方程在 $x$ 方向的投影为

$$\rho Q(0-\beta_1 v_1)=-R'$$

故
$$R'=\rho Q\beta_1 v_1=\rho Q\beta_1 v$$

取 $\beta_1=1.0$，则

$$R'=\rho Qv$$

式中，$Q$ 为射流流量，$v$ 为射流速度。射流对平板的冲击力 $R$ 与 $R'$大小相等，方向相反。

**例 3-8** 图 3-23 为矩形断面平坡渠道中水流越过一平顶障碍物。已知渠宽 $b=1.2$ m，上游断面水深 $h_1=2.0$ m，障碍物顶中部 2-2 断面水深 $h_2=0.5$ m，已测得 $v_1=0.4$ m/s，试求水流对障碍物迎水面的冲击力 $R$。

**解** 利用恒定总流的动量方程计算水流对障碍物迎水面的冲击力。取渐变流过水断面 1-1 和 2-2 以及液流边界所包围的封闭曲面为控制面（见图 3-24）。则作用在控制面上的表面力有两渐变流过水断面上的动水压力 $P_1$ 和 $P_2$，障碍物迎水面对水流的作用力 $R'$以及渠底支承反力 $F$。质量力有重力 $G$。

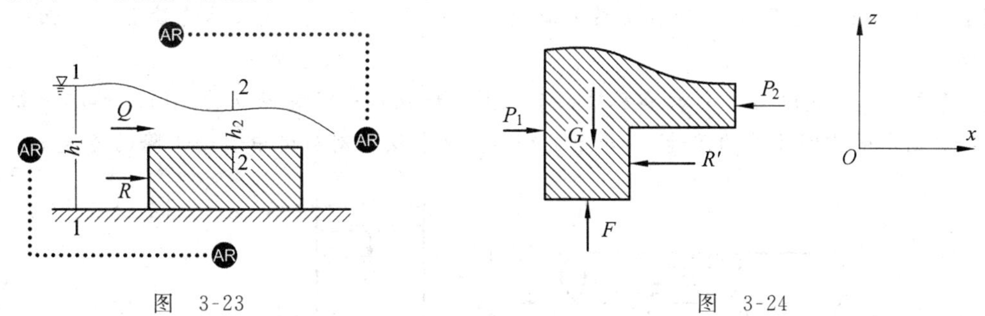


图 3-23　　　　图 3-24

取 $xOz$ 坐标如图 3-24 所示，则在 $x$ 方向建立恒定总流的动量方程，有

$$\rho Q(\beta_2 v_2-\beta_1 v_1)=P_1-P_2-R'$$

式中
$$P_1=\frac{1}{2}\gamma bh_1^2=\frac{1}{2}\times 9\ 800\times 1.2\times 2.0^2=23\ 520\ \text{N}$$

$$P_2=\frac{1}{2}\gamma bh_2^2=\frac{1}{2}\times 9\ 800\times 1.2\times 0.5^2=1\ 470\ \text{N}$$

根据恒定总流的连续性方程 $v_1A_1=v_2A_2=Q$ 可得

$$Q=v_1A_1=v_1bh_1=0.4\times 1.2\times 2.0=0.96\ \text{m}^3/\text{s}$$

$$v_2=\frac{Q}{A_2}=\frac{Q}{bh_2}=\frac{0.96}{1.2\times 0.5}=1.6\ \text{m/s}$$

取 $\beta_1=\beta_2=1.0$，则

$$R'=P_1-P_2-\rho Q\ (v_2-v_1)$$
$$=23\ 520-1\ 470-1\ 000\times0.96\times\ (1.6-0.4)$$
$$=20\ 898\ \text{N}=20.9\ \text{kN}$$

水流对障碍物迎水面的冲击力 $R$ 与 $R'$ 大小相等而方向相反。

## 思 考 题

**1.** 静水压强、理想液体动水压强和实际液体动水压强有什么异同？

**2.** 何谓流线、流管和元流？它们之间有什么联系？在水力学中为什么要引入这些概念？

**3.** 均匀流与断面流速分布是否均匀有无关系？

**4.** 均匀流及渐变流过水断面有哪些特性？这些特性给水力计算带来了哪些方便？

**5.** 本章介绍的水动力学三大基本方程的适用条件是什么？试分别说明。

**6.** 恒定总流动量方程的 $\sum \boldsymbol{F}$ 中为什么不包括惯性力？

**7.** 在例 3-8 中，由于重力在水平方向投影为零，故水流对障碍物迎水面的冲击力 $R$ 与重力无关，这种说法对吗？为什么？

## 习 题

**3-1** 在如图所示的输水管路中，过水断面上的流速分布为

$$u=u_{\max}\left[1-\left(\frac{r}{r_0}\right)^2\right]$$

式中水管半径 $r_0$ 为 3 cm，管轴上最大流速 $u_{\max}$ 为 0.15 m/s。试求总流量 $Q$ 与断面平均流速 $v$。

**3-2** 一直径 $D$ 为 1 m 的盛水筒铅垂放置，现接出一根直径 $d$ 为 10 cm 的水平管子。已知某时刻水管中断面平均流速 $v_2$ 等于 2 m/s，试求该时刻圆筒中液面下降的速度 $v_1$。

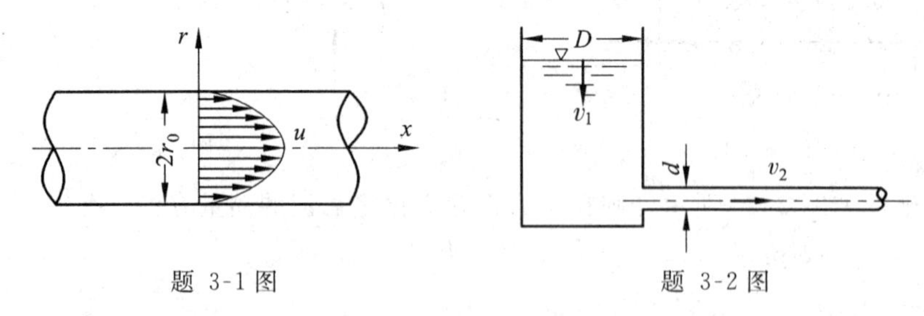


题 3-1 图　　　　题 3-2 图

**3-3** 利用毕托管原理测量输水管中的流量（见图示）。已知输水管直径 $d$ 为 200 mm，测得水银差压计读数 $h_p$ 为 60 mm，若此时断面平均流速 $v=0.84\,u$，式中 $u$ 是毕托管前管轴上未受扰动水流的流速。试问输水管中的流量 $Q$ 为多大？

**3-4** 有一管路，由两根不同直径的管子与一渐变连接管组成（见图示）。$d_A$ 为 200 mm，$d_B$ 为 400 mm；$A$ 点的相对压强 $p_A$ 为 0.7 个工程大气压，$B$ 点的相对压强 $p_B$ 为 0.4 个工程大气压；$B$ 处的断面平均流速 $v_B$ 为 1 m/s。$A$、$B$ 两点高差 $\Delta z$ 为 1 m。要求判明水流方向，并计算这两断面间的水头损失 $h_W$。

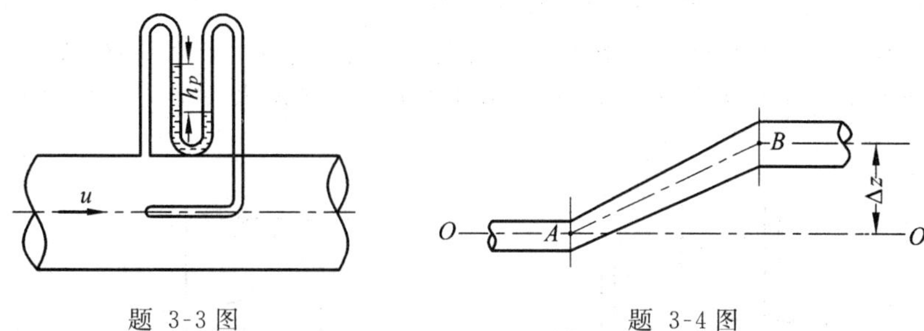


题 3-3 图　　　　题 3-4 图

**3-5**　为了测量石油管道的流量，安装一文丘里流量计（见图示）。管道直径 $d_1$ 为 20 cm，文丘里管喉道直径 $d_2$ 为 10 cm，石油密度 $\rho$ 为 850 kg/m$^3$，文丘里管流量系数 $\mu=0.95$。现测得水银差压计读数 $h_p$ 为 15 cm，试问此时石油流量 $Q$ 为多大？

**3-6**　如图所示，一盛水的密闭容器，液面上气体的相对压强 $p_0$ 为 0.5 个工程大气压。若在容器底部接一段管路，管长为 4 m，与水平面夹角 30°，出口断面直径 $d$ 为 50 mm。管路进口断面中心位于水下深度 $H$ 为 5 m 处，水出流时总的水头损失 $h_W$ 为 2.3 m，试求水的出流量 $Q$。

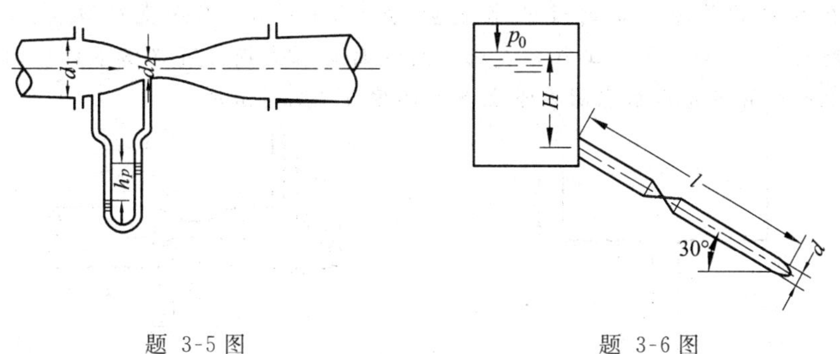


题 3-5 图　　　　题 3-6 图

**3-7**　一水平变截面管段接于输水管路中，管段进口直径 $d_1$ 为 10 cm，出口直径 $d_2$ 为 5 cm（题 3-7 图）。当进口断面平均流速 $v_1$ 为 1.4 m/s，相对压强 $p_1$ 为 0.6 个工程大气压时，若不计两截面间的水头损失，试计算管段出口断面相对压强 $p_2$。

**3-8**　题 3-8 图为一水轮机的直锥形尾水管。已知 $A$-$A$ 断面之直径 $d_A$ 为 0.6 m，流速 $u_A$ 为6 m/s，$B$-$B$ 断面之直径 $d_B$ 为 0.9 m，若由 $A$ 流至 $B$ 的水头损失 $h_W=0.14v_A^2/2g$，试计算：

（1）当 $z$ 为 5 m 时，$A$-$A$ 断面的真空值 $p_{vA}$；

（2）当允许真空度 $p_{vA}/\gamma$ 为 5 mH$_2$O 时，$A$-$A$ 断面的最高位置 $z$ 等于多少？

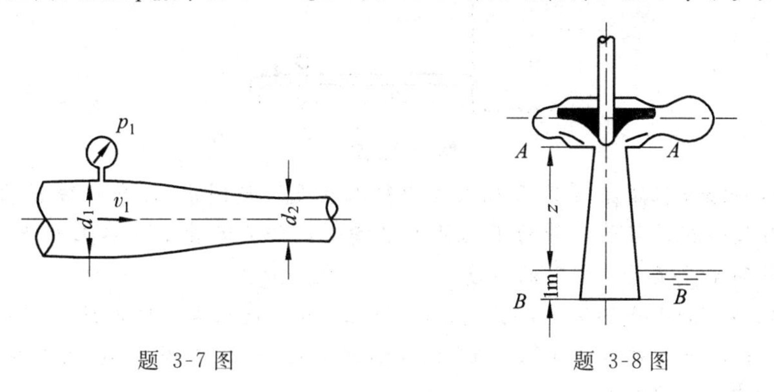


题 3-7 图　　　　题 3-8 图

**3-9**　如图所示水管通过的流量等于 9 L/s。若测压管水头差 $h$ 为 100.8 cm，直径 $d_2$ 为

5 cm，试确定直径 $d_1$。假定水头损失可忽略不计。

**3-10** 水箱中的水从一扩散短管流到大气中（见图示）。若直径 $d_1$ 为 100 mm，该处绝对压强 $p_1'$为 0.5 个工程大气压，直径 $d_2$ 为 150 mm，试求水头 $H$。假定水头损失可忽略不计。

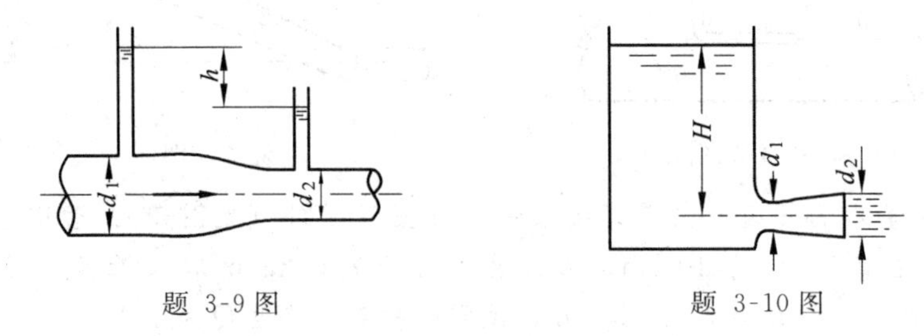

题 3-9 图　　　　题 3-10 图

**3-11** 一大水箱中的水通过一铅垂管与收缩管嘴流入大气中（见图示）。直管直径 $d$ 为 10 cm，收缩管嘴出口断面直径 $d_B$ 为 5 cm，若不计水头损失，求直管中 $A$ 点的相对压强 $p_A$。铅垂方向尺寸如图所示。

**3-12** 在水平的管路中，通过的水流量 $Q=2.5$ L/s。已知直径 $d_1$ 为 5 cm，$d_2$ 为 2.5 cm，相对压强 $p_1$ 为 0.1 个工程大气压。两断面间水头损失可忽略不计。问：连接于该管收缩断面上的水管可将水自容器内吸上多大高度 $h$（见图示）？

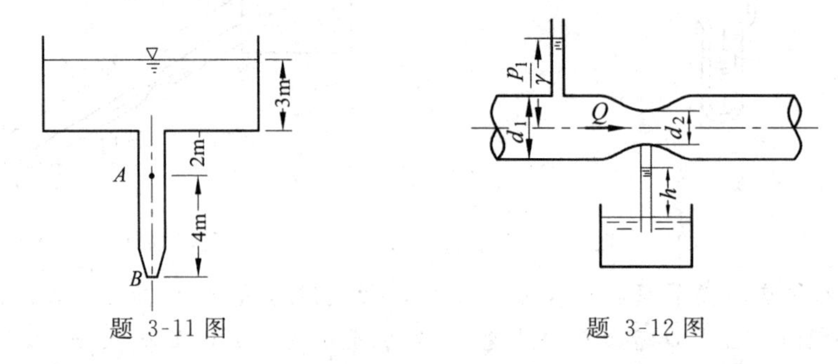

题 3-11 图　　　　题 3-12 图

**3-13** 已知图示水箱出水管管径 $d=50$ mm，当阀门关闭时，压力表计数 $p_{闭}=35$ kPa，阀门开启时压力表读数降至 16 kPa，此时压力表前管长 $l$ 范围内水头损失 $h_W=5.7\frac{v^2}{2g}$，试求此时通过出水管的流量 $Q$。

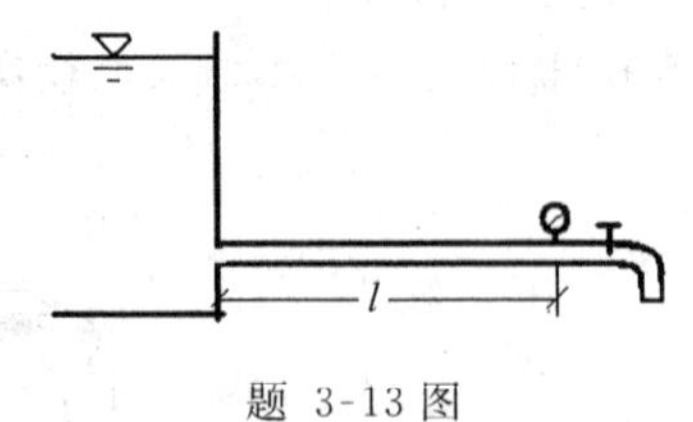

题 3-13 图

**3-14** 离心式通风机借集流器 $A$ 从大气中吸入空气（见图示），在直径 $d$ 为 200 mm 的圆柱形管道部分接一根玻璃管，管的下端插入水槽中，若玻璃管中的水上升 $H$ 为 150 mm，求每秒钟所吸取的空气量 $Q$。空气的密度 $\rho$ 为 1.25 kg/m$^3$。

**3-15** 一矩形断面平底的渠道，其宽度 $B$ 为 2.7 m，河床在某断面处抬高 0.3 m，抬高前的水深为 1.8 m，抬高后水面降低 0.12 m（如图示）。若水头损失 $h_W$ 为尾渠流速水头的一半，问流量 $Q$ 等于多少？

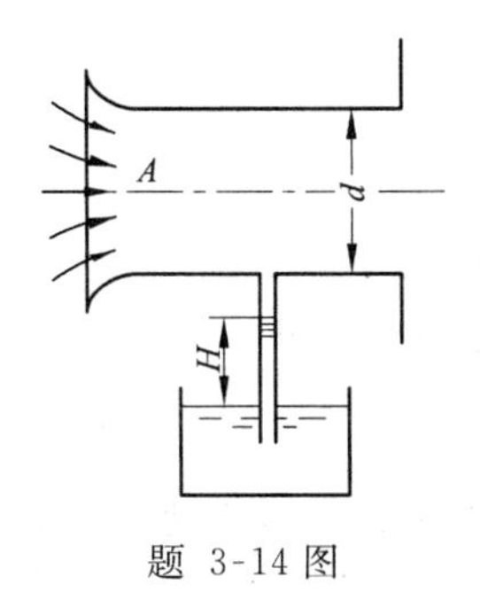


题 3-14 图

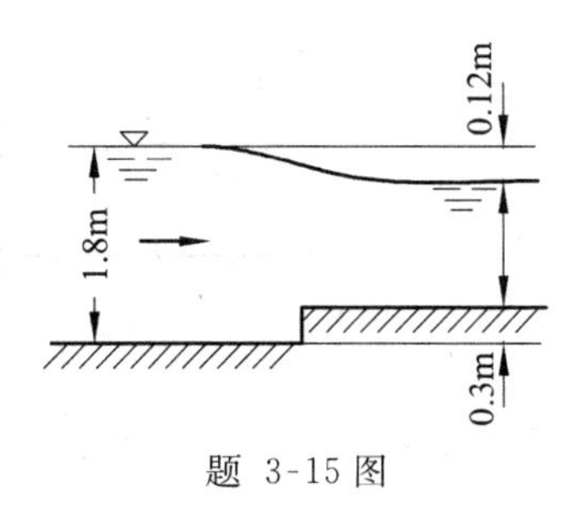


题 3-15 图

**3-16**　试求上题中水流对抬高坎的冲击力 $R$。

**3-17**　如题 3-17 图（俯视图）所示，水自喷嘴射向一与其交角成60°的光滑平板上（不计摩擦阻力）。若喷嘴出口直径 $d$ 为 25 mm，喷射流量 $Q$ 为 33.4 L/s。试求射流沿平板向两侧的分流流量 $Q_1$ 与 $Q_2$（喷嘴轴线水平见图示）以及射流对平板的作用力 $F$。假定水头损失可忽略不计。

**3-18**　将一平板放在自由射流之中，并垂直于射流的轴线，该平板截去射流流量的一部分 $Q_1$，并引起射流的剩余部分偏转角度 $\theta$（见图示）。已知 $v$ 为 30 m/s，$Q$ 为 36 L/s，$Q_1$ 为 12 L/s，试求射流对平板的作用力 $R$ 以及射流偏转角 $\theta$。不计摩擦力与液体重量的影响。

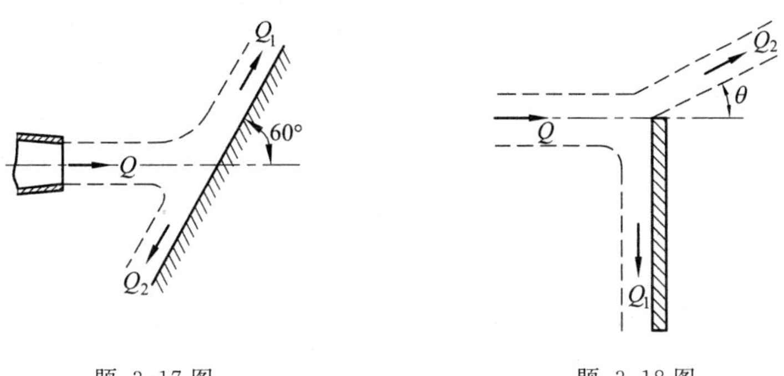


题 3-17 图　　题 3-18 图

**3-19**　嵌入支座内的一段输水管，其直径由 $d_1$ 为 1.5 m 变化到 $d_2$ 为 1 m（见图示）。当支座前的压强 $p_1=4$ 个工程大气压（相对压强），流量 $Q$ 为 1.8 $m^3/s$ 时，试确定在渐变段支座所受的轴向力 $R$。不计水头损失。

**3-20**　水流通过变截面弯管（见图示）。若已知弯管的直径 $d_A$ 为 25 cm，$d_B$ 为 20 cm，流量 $Q$ 为 0.12 $m^3/s$。断面 $A$-$A$ 的相对压强 $p_A$ 为 1.8 个工程大气压，管子中心线均在同一水平面上，求固定此弯管所需的力 $F_x$ 与 $F_y$。假设可不计水头损失。

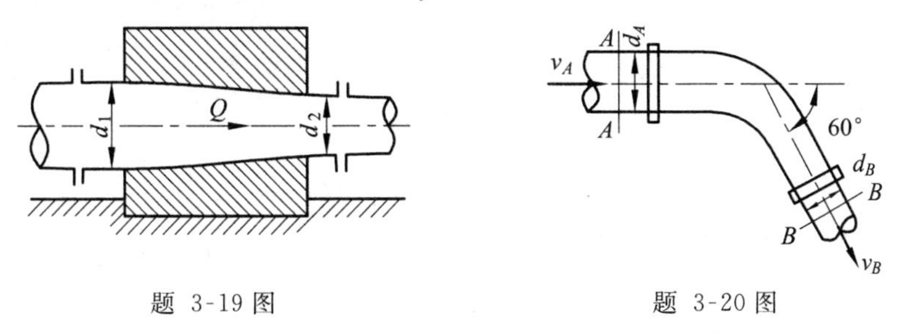


题 3-19 图　　题 3-20 图

**3-21**　在矩形渠道中修筑一大坝（见图示）。已知单位宽度流量为 15 $m^2/s$，上游水深 $h_1=5$ m，求下游水深 $h_2$ 及作用于单位宽度坝上的水平力 $F$。假定摩擦力与水头损失可忽略不计。

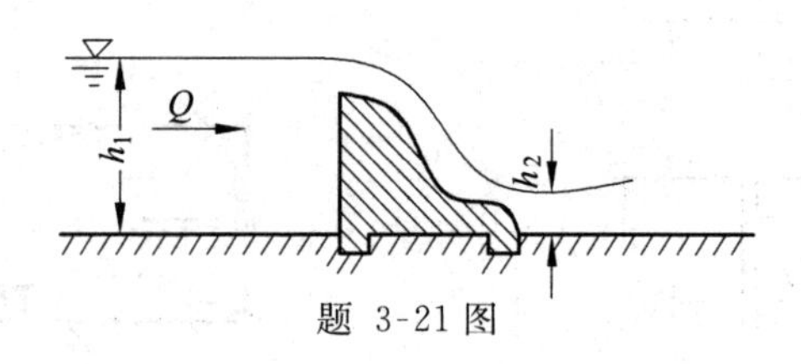

题 3-21 图

**3-22** 已知条件与题 3-21 相同，试求作用在单宽坝上的水平力 $F=F_{\max}$ 时的下游水深 $h_2$ 及 $F_{\max}$。

# 第四章　水 头 损 失

在前一章中主要讨论了恒定总流的三大方程，即连续性方程、伯努利方程和动量方程。并没有讨论实际液体的水头损失计算。而如何计算水头损失 $h_w$ 是应用伯努利方程时所必须解决的问题。众所周知，液流的水头损失不仅与液流的边界特征有关，而且也与液流内部的流动形态有关。本章要研究的主要内容：实际液体的流动形态；各种边界条件和流动形态下水头损失的规律，以及水头损失的计算方法。

## 第一节　流动阻力和水头损失的形式

水头损失是液体与固体壁相互作用的结果。固体壁作为液流的边界条件会显著地影响液流这一机械能与热能的转化过程。按固体壁沿液流运动的变化不同，可将流动阻力和水头损失分成两种形式。

### 1. 沿程阻力和沿程水头损失

当限制液流的固体壁沿流动方向不变，使液流作均匀流动时，在液流内部以及液流与固壁之间产生的沿程不变的切应力，称为沿程阻力。由沿程阻力做功而引起的水头损失称为沿程水头损失，用 $h_f$ 表示，见图 4-1。由于沿程阻力的特征是沿流程均匀分布，大小与流程长度成正比，因而沿程水头损失的大小也与流程长度成正比。

### 2. 局部阻力和局部水头损失

当固体壁沿流程急剧改变，使液流内部的流速重新分布，质点间进行剧烈动量交换而产生的阻力称为局部阻力。由局部阻力做功而引起的水头损失称为局部水头损失，用 $h_j$ 表示，见图 4-1。局部水头损失一般集中发生在很短的流段内，如液流的转弯、收缩、扩大、或者流经闸阀等局部障碍处。

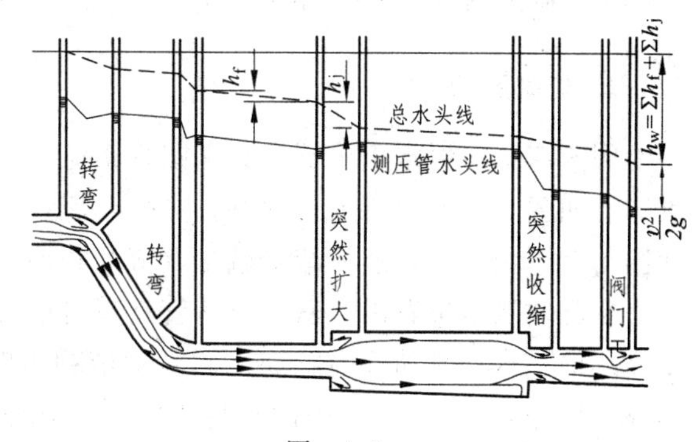


图 4-1

## 第二节　层流和紊流两种形态

水流阻力和水头损失的形成原因，不仅与固体边界情况有关，也与液体内部的微观流动结构有关。这一关系的表现形式为沿程水头损失与流速之间存在着函数关系。在流速小时，沿程水头损失与流速呈线性关系；在流速大时，沿程水头损失与流速的平方近似成正比。1883年英国物理学家雷诺（O. Reynolds）通过实验发现液流存在层流和紊流两种形态，才使人们认识到沿程水头损失与流速有不同关系的物理原因。

**1. 雷诺实验**

雷诺实验的装置如图4-2所示。

由恒定水位箱 $A$ 引出玻璃管 $B$，上游端连接一光滑钟形进口，出口端有阀门 $C$ 用以调节管中流速，容器 $D$ 装有容重与水相近的有色液体，经细管 $E$ 流入玻璃管中，以显示水流运动形态，用阀门 $F$ 调节有色液体的流量。

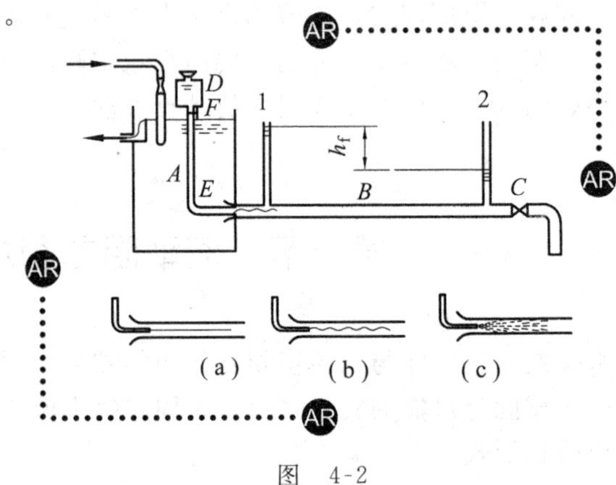

图 4-2

徐徐开启阀门 $C$，使玻璃管中水流流速十分缓慢。再开启阀门 $F$ 放出适量有色液体，观察到玻璃管中有色液体形成一界线分明的直流束，表明各层质点宏观上互不掺混，如图4-2（a)所示，此种流动状态称为**层流**。此时液体所承受的剪应力只有由于黏性所产生的牛顿内摩擦力。

当阀门 $C$ 渐开，玻璃管中的流速足够大时，有色液体出现波动，如图4-2（b）所示。当阀门 $C$ 开大到某一程度，玻璃管中流速增至某一上临界流速 $v_c'$ 时，有色液体突然与周围清水掺混而扩散到全管，如图4-2（c）所示。此时界限分明的流束已不复存在，这种流动状态称为**紊流**。

如果实验以相反程序进行，即当管内水流已处于紊流状态，逐渐关小阀门 $C$，当管内流速降至下临界流速 $v_c$ 时，有色液体回复为界限分明的直线流束，水流由紊流转变为层流。

**2. 紊流脉动**

图4-3为在恒定水位下的水平圆管紊流，采用激光流速仪测得液体质点通过某固定空间点 $A$（如图4-3上图所示）的各方向瞬时流速 $u_x$、$u_y$ 对时间的关系曲线 $u_x$（$t$）及 $u_y$（$t$），如图4-3下图所示，这一结果就是紊流互相混掺的表现。

从此实测结果看出，紊流时尽管其瞬时速度随时间不断变化，但却始终围绕某一平均值不断跳动，这种跳动称为**脉动**。其平均值称为**时间平均流速**，用 $\bar{u}_x$、$\bar{u}_y$ 表示。图中 $AB$ 线的纵坐标是 $u_x$ 在时段 $T$ 内的平均值 $\bar{u}_x$，可用毕托管测得。用数学关系式表示为

$$\bar{u}_x = \frac{1}{T}\int_0^T u_x(t)\,\mathrm{d}t$$

显然，瞬时流速由时均流速与脉动流速两部分组成，即

$$u_x = \bar{u}_x + u_x'$$
$$u_y = \bar{u}_y + u_y'$$
$$u_z = \bar{u}_z + u_z'$$

式中，$u_x$、$u_y$、$u_z$ 为 $x$、$y$、$z$ 方向的瞬时流速，$\bar{u}_x$、$\bar{u}_y$、$\bar{u}_z$ 为 $x$、$y$、$z$ 方向的时均流速。$u_x'$、$u_y'$、$u_z'$ 为 $x$、$y$、$z$ 方向的脉动流速。

以上这种把速度时均化的方法，也可推广到描述紊流的其他运动要素上。如瞬时压强

$$p=\bar{p}+p'$$

其中时均压强 $\bar{p}=\frac{1}{T}\int_0^T p\mathrm{d}t$；$p'$ 为脉动压强。

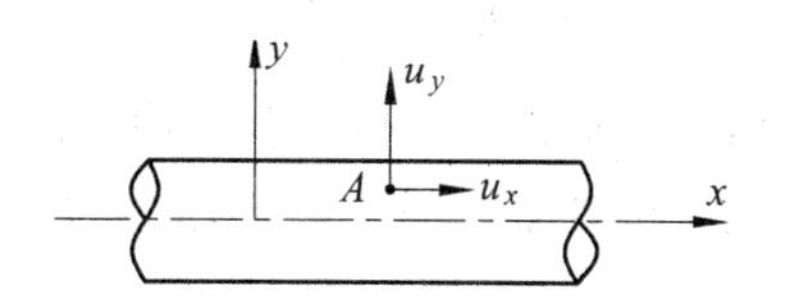


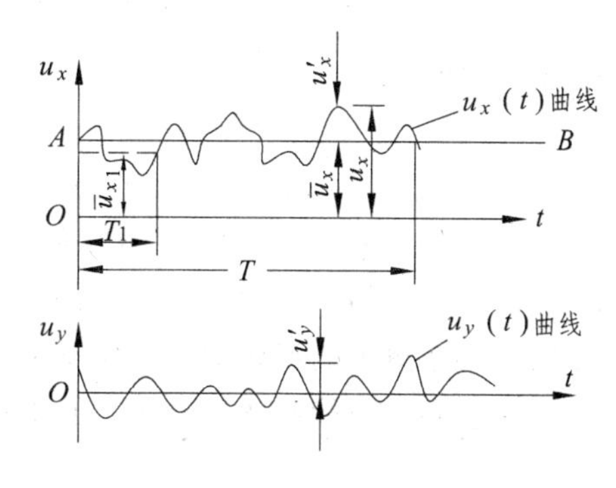


图 4-3

这样，我们就可以把紊流运动看作一个时间平均流动和一个脉动流动的叠加，而分别加以研究。

### 3. 紊流切应力

上面已经指出，层流时液体所承受的切应力即为牛顿黏性内摩擦力

$$\tau=\mu\frac{\mathrm{d}u}{\mathrm{d}y}$$

紊流形态时的切应力由两部分组成：其一，从时均紊流概念出发，可将运动液体分层，各层时均流速不同，存在相对运动，因此各层间仍产生时均黏性切应力

$$\bar{\tau}_1=\mu\frac{\mathrm{d}\bar{u}}{\mathrm{d}y}$$

其二，由于存在脉动流速，相邻液层之间有质量和动量的交换，由动量交换而产生**时均紊流附加切应力** $\bar{\tau}_2$ 为

$$\bar{\tau}_2=-\rho\overline{u_x'u_y'}$$

这一表达式可用动量方程导出。因此，在紊流条件下，时均紊流切应力 $\bar{\tau}$ 为

$$\bar{\tau}=\mu\frac{\mathrm{d}\bar{u}}{\mathrm{d}y}+(-\rho\overline{u_x'u_y'}) \tag{4-1}$$

正是由于层流和紊流的切应力组成不同，故其水头损失与流速的关系式也就不同，这是19世纪人们发现的实质的物理原因。

### 4. 层流、紊流的判别标准

由于层流与紊流的水头损失各有不同的计算关系，故在工程计算中必须判明所研究水流的形态。

根据雷诺的流型实验结果，实用上可用

$$v\lesseqgtr v_c$$

作为判别层流（取 $v<v_c$）及紊流（取 $v>v_c$）的标准。但 $v_c$ 又与哪些因素有关？

雷诺曾用不同管径的圆管对多种流体进一步实验，发现下临界流速 $v_c$，与管径 $d$ 及流体的运动黏性系数 $\nu$ 有关，即

$$v_c\propto\frac{\nu}{d}$$

从量纲方面看来，$\nu/d$ 也具有速度量纲，故可引入无量纲比例常数 $Re_c$，则上式呈

$$v_c = Re_c \frac{\nu}{d}$$

即
$$Re_c = \frac{v_c d}{\nu}$$

雷诺及以后许多人的实验表明，圆管中流体运动的 $Re_c = 2\,300$。

层流的出现条件是 $v < v_c$，此条件等价于

$$\frac{vd}{\nu} < \frac{v_c d}{\nu} = 2\,300$$

定义雷诺数

$$Re = \frac{vd}{\nu} \tag{4-2}$$

则
$$Re < 2\,300 \quad 为层流$$
$$Re > 2\,300 \quad 为紊流$$

非圆管或渠道中的流体运动，雷诺数中的 $d$ 应用另一表征水流过水断面的特征长度 $R$ 来代替。注意到在圆管有压流动中，有下列关系存在

$$d = 4\frac{\frac{\pi}{4}d^2}{\pi d} = 4\frac{A}{\chi} = 4R$$

式中，$A$ 是过水断面面积；$\chi$ 是固体壁与水流接触的周长，称为**湿周**，$A/\chi$ 称为**水力半径** $R$，因此非圆管液体流动形态的判别标准是

$$Re_R = \frac{vR}{\nu} \lessgtr 575 \begin{matrix} 层流 \\ 紊流 \end{matrix}$$

现来考察普通自来水管中的雷诺数数量级及其形态。当管径 $d = 100$ mm，管中流速 $v = 1.0$ m/s，水温 10℃时的 $\nu = 0.013\,1$ cm²/s，则 $Re = 76\,600 \approx 8 \times 10^4 > 2\,300$，为紊流。

下面先讨论沿程水头损失的计算，然后再讨论局部水头损失的计算。

## 第三节　恒定均匀流沿程水头损失与切应力的关系

当水流形成均匀流时，各过水断面的形状、大小以及断面平均流速均沿程不变。水头损失只有沿程水头损失。而沿程水头损失是由于内摩擦力做功而引起的水头损失，因此有必要从理论上探求沿程水头损失与内摩擦力之间的关系。

在均匀流断面 1-1 至断面 2-2 写出伯努利方程（见图 4-4）

$$z_1 + \frac{p_1}{\gamma} + \frac{\alpha_1 v_1^2}{2g} = z_2 + \frac{p_2}{\gamma} + \frac{\alpha_2 v_2^2}{2g} + h_f$$

均匀流条件下有

$$\frac{\alpha_1 v_1^2}{2g} = \frac{\alpha_2 v_2^2}{2g}$$

则
$$h_f = \left(z_1 + \frac{p_1}{\gamma}\right) - \left(z_2 + \frac{p_2}{\gamma}\right) \tag{4-3}$$

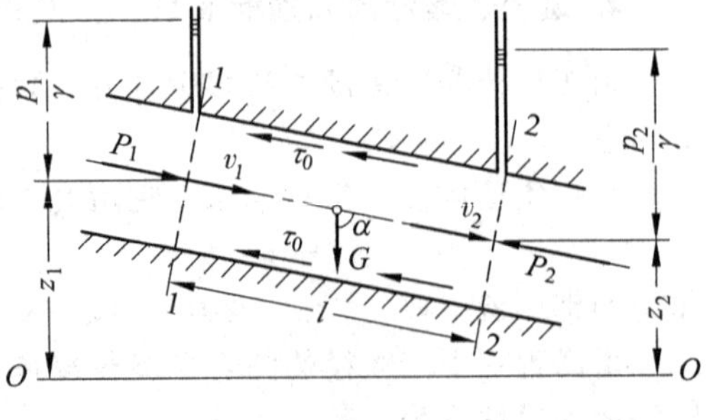

图　4-4

此式表明，均匀流时的沿程水头损失由势能提供，势能沿程减小，测压管水头线沿程下降。

为了说明水流切应力与沿程水头损失间的关系，取出自过水断面1-1至2-2的一段圆管均匀流动的液流，其长度为 $l$，过水断面面积 $A_1=A_2=A$，湿周为 $\chi$。断面1-1至2-2间的流段是在断面1-1上的总压力 $P_1$，断面2-2上的总压力 $P_2$，流段重量 $G$ 以及流段侧面切力 $T$ 共同作用下形成均匀流，即诸力平衡。在水流运动方向上有力的平衡关系

$$P_1-P_2+G\cos\alpha-T=0$$

由于 $P_1=p_1A$，$P_2=p_2A$，$\cos\alpha=(z_1-z_2)/l$，且固体壁上的平均切应力为 $\tau_0$，代入上式得

$$p_1A-p_2A+\gamma Al\frac{z_1-z_2}{l}-\tau_0\chi l=0$$

以 $\gamma A$ 除上式，得

$$\left(\frac{p_1}{\gamma}+z_1\right)-\left(\frac{p_2}{\gamma}+z_2\right)=\frac{\tau_0\chi}{\gamma A}l=\frac{\tau_0 l}{\gamma R}$$

将式（4-3）代入上式得

$$h_f=\frac{\tau_0 l}{\gamma R} \tag{4-4}$$

或

$$\tau_0=\gamma R\frac{h_f}{l}=\gamma RJ \tag{4-5}$$

式（4-4）及式（4-5）给出了沿程水头损失与切应力之间的关系，称为均匀流基本方程。

再研究均匀流时过水断面上各点切应力的分布，它是研究沿程水头损失与有关因素关系的基础之一。

在推导式（4-4）时是以1-2流段内整个液流作为隔离体来分析的，如果只在流段内取一同轴圆柱来分析，其圆柱半径为 $r$，圆柱侧面上的平均切应力为 $\tau$，见图4-5。由力的平衡得

$$\tau=\gamma\frac{r}{2}J \tag{4-6}$$

由式（4-5）得

$$\tau_0=\gamma\frac{r_0}{2}J \tag{4-7}$$

其中 $r_0$ 为圆管半径。由式（4-6）及式（4-7）得

$$\frac{\tau}{\tau_0}=\frac{r}{r_0} \tag{4-8}$$

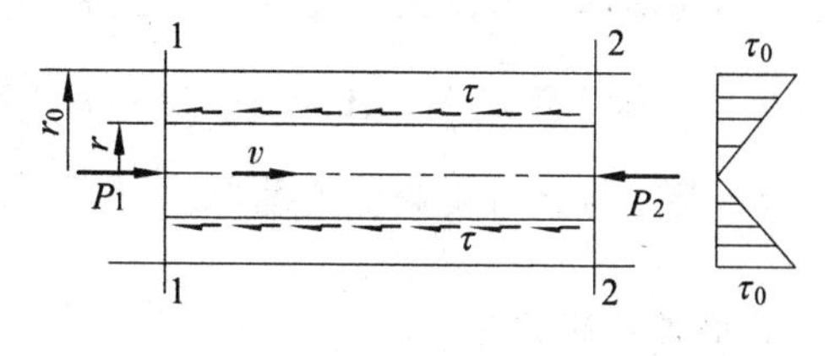


图 4-5

即圆管均匀流过水断面的切应力呈线性分布，管轴处的切应力为零。

以上是以圆管有压均匀流作为讨论对象得到的均匀流基本方程和过水断面上的切应力线性分布的结论，对于明渠均匀流（见图6-4）亦可得出相同的结论，建议读者自行推导，以加强理解。

## 第四节　沿程水头损失

**1. 达西公式**

固体壁由于受加工条件的限制及运行条件的影响，总是或多或少地粗糙不平，粗糙突出

固壁的平均高度称为**绝对粗糙度**Δ，部分管材的Δ值见表 4-1。

**表 4-1 绝对粗糙度**

| 管材种类 | Δ（mm） | 管材种类 | Δ（mm） |
|---|---|---|---|
| 新氯乙烯管、玻璃管、黄铜管 | 0～0.002 | 旧铸铁管 | 1～1.5 |
| 光滑混凝土管、新焊接钢管 | 0.015～0.06 | 轻度锈蚀钢管 | 0.25 |
| 新铸铁管、离心混凝土管 | 0.15～0.5 | 清洁镀锌铁管 | 0.25 |

实验研究表明，均匀流管壁切应力 $\tau_0$，一般与断面平均流速 $v$、管径 $d$、液体密度 $\rho$、液体动力黏性系数 $\mu$ 及绝对粗糙度Δ有关，即

$$\tau_0 = f\ (v,\ d,\ \mu,\ \rho,\ \Delta)$$

根据上式两端量纲必须相同的原则，可应用第九章的量纲分析法得

$$\tau_0 = F\left(\frac{v\rho d}{\mu},\ \frac{\Delta}{d}\right)\frac{\rho v^2}{2}$$

$$= F\left(Re,\ \frac{\Delta}{d}\right)\frac{\rho v^2}{2} = \psi\frac{\rho v^2}{2} \tag{4-9}$$

其中 $\psi = F\ (Re,\ \Delta/d)$。

将式（4-9）代入式（4-4），得

$$h_f = \psi\frac{l}{R}\frac{v^2}{2g}$$

对于圆管，$R = d/4$，则上式为

$$h_f = 4\psi\frac{l}{d}\frac{v^2}{2g} = \lambda\frac{l}{d}\frac{v^2}{2g} \tag{4-10}$$

式中 $\lambda$ 称为**沿程阻力系数**。此式称为**达西（H. Darcy）公式**，是圆管沿程水头损失的通用式。为了实际计算，必须知道 $\lambda = 4\psi = 4F\left(Re,\ \frac{\Delta}{d}\right)$ 与雷诺数 $Re$ 及相对粗糙度 $\frac{\Delta}{d}$ 之间的关系，这一关系可通过实验方法获得。

**2. 尼古拉兹实验**

为了确定 $\lambda = f\ (Re,\ \Delta/d)$ 的规律，德国学者尼古拉兹（J. Nikuradse）在圆管内壁黏胶上经过筛分具有同粒径Δ的砂粒，制成人工均匀颗粒粗糙管，在不同粗糙度的管道上进行了系统的沿程阻力系数的试验工作，于 1933 年发表了揭示 $\lambda = f\ (Re,\ \Delta/d)$ 规律的实验结果。

尼古拉兹实验装置如图 4-6 所示，对不同 $\Delta/d$ 的人工粗糙管测出不同流速 $v$（通过测出流量 $Q$ 计算流速）和管长 $l$ 间的水头损失 $h_f$，并测出水温以推算 $Re = vd/\nu$ 及沿程阻力系数 $\lambda = h_f\ (d/\ l)\ (2g/v^2)$。以 $\lg Re$ 为横坐标，$\lg(100\lambda)$ 为纵坐标，得曲线族如图 4-7 所示。

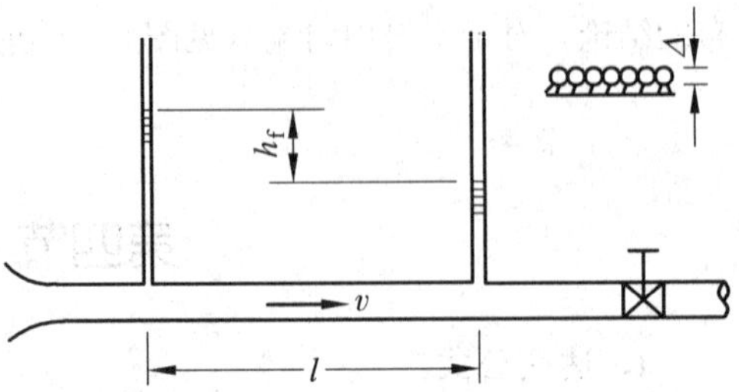

图 4-6

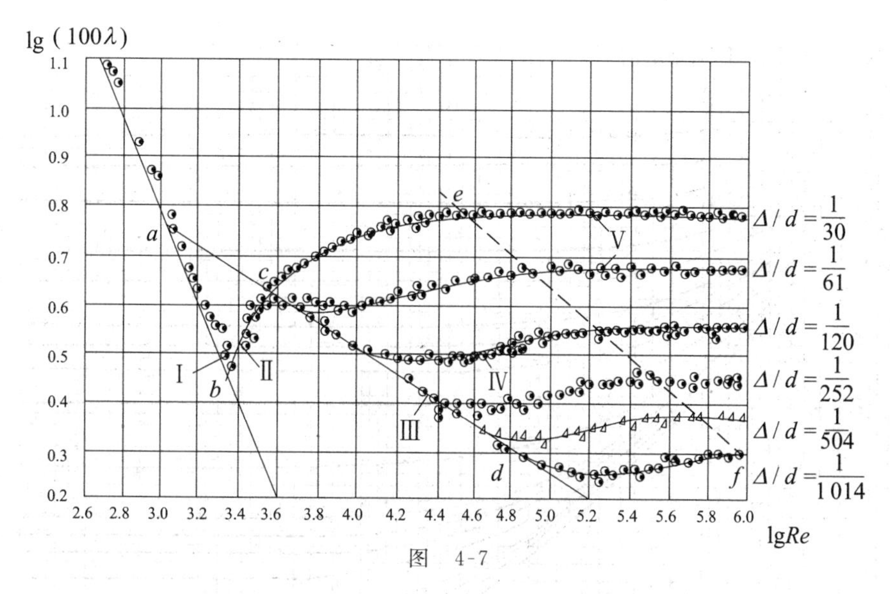


图 4-7

现分区说明图 4-7 的实验结果，这些分区在图上以Ⅰ至Ⅴ表示。

Ⅰ区——层流区（$ab$ 线）。当 $Re<2\ 300$ 时，实验点聚集在直线 $ab$ 上，说明 $\lambda$ 与 $\Delta/d$ 无关，且有

$$\lambda=\frac{64}{Re} \tag{4-11}$$

此实验同时也说明不同 $\Delta$ 的管路皆有相同的临界雷诺数 $Re_c=2\ 300$，与雷诺实验结果相同。

Ⅱ区——层流转变为紊流的过渡区（$bc$ 线），此时 $\lambda$ 基本上与 $\Delta/d$ 无关，而与 $Re$ 有关。

Ⅲ区——“光滑管”区（$cd$ 线），此时液流虽为紊流，但粗糙度 $\Delta$ 仍对沿程阻力系数无影响。

Ⅳ区——为“光滑管”向“粗糙管”转变的紊流过渡区（$cd$ 线与 $ef$ 线之间的区域），该区$\lambda=$（$Re$，$\Delta/d$）。

Ⅴ区——粗糙管区或阻力平方区（$ef$ 线以右的区域），该区 $\lambda$ 与 $Re$ 无关，$\lambda=f$（$\Delta/d$），水头损失与流速平方成正比。

尼古拉兹对人工粗糙管的实验结果，不能直接用于工业管道，但它揭示了在不同流动区域 $Re$ 及$\Delta/d$对 $\lambda$ 有不同的影响，具有很大的理论意义。

### 3. 工业管道实验

工业管道的管壁粗糙情况与人工粗糙不同，其 $\lambda=f$（$Re$，$\Delta/d$）的实验曲线形状也与尼古拉兹实验曲线不同。工业管道的实验结果如图 4-8 所示。

利用表 4-1 及图 4-8 可进行实际水力计算。为了得到具体计算沿程阻力系数 $\lambda$ 的公式，尚需做进一步的理论分析。

### 4. 沿程阻力系数的计算公式

为了理论分析沿程阻力系数的需要，现引入**摩阻流速**：

$$v_*=\sqrt{\frac{\tau_0}{\rho}} \tag{4-12}$$

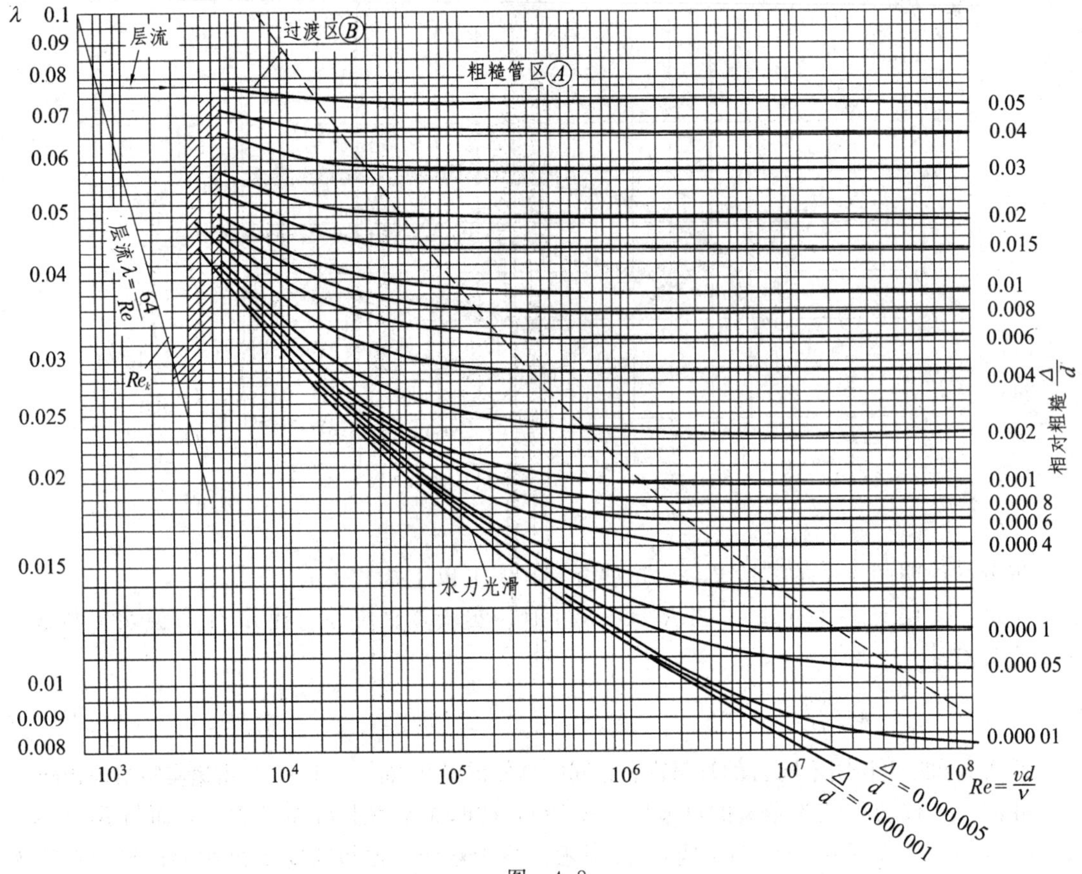


图　4-8

考虑到式（4-5），也可写成

$$v_*=\sqrt{gRJ} \tag{4-13}$$

引用摩阻流速 $v_*$ 后，式（4-4）为

$$h_f=\frac{v_*^2}{g}\frac{l}{R}=4\frac{v_*^2}{g}\frac{l}{d}$$

此式与式（4-10）比较，得

$$\lambda=8\left(\frac{v_*}{v}\right)^2 \tag{4-14}$$

式（4-14）提示我们，若能从理论及实验得出点流速 $u$ 在过水断面上的分布，由点流速分布可计算断面平均流速 $v$，再由式（4-14）计算 $\lambda$。

（1）层流的流速分布及其沿程阻力系数：

圆管层流是轴对称流，采用圆柱坐标较方便，如图 4-9 所示。

某点距管壁的距离 $y=r_0-r$，故 $\mathrm{d}y=-\mathrm{d}r$。层流液层间的切应力由牛顿内摩擦定律式(1-5)得

$$\tau=\mu\frac{\mathrm{d}u}{\mathrm{d}y}=-\mu\frac{\mathrm{d}u}{\mathrm{d}r}$$

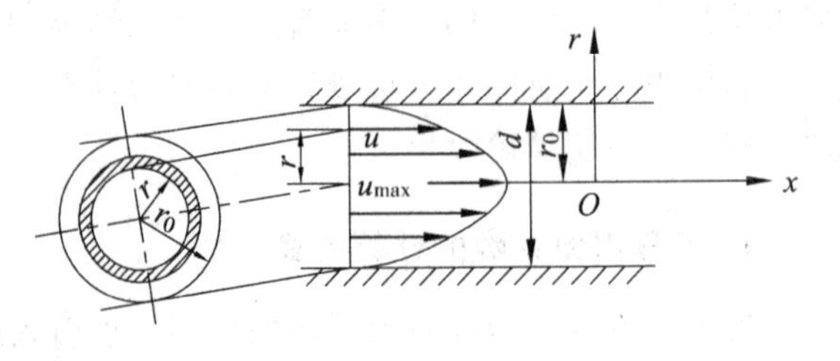


图　4-9

圆管均匀流在半径 $r$ 处的切应力由式（4-6）得

$$\tau=\frac{1}{2}r\gamma J$$

由上两式得

$$\tau=-\mu\frac{\mathrm{d}u}{\mathrm{d}r}=\frac{1}{2}r\gamma J$$

即
$$\mathrm{d}u=-\frac{\gamma}{2}\frac{J}{\mu}r\,\mathrm{d}r$$

注意到在均匀流中各元流的 $J$ 都是相同的，积分上式得

$$u=-\frac{\gamma J}{4\mu}r^2+C$$

由于液体贴附在管壁上，即 $r=r_0$ 时，$u=0$，以此边界条件定出积分常数 $C$

$$C=\frac{\gamma J}{4\mu}r_0^2$$

故
$$u=\frac{\gamma J}{4\mu}(r_0^2-r^2)$$

这一流速分布与实验结果相符，上式说明圆管层流运动过流断面上的流速分布呈一旋转抛物面，这是圆管层流的重要特征之一。由此流速分布计算断面平均流速

$$v=\frac{\int_A u\,\mathrm{d}A}{A}=\frac{1}{\pi r_0^2}\int_0^{r_0}\frac{\gamma J}{4\mu}(r_0^2-r^2)2\pi r\mathrm{d}r=\frac{\gamma J}{8\mu}r_0^2=\frac{v_*^2 R}{2\nu}$$

即
$$\frac{v}{v_*}=\frac{v_* R}{2\nu}=\frac{Re}{8}\frac{v_*}{v}$$

故
$$\left(\frac{v}{v_*}\right)^2=\frac{Re}{8}$$

将此式代入式（4-14）得到与尼古拉兹实验结果相同的表达式

$$\lambda=\frac{64}{Re}$$

这表明，我们采用理论分析与实验相结合的方法，得到满意的结果。

（2）紊流的流速分布及其沿程阻力系数：

尼古拉兹实验揭示了在圆管紊流中存在“光滑管区”及“粗糙管区”两种流动情况，现对此作些说明。

由于液体的黏性，有一极薄液体层贴附在管壁上，其流速为零。紧靠管壁附近的液层流速从零增加到有限值，流速梯度很大，而管壁又抑制了其附近液体质点的脉动，黏滞力起主导作用，流动型态基本为层流。这一薄层称为**黏性底层**，如图 4-10 所示。在黏性底层之外的液流，统称为**紊流流核**。

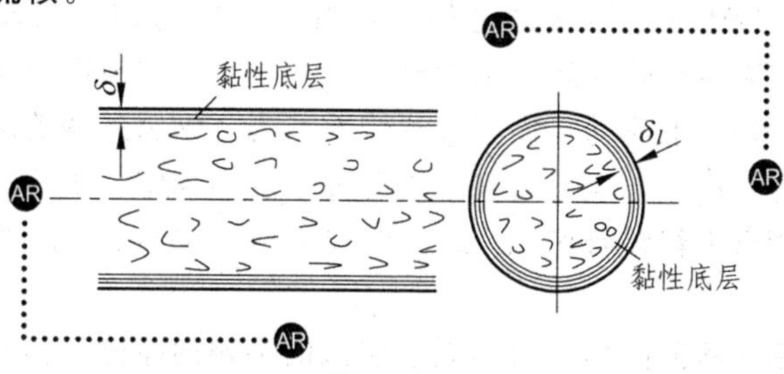


图 4-10

黏性底层厚度 $\delta_l$ 的计算式可由层流流速分布式和牛顿内摩擦定律，以及实验资料求得。

由层流流速分布式得知，当 $r \to r_0$ 时有

$$u = \frac{\gamma J}{4\mu}(r_0^2 - r^2) = \frac{\gamma J}{4\mu}(r_0 + r)(r_0 - r)$$

$$\approx \frac{\gamma J}{2\mu} r_0 (r_0 - r) = \frac{\gamma J r_0}{2\mu} y$$

其中，$y = r_0 - r$。由此可见，厚度很小的黏性底层中的流速分布近似为直线。

再由牛顿内摩擦力定律得管壁附近的切应力 $\tau_0$ 为

$$\tau_0 = \mu \frac{\mathrm{d}u}{\mathrm{d}y} \approx \mu \frac{u}{y}$$

即

$$\frac{\tau_0}{\rho} = \nu \frac{u}{y}$$

而 $\frac{\tau_0}{\rho} = v_*^2$（$v_*$ 的量纲与速度的量纲相同，$v_*$ 亦称为**剪切流速**），则上式可写成

$$\frac{v_* y}{\nu} = \frac{u}{v_*}$$

注意到 $\frac{v_* y}{\nu}$ 是某一雷诺数，当 $y < \delta_l$ 时为层流，而当 $y \to \delta_l$，$\frac{v_* \delta_l}{\nu}$ 为某一临界雷诺数。实验资料表明 $\frac{v_* \delta_l}{\nu} = 11.6$。因此

$$\delta_l = 11.6 \frac{\nu}{v_*}$$

由式（4-4）及式（4-10）可得

$$\tau_0 = \lambda \rho v^2 / 8$$

代入上式可得

$$\delta_l = \frac{32.8\nu}{v\sqrt{\lambda}} = \frac{32.8d}{Re\sqrt{\lambda}} \tag{4-15}$$

式中　$Re$——管内流动雷诺数；

$\lambda$——沿程阻力系数。

显而易见，当管径 $d$ 相同时，液体随着液流的流动速度增大，雷诺数变大，从而黏性底层变薄。

黏性底层的厚度虽然很薄，一般只有十分之几毫米，但它对水流阻力或水头损失有重大影响。这种影响与管道壁面的粗糙程度直接有关。根据尼古拉兹试验资料，光滑管、粗糙管和介乎二者之间的紊流过渡区的分区规定如下：当 $\delta_l > 2.5\Delta$ 时，粗糙 $\Delta$ “淹没”在黏性底层中，此时管内的紊流流核与管壁间被黏性底层隔开，管壁粗糙度对紊流结构基本上没有影响，水流就像在光滑的管壁上流动一样，这种情况称为**“水力光滑管区”**；当 $\Delta > 6\delta_l$ 时，粗糙突出高度伸入到紊流流核中，成为漩涡的策源地，从而加剧了紊流的脉动作用，水头损失较大，这种情况称为**“水力粗糙管区”**；而当 $0.4\delta_l < \Delta < 6\delta_l$ 时，为“光滑管区”与“粗糙管区”的**过渡区**。

在光滑管区，考虑到紊流的切应力不同于层流的牛顿内摩擦定律所表示的切应力，但可利用式（4-1）加以处理后，用层流时的相似推导方法，再结合实验的流速分布数据，可得

$$\frac{v_*}{v}=\frac{1}{5.75\lg\frac{v_* r_0}{\nu}+1.75}$$

相应有

$$\frac{1}{\sqrt{\lambda}}=2\lg(Re\sqrt{\lambda})-0.8=-2\lg\frac{2.51}{Re\sqrt{\lambda}} \tag{4-16}$$

在粗糙管区有

$$\frac{v_*}{v}=\frac{1}{5.75\lg\frac{r_0}{\Delta}+4.75}$$

相应有

$$\frac{1}{\sqrt{\lambda}}=2\lg\frac{r_0}{\Delta}+1.75=-2\lg\frac{\Delta}{3.7d} \tag{4-17}$$

柯列勃洛克（C. P. Colebrook）将式（4-16）及式（4-17）合并得适用于工业管道紊流的通用公式：

$$\frac{1}{\sqrt{\lambda}}=-2\lg\left(\frac{\Delta}{3.7d}+\frac{2.51}{Re\sqrt{\lambda}}\right) \tag{4-18}$$

总结上述结果，在实际水力计算中，圆管层流用 $\lambda=64/Re$，紊流用式（4-18）。

式（4-18）计算较繁，因此在广泛利用计算机以前，人们发展了一些较简便的经验公式，但式（4-18）指导我们对经验公式的应用范围有一个清楚的认识。

**5. 经验公式**

（1）舍维列夫公式：

1953 年舍维列夫（Ф. А. Шевелев）进行了钢管和铸铁管的实验，提出计算过渡区及阻力平方区的沿程阻力系数的经验公式。由于钢管和铸铁管使用过程中发生锈蚀，管壁粗糙逐渐增大，沿程阻力系数也增大，所以工程中一般按旧管计算。

过渡区（$v<1.2$ m/s）

$$\lambda=\frac{0.0179}{d^{0.3}}\left(1+\frac{0.867}{v}\right)^{0.3} \tag{4-19}$$

阻力平方区（$v\geqslant1.2$ m/s）

$$\lambda=\frac{0.021}{d^{0.3}} \tag{4-20}$$

式中 $d$ 为内径，以米计。

由式（4-18）可知，过渡区 $\lambda=f(Re, \Delta/d)$，对旧钢管及旧铸铁管，$\Delta$ 一定，当运动黏性系数 $\nu$ 在一定范围内时，$\lambda$ 就只与 $v$ 及 $d$ 有关；而在阻力平方区，$\lambda$ 只与 $d$ 有关。这就是舍维列夫公式提出的根据。

（2）谢才公式：

将达西公式（4-10）$h_f=\lambda(l/d)(v^2/2g)$ 变换成

$$v^2=\frac{2g}{\lambda}d\frac{h_f}{l}$$

以 $d=4R$，$J=h_f/l$ 代入上式得

—

$$v=\sqrt{\frac{8g}{\lambda}}\sqrt{RJ}=C\sqrt{RJ} \tag{4-21}$$

此式是1775年谢才根据明渠均匀流实测资料提出的公式，称为谢才公式，其中 $C=\sqrt{\frac{8g}{\lambda}}$ 称为谢才系数。

下面介绍应用较广的两个计算谢才系数 $C$ 的经验公式。

曼宁（Manning）公式　1889年曼宁提出

$$C=\frac{1}{n}R^{\frac{1}{6}} \tag{4-22}$$

式中　$n$——粗糙系数，综合反映壁面对水流的阻滞作用，其数值见附录Ⅱ；

$R$——水力半径，以米计。

该式的适用范围是 $n<0.020$，$R<0.5$ m，在管道及小渠道计算中，结果与实测资料吻合得很好。

巴甫洛夫斯基公式　1925年巴甫洛夫斯基根据灌溉渠道实测资料及实验资料提出

$$C=\frac{1}{n}R^{y} \tag{4-23}$$

其中指数 $y$ 替代曼宁公式中的定值1/6，而与 $n$ 及 $R$ 有关

$$y=2.5\sqrt{n}-0.13-0.75\sqrt{R}\ (\sqrt{n}-0.10) \tag{4-24}$$

巴甫洛夫斯基公式的适用范围：$0.1\ \text{m}\leqslant R\leqslant 3.0\ \text{m}$，$0.011\leqslant n\leqslant 0.04$。

就谢才公式而言，它适用于有压或无压均匀层流或紊流，但由于计算 $C$ 的经验公式中只包括 $n$ 及 $R$，而不包括雷诺数 $Re$，故只适用于阻力平方区。

**例 4-1**　某水管长 $l=500$ m，内径 $d=200$ mm，管壁粗糙度 $\Delta=0.1$ mm，若输送流量 $Q=10$ L/s，水温 $T=10℃$，试计算沿程水头损失。

**解**　$T=10℃$时的运动黏性系数 $\nu$，利用式（1-6）得 $\nu=0.013\,1\ \text{cm}^2/\text{s}$，断面平均流速

$$v=\frac{Q}{\frac{\pi}{4}d^2}=\frac{10\,000}{\frac{3.14}{4}\times 20^2}=31.83\ \text{cm/s}$$

雷诺数　$$Re=\frac{vd}{\nu}=\frac{31.83\times 20}{0.013\,1}=48\,595$$

现用迭代法对式（4-18）求沿程阻力系数，先设 $\lambda_1=0.02$，代入式（4-18）的右端，得

$$\sqrt{\frac{1}{\lambda_2}}=-2\lg\left[\frac{\Delta}{3.7d}+\frac{2.51}{\sqrt{\lambda_1}\,Re}\right]$$

$$=-2\lg\left[\frac{0.1}{3.7\times 200}+\frac{2.51}{\sqrt{0.02}\times 48\,595}\right]=6.6$$

$$\lambda_2=0.022\,9$$

再迭代

$$\sqrt{\frac{1}{\lambda_3}}=-2\lg\left[\frac{\Delta}{3.7d}+\frac{2.51}{\sqrt{\lambda_2}\,Re}\right]=6.645,\ \lambda_3=0.022\,6$$

$$\sqrt{\frac{1}{\lambda_4}}=-2\lg\left[\frac{\Delta}{3.7d}+\frac{2.51}{\sqrt{\lambda_3}\,Re}\right]=6.64,\ \lambda_4=0.022\,7$$

现　$$\frac{|\lambda_4-\lambda_3|}{\lambda_4}=\frac{0.000\,1}{0.022\,7}=0.004\,4<1\%$$

故取 $\lambda=0.0227$。

沿程水头损失

$$h_f=\lambda\frac{l}{d}\frac{v^2}{2g}=0.0227\times\frac{500}{0.2}\times\frac{0.318^2}{2\times9.8}=0.293\text{ m}$$

## 第五节　边界层理论简介

前面讨论了实际流体流动中的两种流动型态及其各自的流动特征。同时给出了判别流动型态的指标——雷诺数（惯性力/黏性力）。从形式逻辑上分析，理想液体的运动黏性系数 $\nu=0$即运动的雷诺数为无穷大。那么对于雷诺数很大的实际液体，当黏滞作用小到一定程度可以忽略时，流动应接近理想液体的流动。但实际上许多雷诺数很大的实际液体的流动情况却与理想液体有着显著的差别。图 4-11（a）是二元理想均匀流绕圆柱体的流动情况，但所观察到的实际液体，当雷诺数很大时，流动情况却如图 4-11（b）所示，显然两者存在着相当的差别。为什么会有这一差别，一直到 1904 年普兰特提出边界层理论后，才对这个问题给予了解释。

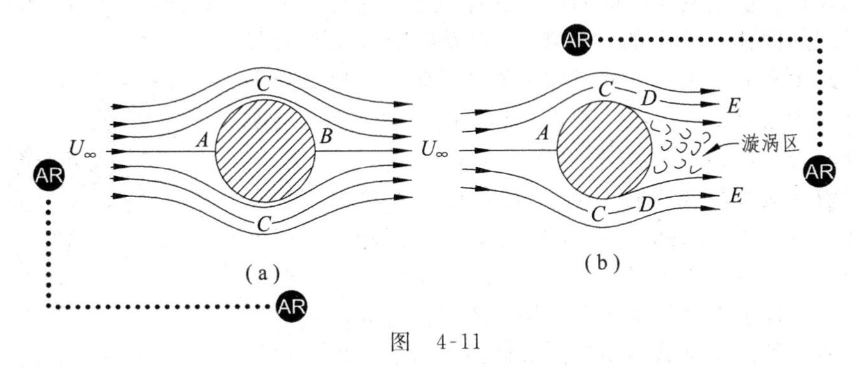


图　4-11

**1．边界层的基本概念**

物体在雷诺数很大的液体中以较高的速度相对运动时，沿物体表面的法线方向，得到如图 4-12 所示的速度分布曲线。$B$ 点把速度分布曲线分成截然不同的 $AB$ 和 $BC$ 两部分，在 $AB$ 段上，液体运动速度从物体表面上的零迅速增加到 $U_\infty$，速度的增加在很小的距离内完成，具有较大的速度梯度。在 $BC$ 段上，速度 $U(x)$ 接近 $U_\infty$，近似为一常数。

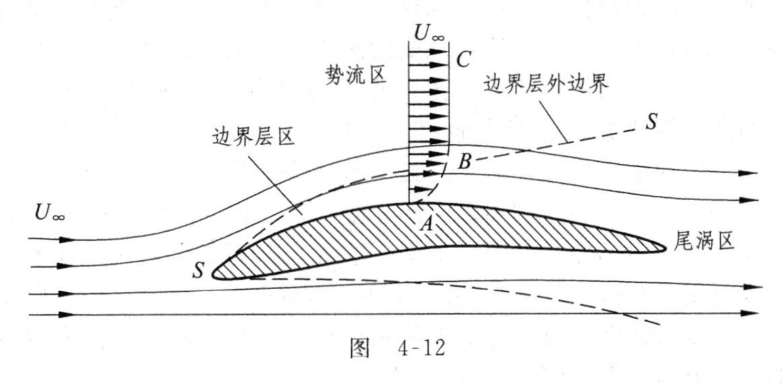


图　4-12

沿物体长度，把各断面所有的 $B$ 点连接起来，得到 $S$-$S$ 曲线，$S$-$S$ 曲线将整个流场划分为性质完全不同的两个流区。从物体边壁到 $S$-$S$ 的流区存在着相当大的流速梯度，黏滞性的作用不能忽略。边壁附近的这个流区就叫**边界层**。在边界层内，即使黏性很小的液体，也将有较大的切应力值，使黏性力与惯性力具有同样的数量级，因此，液体在边界层内作剧烈的有旋运动。$S$-$S$ 以外的流区，液体近乎以相同的速度运动，即边界层外部的流动不受固体边壁的黏滞影响，即使对于黏度较大的液体，黏性力也较小，可以忽略不计，这时液体的惯性力起主导作用。因此，可将这流区中的液体运动看作为理想液体的无旋运动，用势流理论和理想液体的伯努利方程确定该流区中的流速和压强分布。

通常称 $S$-$S$ 为边界层的外边界，$S$-$S$ 到固体边壁的垂直距离 $\delta$ 称为边界层的厚度。液体与固体边壁最先接触的点称为前驻点，在前驻点处 $\delta=0$。沿着流动方向，边界层逐渐加厚，即 $\delta$ 是流程 $x$ 的函数，可写为 $\delta(x)$。实际上边界层没有明显的外边界，一般规定边界层外边界处的速度为外部势流速度的 99%。在边界层中同样存在层流和紊流两种流动形态，相应的边界层就有层流边界层和紊流边界层两种形式。

**2. 边界层分离**

在边界层中，由于固体边界的阻滞作用，液体质点的流速均较势流流速 $U_\infty$ 减小，这些减速了的液体质点并不总是只在边界层中流动。在某些情况下，如边界层的厚度顺流突然急剧增大，则在边界层内发生反向回流，这样就迫使边界层内的液体向边界层外流动。这种现象称为边界层从固体边界上的“分离”。边界层的分离常常伴随着漩涡的产生和能量损失，并增加了流动的阻力，因此边界层的分离是一个很重要的现象。现以绕圆柱的流动为例来说明边界层的分离现象，如图 4-13 所示。

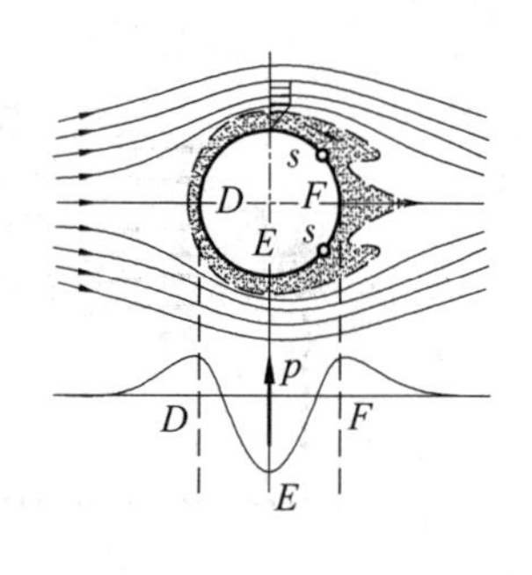

图 4-13

当理想液体流经圆柱体时，由 $D$ 点至 $E$ 点速度渐增，直到 $E$ 点速度最大、压强最小。而由 $E$ 点往 $F$ 点流动时，速度渐减、压强渐增，且在 $F$ 点恢复至 $D$ 点的流速与压强。但在实际液体中，固体表面处产生了边界层，当绕流开始时，边界层甚薄，边界层外的压强分布与理想液体情况接近。由于边界层内黏滞阻力的作用，液体质点在由 $D$ 到 $E$ 的流程中损耗了大量的动能，以致它不能克服由 $E$ 到 $F$ 的压力升高。这样液体质点在 $EF$ 这一段压力升高的区域内，流经不大的距离就会由于一部分动能继续损耗于摩擦阻力，一部分动能转化为压能，而使动能消耗殆尽，于是在固体边界附近某点处流速为零。在这一点动能为零，压强又低于下游，故液体由下游压强高处流向压强低处，发生了回流。边界层内的液体质点自上游不断流来，而且都有共同的经历，这样，在这一点处堆积的液体质点就越来越多，加之下游发生回流，这些液体质点就被挤向主流，从而使边界层脱离了固体边界表面，这种现象就称为边界层分离。边界层开始与固体边界分离的点叫分离点，如图 4-13 中的 $s$ 点。在分离点前接近固体壁面的微团沿边界外法线方向速度梯度为正，$(\partial u/\partial y)_{y=0}>0$。在分离点 $s$ 的下游，在边界附近产生回流，因此在边界附近的流速为负值，$(\partial u/\partial y)_{y=0}<0$。在分离点 $s$ 处，$(\partial u/\partial y)_{y=0}=0$。边界处流速梯度等于零的点即分离点。图中还示出了分离点 $s$ 附近的流线。由于回流，边界层的厚度显著增加了。边界层分离后，回流形成漩涡，绕流物体尾部流动图形就大为改变。在圆柱表面上的压强分布不再是如图 4-13 所示的对称分布，而是圆柱下游面的压强显著降低并在分离点后形成负压区。这样，圆柱上、下游面的压强差形成了作用于圆柱的“压差阻力”（又称为形状阻力）。

## 第六节　局部水头损失

液体在流经各种局部障碍（如突然扩大、突然缩小、弯道、闸阀等）时，流动遭受破坏，引起流速分布的急剧变化，甚至会引起边界层分离，产生漩涡，从而形成形状阻力和摩擦阻力，即局部阻力，由此产生局部水头损失。

由于边界急剧变化的地方，液流现象极其复杂，因此只有少数几种局部水头损失可由理论结合实验分析计算外，其余都由实验测定。局部水头损失的计算公式为

$$h_j=\zeta\frac{v^2}{2g} \tag{4-25}$$

在一般情况下，式中的 $v$ 为液流经过局部障碍下游的流速。实验证明，层流的局部阻力系数与雷诺数 $Re$ 及局部障碍形状有关。而在 $Re>10^4$ 的紊流中，$\zeta$ 与 $Re$ 无关。

由于在实际工程中很少有局部障碍处的水流是层流运动的情况，因此下面只谈及常见的几种紊流局部水头损失。

### 1. 圆管液流突然扩大的局部水头损失

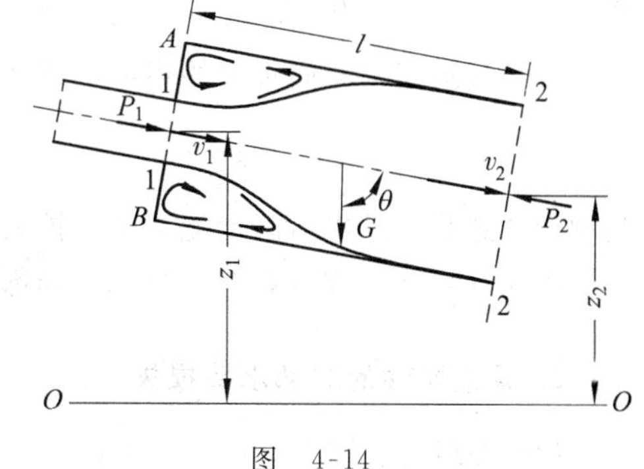

图　4-14

图 4-14 表示圆管由管径 $d_1$ 到管径 $d_2$ 的局部突然扩大，这种情况的局部水头损失可由理论分析结合实验求得。

在雷诺数很大的紊流中，由于断面突然扩大，在断面 $A$-$B$ 及断面 2-2 之间液体将与边壁分离并形成漩涡。但断面 1-1 及 2-2 仍为渐变流过水断面，因此可对这两断面列伯努利方程得

$$\begin{aligned}h_j&=\left(z_1+\frac{p_1}{\gamma}+\frac{\alpha_1 v_1^2}{2g}\right)-\left(z_2+\frac{p_2}{\gamma}+\frac{\alpha_2 v_2^2}{2g}\right)\\&=\left(z_1+\frac{p_1}{\gamma}\right)-\left(z_2+\frac{p_2}{\gamma}\right)+\left(\frac{\alpha_1 v_1^2}{2g}-\frac{\alpha_2 v_2^2}{2g}\right)\end{aligned} \tag{4-26}$$

其中，$h_j$ 为突然扩大局部水头损失，因 1-1 及 2-2 断面间的距离较短，其沿程水头损失可忽略不计。

再运用动量方程，以 $AB22$ 为控制面，控制面内液体所受外力沿液流方向的分量有：

(1) 作用在断面 1-1 上的总压力 $p_1A_1$，其中 $p_1$ 为轴线上的压强；

(2) 作用在断面 2-2 上的总压力 $p_2A_2$，其中 $p_2$ 为轴线上的压强；

(3) $AB$ 环形面积（$A_2-A_1$）管壁对液体的作用力，即漩涡区液体作用于环形面积上的反作用力，实验表明，环形面积上液体压强的分布为静水压强分布，则其总压力 $P=p_1(A_2-A_1)$；

(4) 控制面内液体重力沿液流方向的分力为

$$G\cos\theta=\gamma A_2 l\frac{z_1-z_2}{l}=\gamma A_2(z_1-z_2)$$

(5) 断面 $AB$ 至 2-2 间液流所受管壁的剪力，但与上述诸力之合比较可忽略。列流动方向动量方程得

$$\rho Q(\beta_2 v_2-\beta_1 v_1)=p_1A_1-p_2A_2+p_1(A_2-A_1)+\gamma A_2(z_1-z_2)$$

以 $Q=A_2v_2$ 代入，并除以 $\gamma A_2$ 得

$$\frac{v_2}{g}(\beta_2 v_2-\beta_1 v_1)=\left(z_1+\frac{p_1}{\gamma}\right)-\left(z_2+\frac{p_2}{\gamma}\right) \tag{4-27}$$

将式（4-27）代入式（4-26）得

$$h_j=(\beta_2 v_2-\beta_1 v_1)\frac{v_2}{g}+\frac{\alpha_1 v_1^2}{2g}-\frac{\alpha_2 v_2^2}{2g}$$

在紊流条件下，$\alpha_1 \simeq \alpha_2 \simeq \beta_1 \simeq \beta_2 \simeq 1.0$，则上式呈

$$h_j=\frac{(v_1-v_2)^2}{2g} \tag{4-28}$$

此式即为圆管突然扩大的局部水头损失公式，表明其水头损失是平均流速差的流速水头，而不是流速水头之差。利用连续性方程 $A_1 v_1=A_2 v_2$ 代入上式得

$$h_j=\left(\frac{A_2}{A_1}-1\right)^2\frac{v_2^2}{2g}=\zeta_2\frac{v_2^2}{2g} \tag{4-29}$$

或

$$h_j=\left(1-\frac{A_1}{A_2}\right)^2\frac{v_1^2}{2g}=\zeta_1\frac{v_1^2}{2g} \tag{4-30}$$

当液流经管道流入断面很大的容器，或液体流入大气时，$A_1/A_2 \to 0$，则

$$h_{j出口}=\frac{v_1^2}{2g} \tag{4-31}$$

其物理含意是管道出口的动能全部在扩大过程中消耗殆尽。

由式（4-29）或（4-30）可见，局部水头损失公式的构造形式为式（4-25）。

**2. 管道配件的局部水头损失**

（1）管路突然缩小

$$h_j=0.5\left(1-\frac{A_2}{A_1}\right)\frac{v_2^2}{2g} \tag{4-32}$$

（2）渐扩管，当锥角 $\theta=2°\sim5°$时

$$h_j=0.2\frac{(v_1-v_2)^2}{2g} \tag{4-33}$$

式中 $v_1$——断面扩大前的流速；

$v_2$——断面扩大后的流速。

（3）弯　管

$$h_j=\left[0.131+0.163\left(\frac{d}{R}\right)^{3.5}\right]\left(\frac{\theta}{90°}\right)^{0.5}\frac{v^2}{2g} \tag{4-34}$$

式中 $d$——弯管直径；

$R$——弯管管轴曲率半径；

$\theta$——弯管中心角。

（4）折　管

$$h_j=\left(0.945\sin^2\frac{\theta}{2}+2.047\sin^4\frac{\theta}{2}\right)\frac{v^2}{2g} \tag{4-35}$$

式中 $\theta$——折角。

（5）管路进口

$$h_j = \zeta \frac{v^2}{2g}$$

其局部阻力系数 ζ 与进口形式有关，见图 4-15。

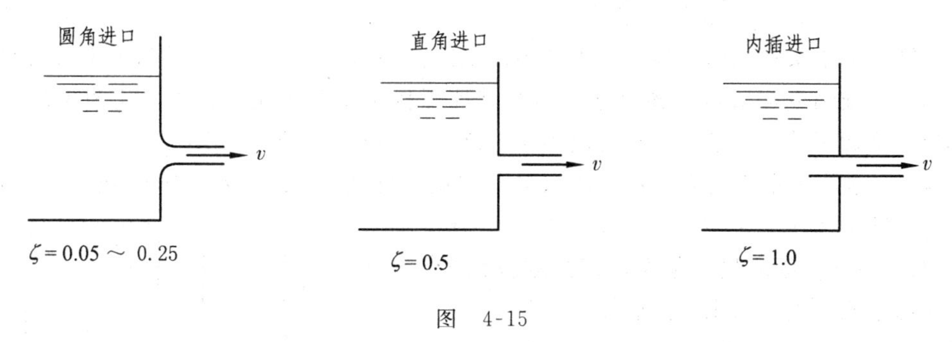


图 4-15

（6）管路配件

$$h_j = \zeta \frac{v^2}{2g}$$

其局部阻力系数 ζ 见表 4-2。

**表 4-2 管路配件局部阻力系数 ζ**

| 名称 | 图式 | ζ | | 名称 | 图式 | ζ |
|---|---|---|---|---|---|---|
| 截止阀 | | 全开 | 4.3～6.1 | 等径三通 | | 0.1 |
| 蝶阀 | | 全开 | 0.1～0.3 | | | 1.5 |
| 闸门 | | 全开 | 0.12 | | | 1.5 |
| 无阀滤水网 | | 2～3 | | | | 3.0 |
| 有网底阀 | | 3.5～10<br>（$d$=600～50 mm） | | | | 2.0 |

其他局部水头损失的计算可查有关水力计算手册。

**3. 水头损失的叠加**

两过水断面间液流的水头损失等于各段沿程水头损失及各局部水头损失之和，即

$$h_w=\sum h_f+\sum h_j \tag{4-36}$$

在计算局部水头损失时，应注意上述各局部阻力系数 $\zeta$ 都是在局部障碍上下游有足够长的均匀流直段或渐变流流段的条件下，不受其他干扰由实验测出的。当紧连两个局部障碍时，其阻力系数不等于单独两个局部阻力系数之和，原则上应另行实验测定。

**例 4-2** 水从一水箱经两段水管流入另一水箱（见图 4-16）。$d_1=150$ mm，$l_1=30$ m，$\lambda_1=0.03$，$H_1=5$ m，$d_2=250$ mm，$l_2=50$ m，$\lambda_2=0.025$，$H_2=3$ m，水箱尺寸很大，箱内水位恒定，计及沿程及局部水头损失，试求通过管路的流量。

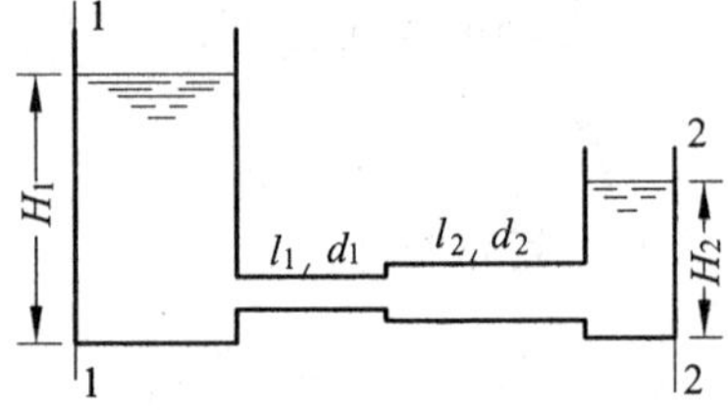


图 4-16

**解** 对 1-1 及 2-2 断面写伯努利方程，略去水箱中的流速，得

$$H_1-H_2=h_w$$

而

$$h_w=\sum h_f+\sum h_j$$

$$=\lambda_1\frac{l_1}{d_1}\frac{v_1^2}{2g}+\lambda_2\frac{l_2}{d_2}\frac{v_2^2}{2g}+\zeta_{进口}\frac{v_1^2}{2g}+\zeta_{突大}\frac{v_1^2}{2g}+\zeta_{出口}\frac{v_2^2}{2g}$$

由连续性方程得

$$v_2=v_1\frac{A_1}{A_2}=v_1\left(\frac{d_1}{d_2}\right)^2$$

注意到

$$\zeta_{突大}=\left(1-\frac{A_1}{A_2}\right)^2=\left(1-\frac{d_1^2}{d_2^2}\right)^2$$

得

$$h_w=\left[\lambda_1\frac{l_1}{d_1}+\lambda_2\frac{l_2}{d_2}\frac{d_1^4}{d_2^4}+\zeta_{进口}+\left(1-\frac{d_1^2}{d_2^2}\right)^2+\zeta_{出口}\frac{d_1^4}{d_2^4}\right]\frac{v_1^2}{2g}$$

将 $\zeta_{进口}=0.5$，$\zeta_{出口}=1.0$ 代入上式得

$$h_w=\left[0.03\times\frac{30}{0.15}+0.025\times\frac{50}{0.25}\times\frac{0.15^4}{0.25^4}+0.5+\left(1-\frac{0.15^2}{0.25^2}\right)^2+\frac{1\times0.15^4}{0.25^4}\right]\frac{v_1^2}{2g}$$

$$=7.69\frac{v_1^2}{2g}$$

而 $h_w=H_1-H_2$，则

$$v_1=\sqrt{\frac{2g\ (H_1-H_2)}{7.69}}=\sqrt{\frac{2\times9.8\times\ (5-2)}{7.69}}=2.77\ \text{m/s}$$

$$Q=A_1v_1=\frac{3.14}{4}\times0.15^2\times2.77=0.049\ \text{m}^3/\text{s}$$

## 思 考 题

**1.** 层流与紊流的特点何在？如何判别？

**2.** 圆管层流与紊流的沿程水头损失各自与哪些因素有关？

3. 局部水头损失与哪些因素有关？

4. 两个不同管径的管道，通过不同黏性的液体，它们的临界雷诺数是否相同？

5. 直径为 $d$，长度为 $l$ 的管路，通过恒定的流量 $Q$，试问：

（1）当流量 $Q$ 增大时沿程阻力系数 $\lambda$ 如何变化？

（2）当流量 $Q$ 增大时沿程水头损失 $h_f$ 如何变化？

6. 在管长 $l$、管径 $d$ 一定的水平放置的长直工业管道流动中，其欧拉数 $E_u=\dfrac{\Delta p}{\rho v^2}$ 随流量 $Q$ 的变化规律是什么？

## 习　题

**4-1** 水流经变断面管道，已知小管径为 $d_1$，大管径为 $d_2$，$d_2/d_1=2$，问哪个断面的雷诺数大，并求两断面雷诺数之比。

**4-2** 矩形断面的排水沟，水深 $h=15$ cm，底宽 $b=20$ cm，流速 $v=0.15$ m/s，水温15℃，试判别水流型态。

**4-3** 试判别温度20℃的水，以流量 $Q=4\ 000\ \text{cm}^3/\text{s}$ 流过直径 $d=100$ mm 水管的型态。若保持管内水流为层流，流量应受怎样的限制？

**4-4** 有一管路均匀流，管长 $l=100$ m，管径 $d=200$ mm，水流的水力坡度 $J=0.008$，求管壁切应力 $\tau_0$，$r=50$ mm 处的切应力 $\tau$ 及水头损失 $h_f$。

**4-5** 输油管管径 $d=150$ mm，输送油量 $Q=15.5$ t/h，已知 $\gamma_{油}=8.43\ \text{kN/m}^3$，$\nu_{油}=0.2\ \text{cm}^2/\text{s}$。求油管管轴上的流速 $u_{max}$ 和 1 km 长管路的沿程水头损失 $h_f$。

**4-6** 圆管直径 $d=15$ cm，通过该管道的水的速度 $v=1.5$ m/s，水温 $t=18$℃。若已知 $\lambda=0.03$，试求黏性底层厚度 $\delta_l$。如果水流速度提高至 2.0 m/s，$\delta_l$ 如何变化？如水的流速不变而管径增大到 30 cm，$\delta_l$ 又如何变化？

**4-7** 铸铁管管径 $d=300$ mm，通过流量 $Q=50$ L/s，试用舍维列夫公式求沿程阻力系数 $\lambda$ 及每公里长的沿程水头损失。

**4-8** 上题取用 $\Delta=1.5$ mm，水温 $t=10$ ℃，试用柯列勃洛克公式求 $\lambda$。

**4-9** 铸铁管长 $l=1\ 000$ m，内径 $d=300$ mm，粗糙度 $\Delta=1.2$ mm，水温 $t=10$℃，试求沿程水头损失 $h_f=7.05$ m 时所通过的流量 $Q$。

$\left(\text{提示：在柯列勃洛克公式中}\sqrt{\lambda}Re=4\sqrt{g\dfrac{h_f}{l}d^5}\Big/\sqrt{8}dv\right)$。

**4-10** 混凝土排水管的水力半径 $R=0.5$ m，水以均匀流流过 1 km 长度上的水头损失为 1m，粗糙系数 $n=0.014$，求管中流速。

**4-11** 流速由 $v_1$ 变为 $v_2$ 的突然扩大管，如分为两次突然扩大，如图所示，中间流速取何值时局部水头损失最小，此时水头损失为多少？并与一次突然扩大的水头损失比较。

**4-12** 水从封闭容器 $A$ 经直径 $d=25$ mm，长度 $l=10$ m 管道流入容器 $B$。容器 $A$ 水面上的相对压强 $p_1$ 为 2 个大气压，$H_1=1$ m，$H_2=5$ m，局部阻力系数 $\zeta_{进口}=0.5$，$\zeta_{阀}=4.0$，$\zeta_{弯}=0.3$，沿程阻力系数 $\lambda=0.025$，求通过的流量 $Q$。

**4-13** 计算图示中的 $l=75$ cm，$d=2.5$ cm，$v=3.0$ m/s，$\lambda=0.020$，$\zeta_{进口}=0.5$ 时，

求水银差压计的水银面高度差 $h_p$。

**4-14** 计算图示中逐渐扩大管的局部阻力系数。已知 $d_1=7.5$ cm，$p_1=0.7$ 个大气压，$d_2=15$ cm，$p_2=1.4$ 个大气压，$l=150$ cm，$Q=56.6$ L/s。

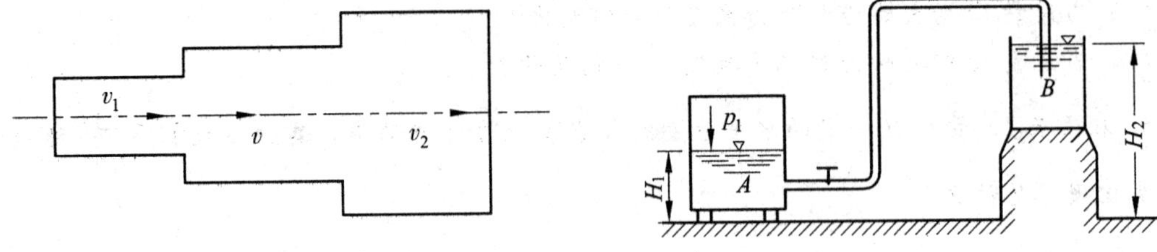


题 4-11 图

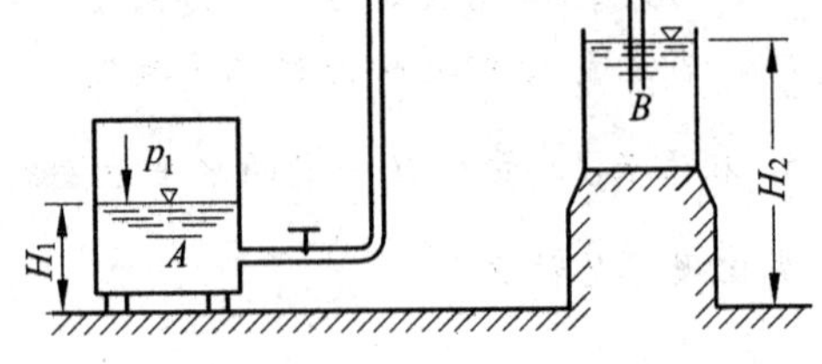


题 4-12 图

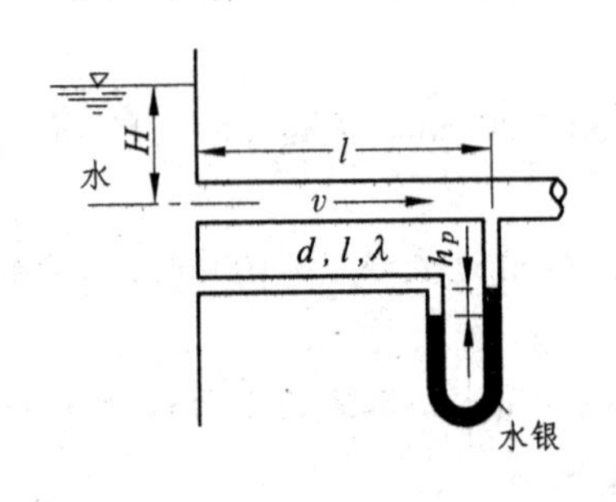


题 4-13 图

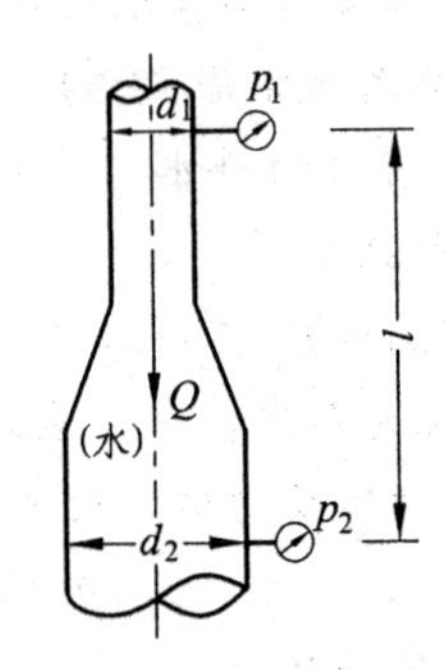


题 4-14 图

**4-15** 测定一蝶阀的局部阻力系数装置如图所示。在蝶阀的上、下游装设三个测压管，其间距 $l_1=1$ m，$l_2=2$ m。若圆管直径 $d=50$ mm，实测 $\nabla_1=150$ cm，$\nabla_2=125$ cm，$\nabla_3=40$ cm，流速 $v=3$ m/s，试求蝶阀的局部阻力系数 $\zeta$ 值。

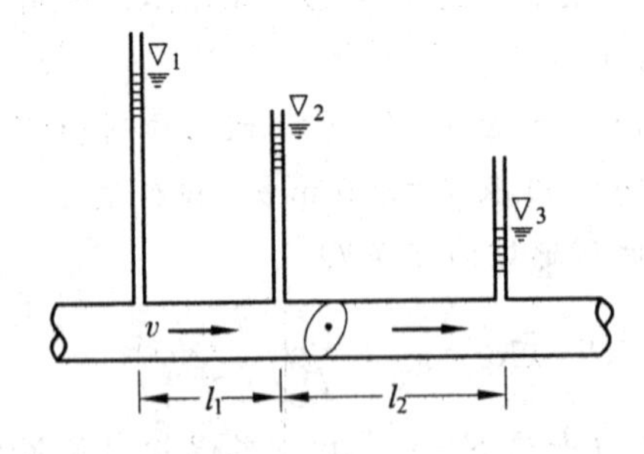


题 4-15 图

# 第五章　有压管道的恒定流动

前面各章阐述了水流运动的基本规律，应用这些基本规律可以解决工程实践中的许多水力计算问题。本章在扼要介绍孔口出流和管嘴出流的水力计算后，将着重讨论有压管道恒定流动的水力计算问题。

水沿管道满管流动的水力现象称为**有压管流**。在有压管流中，整个过水断面均被水流所充满，管内水流没有自由液面，管道边壁处处受到液体压强的作用，且压强的大小一般不等于当地大气压强。

有压管流分恒定流与非恒定流。有压管道中液体的运动要素均不随时间而变化的，称为有压管道的恒定流动，否则，称为有压管道的非恒定流动。本章将着重讨论有压管道的恒定流动问题。

## 第一节　液体经薄壁孔口的恒定出流

在容器壁上开一孔口，如壁的厚度对水流现象没有影响，孔壁与水流仅在一条周线上接触，这种孔口称为薄壁孔口，如图 5-1 所示。

一般来说，当孔口直径 $d$（或高度 $e$）与孔口形心以上的水头高 $H$ 相比较很小时，就认为孔口断面上各点水头相等，而忽略其差异。因此，根据 $d/H$ 的比值将孔口分为大孔口与小孔口两类：

若 $d \leqslant H/10$，这种孔口称为小孔口，则可认为孔口断面上各点的水头都相等。

若 $d \geqslant H/10$，则称为大孔口。

当孔口出流时，水箱中水量如能得到不断的补充，从而使孔口的水头不变，这种情况称为恒定出流。本节将着重分析薄壁小孔口恒定出流。

研究孔口出流具有实际意义，如在实际工程中的各类取水设备、泄水闸孔以及某些测量流量设备均属孔口出流。

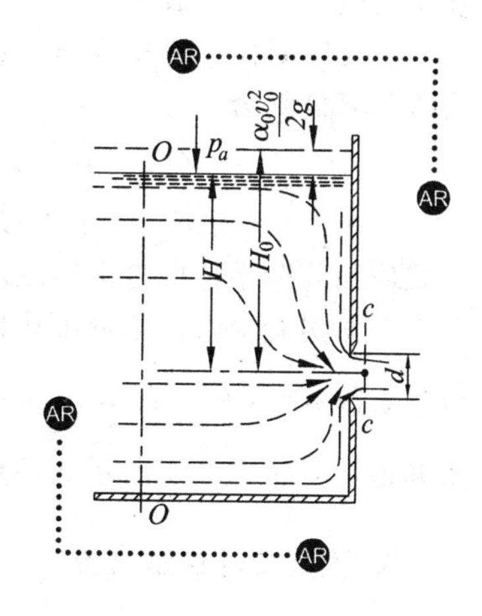


图　5-1

### 1. 小孔口的自由出流

孔口流出的水流如进入空气中则称为自由出流，如图 5-1 所示，箱中水流的流线自上游从各个方向趋近孔口，由于水流运动的惯性，流线不能成折角地改变方向，只能逐渐光滑、连续地弯曲，因此在孔口断面上各流线互不平行，而使水流在出口后继续形成收缩，直至距孔口约为 $d/2$ 处收缩完毕，流线在此趋于平行，这一断面称为收缩断面，如图 5-1 所示的 $c$-$c$ 断面。

现在来建立孔口出流的水力要素关系式。为此选择通过孔口形心的水平面为基准面，取水箱内符合渐变流条件的断面 $O$-$O$ 与收缩断面 $c$-$c$ 之间建立能量方程（伯努利方程）

$$H+\frac{p_a}{\gamma}+\frac{\alpha_0 v_0^2}{2g}=0+\frac{p_c'}{\gamma}+\frac{\alpha_c v_c^2}{2g}+h_W$$

水箱中微小的沿程水头损失可以忽略，于是 $h_W$ 只是水流经孔口的局部水头损失，即

$$h_W=h_j=\zeta_0\frac{v_c^2}{2g}$$

在普通开口容器的情况下，有

$$p_c'=p_a$$

于是上面的伯努利方程可改写为

$$H+\frac{\alpha_0 v_0^2}{2g}=(\alpha_c+\zeta_0)\frac{v_c^2}{2g}$$

令 $H_0=H+\frac{\alpha_0 v_0^2}{2g}$，代入上式整理得

$$\begin{aligned}v_c&=\frac{1}{\sqrt{\alpha_c+\zeta_0}}\sqrt{2gH_0}\\&=\varphi\sqrt{2gH_0}\end{aligned}\tag{5-1}$$

式中 $H_0$——作用水头；

$\zeta_0$——水流经孔口的局部阻力系数；

$\varphi$——流速系数，$\varphi=1/\sqrt{\alpha_c+\zeta_0}\approx1/\sqrt{1+\zeta_0}$。

若不计水头损失，则 $\zeta_0=0$，而 $\varphi=1$。从上式可见 $\varphi$ 是收缩断面的实际液体流速 $v_c$ 对理想液体流速 $\sqrt{2gH_0}$ 的比值。由实验得孔口流速系数 $\varphi=0.97\sim0.98$。这样，可得水流经孔口的局部阻力系数 $\zeta_0=1/\varphi^2-1=1/0.97^2-1=0.06$。

设孔口断面的面积为 $A$，收缩断面的面积为 $A_c$，$A_c/A=\varepsilon$ 称为收缩系数。由孔口流出的水流流量则为

$$\begin{aligned}Q&=v_cA_c=\varepsilon A\varphi\sqrt{2gH_0}\\&=\mu A\sqrt{2gH_0}\end{aligned}\tag{5-2}$$

上式便为薄壁小孔口自由出流的水力基本关系式。

根据实验结果，薄壁小孔口在全部、完善收缩情况下（如图 5-1 所示），其孔口出流的流量系数 $\mu=0.62$。因 $\mu=\varepsilon\varphi$，由此可知，其收缩系数 $\varepsilon=\frac{\mu}{\varphi}=\frac{0.62}{0.97}=0.64$。读者思考后不难知道，对于图 5-1 所示的薄壁小孔口自由出流，其流量系数的测定方法。

**2. 大孔口的自由出流**

大孔口可看作由许多小孔口组成。实际计算表明，小孔口的流量计算公式（5-2）也适用于大孔口。但式中 $H_0$ 为大孔口形心的水头，而且流量系数 $\mu=\varepsilon\varphi$ 中的收缩系数 $\varepsilon$ 值较小孔口大，因而流量系数亦大。

在水利工程中，闸孔出流可按大孔口出流计算，其流量系数列于表 5-1 中。

表 5-1　大孔口的流量系数 $\mu$

| 孔口形状和水流收缩情况 | 流量系数 $\mu$ |
| --- | --- |
| 全部、不完善收缩 | 0.70 |
| 底部无收缩但有适度的侧收缩 | 0.65～0.70 |
| 底部无收缩，侧向很小收缩 | 0.70～0.75 |
| 底部无收缩，侧向极小收缩 | 0.80～0.90 |

## 第二节　液体经管嘴的恒定出流

### 1. 圆柱形外管嘴的恒定出流

在孔口断面处接一直径与孔口直径完全相同的圆柱形短管，其长度 $l \simeq (3\sim4)\ d$，这样的短管称为圆柱形外管嘴，如图 5-2 所示。水流进入管嘴后，同样形成收缩，在收缩断面 $c$-$c$ 处水流与管壁分离，形成漩涡区；然后又逐渐扩大，在管嘴出口断面上，水流已完全充满整个断面。

设水箱的水面压强为当地大气压强，管嘴为自由出流，对水箱中过水断面 $O$-$O$ 和管嘴出口断面 $b$-$b$ 间列出伯努利方程（以通过管嘴断面形心的水平面为基准面），即

$$H+\frac{\alpha_0 v_0^2}{2g}=\frac{\alpha v^2}{2g}+h_{\mathrm{w}}$$

式中 $h_{\mathrm{w}}$ 为管嘴的水头损失，等于进口损失与收缩断面后的扩大损失之和（管嘴沿程水头损失忽略），也就是相当于管道锐缘进口的损失情况，即

$$h_{\mathrm{w}}=\zeta_n\frac{v^2}{2g}$$

令

$$H_0=H+\frac{\alpha_0 v_0^2}{2g}$$

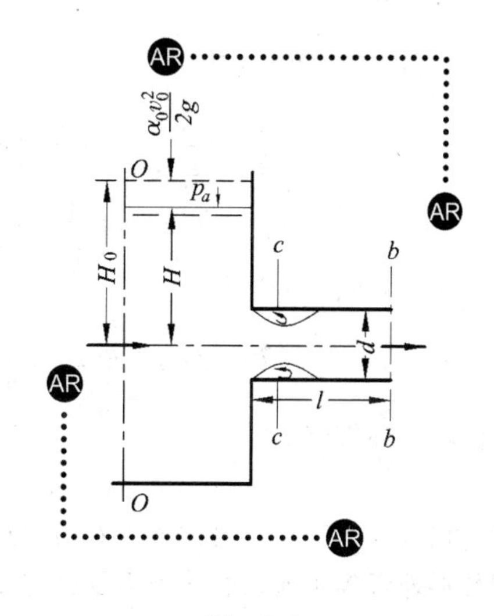


图　5-2

将以上二式代入原方程，并解 $v$，得

管嘴出口速度

$$v=\frac{1}{\sqrt{\alpha+\zeta_n}}\sqrt{2gH_0}=\varphi_n\sqrt{2gH_0} \tag{5-3}$$

管嘴流量

$$Q=\varphi_n A\sqrt{2gH_0}=\mu_n A\sqrt{2gH_0} \tag{5-4}$$

式中　$\zeta_n$——管嘴阻力系数，即管道锐缘进口局部阻力系数，从第四章图 4-15 知，一般取 $\zeta_n=0.5$；

$\varphi_n$——管嘴流速系数，$\varphi_n=1/\sqrt{\alpha+\zeta_n}\approx1/\sqrt{1+0.5}=0.82$；

$\mu_n$——管嘴流量系数，因出口无收缩，故 $\mu_n=\varphi_n=0.82$。

从式（5-2）与式（5-4）可见，两式形式完全相同，然而 $(\mu_n/\mu)=(0.82/0.62)=1.32$。可见在相同水头作用下，同样断面大小的管嘴，其出流能力是孔口出流能力的 1.32 倍。因此，在实践中常把管嘴作为泄水管。

**2. 圆柱形外管嘴的真空**

孔口外面加接管嘴后，增加了阻力，但其流量反而增加，是什么原因呢？这是由于管嘴水流的收缩断面处其相对压强出现了负值，即出现了真空值的作用所致。

现以图 5-2 为例，讨论管嘴水流在收缩断面处其相对压强的变化情况，并导出其真空值的大小。为此选择通过管嘴断面形心的水平面为基准面，对收缩断面 $c\text{-}c$ 与出口断面 $b\text{-}b$ 间列出液体机械能的能量方程即伯努利方程（注：此时各断面的压强以绝对压强表示）

$$\frac{p_c'}{\gamma}+\frac{\alpha v_c^2}{2g}=\frac{p_a}{\gamma}+\frac{\alpha v^2}{2g}+h_j \tag{5-5}$$

得

$$\frac{p_a-p_c'}{\gamma}=\frac{\alpha v_c^2}{2g}-\frac{\alpha v^2}{2g}-h_j \tag{5-6}$$

式中 $v=\varphi_n\sqrt{2gH_0}$，即

$$\frac{v^2}{2g}=\varphi_n^2H_0$$

$$v_c=\frac{A}{A_c}v=\frac{1}{\varepsilon}v，即$$

$$\frac{v_c^2}{2g}=\frac{1}{\varepsilon^2}\frac{v^2}{2g}=\frac{1}{\varepsilon^2}\cdot\varphi_n^2H_0$$

$$h_j=\zeta_{cb}\frac{v^2}{2g}=\left(\frac{A}{A_c}-1\right)^2\frac{v^2}{2g}=\left(\frac{1}{\varepsilon}-1\right)^2\frac{v^2}{2g}=\left(\frac{1}{\varepsilon}-1\right)^2\varphi_n^2H_0$$

代入式（5-6），得

$$\frac{p_a-p_c'}{\gamma}=\left[\frac{\alpha}{\varepsilon^2}-\alpha-\left(\frac{1}{\varepsilon}-1\right)^2\right]\cdot\varphi_n^2H_0 \tag{5-7}$$

对圆柱形外管嘴

$$\alpha=1,\qquad \varepsilon=0.64,\qquad \varphi_n=0.82$$

以此代入式（5-7），可知式中右边为正值，表明 $c\text{-}c$ 断面出现了负的相对压强，并由此导得圆柱形外管嘴水流在收缩断面处真空度的简单表达式。

$$\frac{p_v}{\gamma}=\frac{p_a-p_c'}{\gamma}=0.756H_0 \tag{5-8}$$

上式表明，圆柱形外管嘴收缩断面处的真空度（$mH_2O$）可达到作用水头（$mH_2O$）的 0.756 倍，相当于把管嘴的作用水头增大了 75.6%。这就是在相同直径、相同作用水头下的圆柱形外管嘴的出流流量比孔口大的原因。

## 第三节　短管的水力计算

在有压管道的水力计算中，通常根据沿程水头损失与局部水头损失在总水头损失中所占比重的大小，而将有压管道分为短管及长管两类。所谓短管是指管路的总水头损失中，沿程水头损失和局部水头损失均占相当比重，计算时都不可忽视的管路。所谓长管是指管流的流速水头和局部水头损失的总和与沿程水头损失比较起来很小，因而计算时常常将其按沿程水头损失某一百分数

估算或完全忽略不计的管路。长管计算不仅使计算简化，而且一般不影响计算精确度。

**1. 短管水力计算的基本公式**

一短管自由出流，即水经管路出口流入大气，如图 5-3 所示。

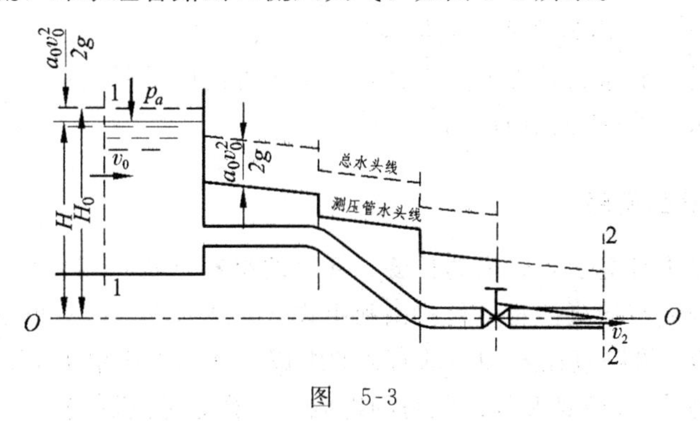


图 5-3

设管路长度为 $l$，管径为 $d$，另外在管路中还装有两个相同的弯头和一个阀门。为了建立短管水流的水力要素间的关系，可通过管路出口断面 2-2 形心的水平面作基准面，对断面 1- 1 和断面 2-2 间建立伯努利方程

$$H+\frac{p_a}{\gamma}+\frac{\alpha_0 v_0^2}{2g}=0+\frac{p_a}{\gamma}+\frac{\alpha v^2}{2g}+h_{\mathrm{W}}$$

令

$$H+\frac{\alpha_0 v_0^2}{2g}=H_0$$

可得

$$H_0=h_{\mathrm{W}}+\frac{\alpha v^2}{2g} \tag{5-9}$$

式中　$v_0$——水池中的流速，称为行近流速；

$H_0$——包括行近流速水头在内的水头，亦称作用水头。

式（5-9）说明短管水流在自由出流的情况下，它的作用水头 $H_0$ 除了用作由于克服水流阻力而引起的能量损失（包括局部和沿程两种水头损失）外，还有一部分变成动能 $\alpha v^2/2g$ 被水流带到大气中去。

而水头损失为

$$h_{\mathrm{W}}=\sum h_{\mathrm{f}}+\sum h_{\mathrm{j}}=\sum\lambda\frac{l}{d}\frac{v^2}{2g}+\sum\zeta\frac{v^2}{2g}=\zeta_c\frac{v^2}{2g} \tag{5-10}$$

式中　$\zeta$——局部阻力系数；$\sum\zeta$ 为管中各局部阻力系数的总和，例如在图 5-3 中

$$\sum\zeta=\zeta_1+2\zeta_2+\zeta_3$$

其中，$\zeta_1$、$\zeta_2$ 和 $\zeta_3$ 分别表示在管路进口、弯头及阀门处的局部阻力系数。

$\zeta_c$—— 管系阻力系数，$\zeta_c=\sum\lambda\frac{l}{d}+\sum\zeta$。

将式（5-10）代入式（5-9）后，得

$$H_0=(\zeta_c+\alpha)\frac{v^2}{2g} \tag{5-11}$$

取 $\alpha\approx1$，得

$$\left.\begin{aligned} v&=\frac{1}{\sqrt{1+\zeta_c}}\sqrt{2gH_0} \\ \text{和}\qquad Q&=Av=\frac{A}{\sqrt{1+\zeta_c}}\sqrt{2gH_0}=\mu_c A\sqrt{2gH_0} \end{aligned}\right\} \tag{5-12}$$

式中　$\mu_c=1/\sqrt{1+\zeta_c}$，称为管系的流量系数。

式（5-12）便是短管水力计算的基本公式。至于管流中沿程压强的变化从图 5-3 所示的测压管水头线及总水头线的变化中可知。

**2. 短管水力计算的问题**

在进行管流的水力计算前，管道的长度、管道的材料（管壁粗糙情况），局部阻力的组成一般都已确定，因此直接列能量方程式或利用式（5-12）都可解算以下三类问题：

（1）已知流量 $Q$、管路直径 $d$ 和局部阻力的组成，计算作用水头 $H_0$。

（2）已知水头 $H_0$、管径 $d$ 和局部阻力的组成，计算通过流量 $Q$。

（3）已知通过管路的流量 $Q$、水头 $H_0$ 和局部阻力的组成，设计管径 $d$。

下面举例来进一步说明。

**例 5-1**　用虹吸管自钻井输水至集水池如图 5-4 所示。虹吸管长 $l=l_{AB}+l_{BC}=30\ \text{m}+40\ \text{m}=70\ \text{m}$，直径 $d=200\ \text{mm}$。钻井至集水池间的恒定水位高差 $H=1.60\ \text{m}$。又已知沿程阻力系数 $\lambda=0.03$，管路进口、120°弯头、90°弯头及出口处的局部阻力系数分别为 $\zeta_1=0.5$，$\zeta_2=0.2$，$\zeta_3=0.5$，$\zeta_4=1$。试求：（1）流经虹吸管的流量 $Q$；（2）如虹吸管顶部 $B$ 点安装高度 $h_B=4.5\ \text{m}$，校核其真空度（真空度的允许值 $[h_v]=7\ \text{m}$ 水柱）。

**解**

（1）计算流量：

以集水池水面为基准面，建立钻井水面 1-1 与集水池水面 3-3 间的伯努利方程（忽略行近流速 $v_0$）

$$H+\frac{p_a}{\gamma}+0=0+\frac{p_a}{\gamma}+0+h_{\text{w}}$$

$$H=h_{\text{w}}=\left(\lambda\frac{l}{d}+\sum\zeta\right)\frac{v^2}{2g}$$

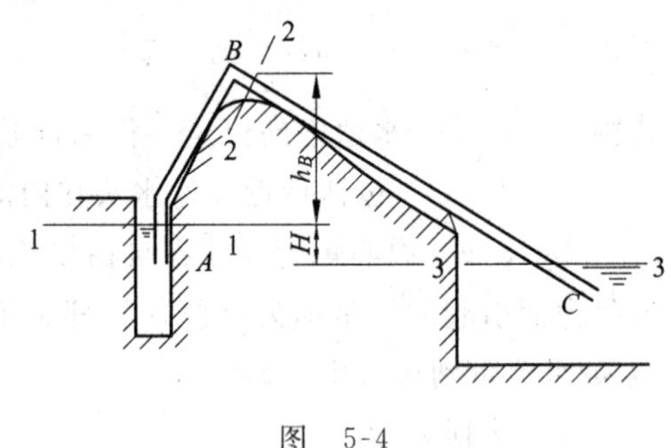


图　5-4

解得
$$v=\frac{1}{\sqrt{\lambda\frac{l}{d}+\sum\zeta}}\sqrt{2gH}$$

将沿程阻力系数 $\lambda=0.03$，局部阻力系数 $\sum\zeta=\zeta_1+\zeta_2+\zeta_3+\zeta_4=0.5+0.2+0.5+1=2.2$ 代入上式

$$v=\frac{1}{\sqrt{0.03\times\frac{70}{0.20}+2.2}}\sqrt{2\times9.8\times1.6}=1.57\ \text{m/s}$$

于是
$$\begin{aligned} Q&=Av=\frac{1}{4}\pi d^2 v=\frac{1}{4}\pi\times0.2^2\times1.57 \\ &=0.049\ 3\ \text{m}^3/\text{s}=49.3\ \text{L/s} \end{aligned}$$

（2）计算管顶2-2断面的真空度（假设2-2断面中心与$B$点高度相当，离管路进口距离与$B$点也几乎相等）：

以钻井水面为基准面，建立断面1-1和2-2的伯努利方程

$$0+\frac{p_a}{\gamma}+\frac{\alpha_0 v_0^2}{2g}=h_B+\frac{p_2'}{\gamma}+\frac{\alpha_2 v_2^2}{2g}+h_{w1}$$

忽略行近流速，取$\alpha_2=1.0$，上式成

$$\frac{p_a-p_2'}{\gamma}=h_B+\frac{v_2^2}{2g}+\left(\lambda\frac{l_{AB}}{d}+\sum\zeta\right)\frac{v_2^2}{2g}$$

其中
$$\sum\zeta=\zeta_1+\zeta_2+\zeta_3=0.5+0.2+0.5=1.2$$

$$v_2=\frac{Q}{A}=\frac{4Q}{\pi d^2}=\frac{4\times0.049\ 3}{\pi\times0.2^2}=1.57\ \text{m/s}$$

$$\frac{v_2^2}{2g}=\frac{1.57^2}{2\times9.8}=0.13\ \text{m}$$

代入上式，得

$$h_v=\frac{p_v}{\gamma}=\frac{p_a-p_2'}{\gamma}=4.5+0.13+\left(0.03\times\frac{30}{0.2}+1.2\right)\times0.13$$
$$=5.25\ \text{mH}_2\text{O}<[h_v]=7\ \text{mH}_2\text{O}$$

**例5-2** 一离心水泵安装如图5-5所示。泵的抽水量$Q=8.3$ L/s，吸水管（由取水点至水泵进口的管道）长度$l=7.5$ m，直径$d=100$ mm，管道沿程阻力系数$\lambda=0.03$，局部阻力系数有带底阀的滤水管$\zeta_1=7.0$，弯道$\zeta_2=0.5$。如水泵入口的允许真空度（即允许吸水真空高度）$[h_v]=5.8$ m。试决定该水泵的最大安装高度$H_S$。

**解** 以水面1-1为基准面，在吸水池水面1-1和水泵进口2-2间列伯努利方程，并忽略吸水池水面流速，得

$$\frac{p_a}{\gamma}=H_S+\frac{p_2'}{\gamma}+\frac{\alpha v^2}{2g}+h_w$$
$$=H_S+\frac{p_2'}{\gamma}+\frac{\alpha v^2}{2g}+\lambda\frac{l}{d}\frac{v^2}{2g}+\sum\zeta\frac{v^2}{2g}$$

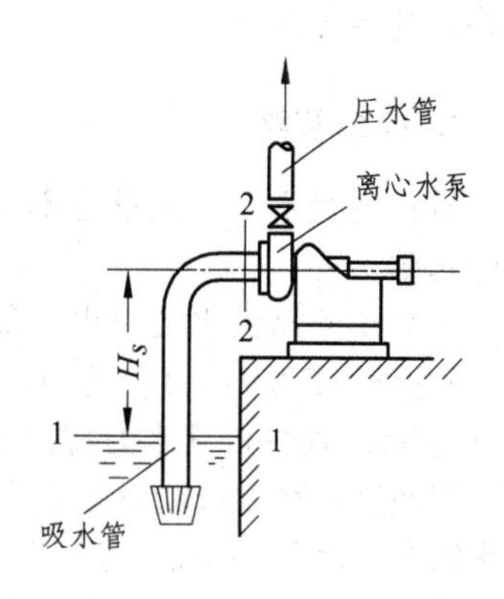

图 5-5

移项后得

$$H_S=\frac{p_a-p_2'}{\gamma}-\left(\alpha+\lambda\frac{l}{d}+\sum\zeta\right)\frac{v^2}{2g}$$
$$=[h_v]-\left(\alpha+\lambda\frac{l}{d}+\sum\zeta\right)\frac{v^2}{2g}$$

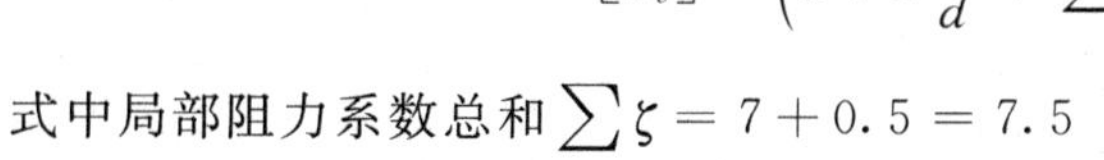
式中局部阻力系数总和$\sum\zeta=7+0.5=7.5$

管中流速
$$v=\frac{4Q}{\pi d^2}=\frac{4\times0.008\ 3}{3.14\times0.1^2}=1.06\ \text{m/s}$$

将各值代入上式得

$$H_S=5.8-\left(1+0.03\times\frac{7.5}{0.1}+7.5\right)\frac{1.06^2}{2\times9.8}$$
$$=5.8-10.75\times0.06=5.15\ \text{m}$$

**例 5-3** 一圆形有压涵管如图 5-6 所示。管长 $l=50$ m，上下游水位差 $H=3$ m，管路沿程阻力系数 $\lambda=0.03$，各局部阻力系数：进口 $\zeta_c=0.5$，弯头 $\zeta_b=0.65$，水下出口 $\zeta_0=1$，如果要求涵管通过流量 $Q=3\ \mathrm{m^3/s}$，试确定管径的大小。

**解** 以下游水面为基准面，对 1-1、2-2 断面间建立伯努利方程，忽略上下游流速水头，得

$$H+\frac{p_a}{\gamma}+0=0+\frac{p_a}{\gamma}+0+h_W$$

即 $$H=h_W=\left(\lambda\frac{l}{d}+\zeta_c+2\zeta_b+\zeta_0\right)\frac{1}{2g}\left(\frac{4Q}{\pi d^2}\right)^2$$

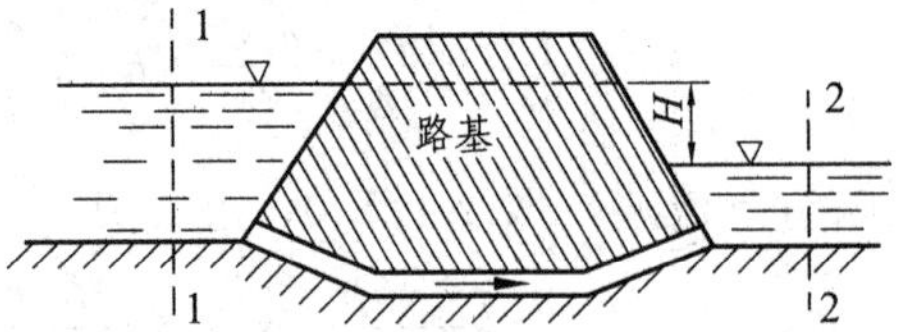

图 5-6

代入已知各数值，化简得

$$3d^5-2.08d-0.745=0$$

用试算法求 $d$。现设 $d=1.0$ m 代入上式

$$3\times1-2.08\times1-0.745=0.175\neq0$$

再设 $d=0.98$ m，代入上式

$$3\times(0.98)^5-2.08\times0.98-0.745=-0.0716\simeq0$$

故采用标准管径 $d=1.0$ m。

从以上三个算例可知，对于短管水力计算问题，一般是以直接建立伯努利方程来解决。

## 第四节　长管的水力计算

根据长管路系统的组合情况，长管系统的水力计算可以分为简单管路、串联管路、并联管路、管网等计算。

### 1. 简单管路

沿程直径不变，流量也不变的管路为简单管路。简单管路的计算是一切复杂管路水力计算的基础。

一简单管路由水池引出，如图 5-7 所示。

管路长度为 $l$，直径为 $d$，水箱水面距管道出口高度为 $H$。现分析其水力特点和计算方法。

以通过管路出口断面 2-2 形心的水平面为基准面，在水池中离管路进口前面某一距离处，取过水断面 1-1，该断面的水流可以认为是渐变流。对断面 1-1 和 2-2 间建立伯努利方程式，得

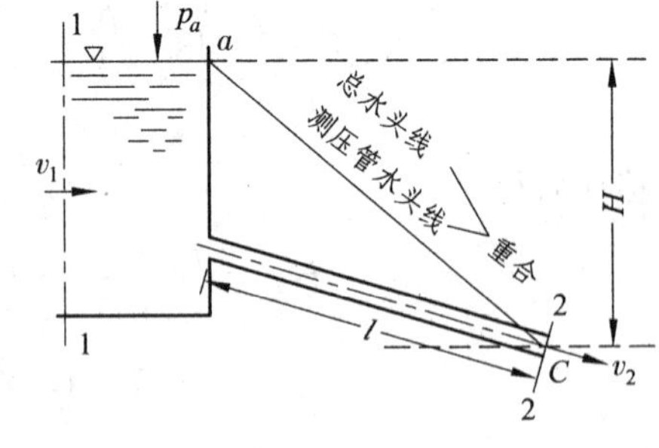

图 5-7

$$H+\frac{p_a}{\gamma}+\frac{\alpha_1 v_1^2}{2g}=0+\frac{p_a}{\gamma}+\frac{\alpha_2 v_2^2}{2g}+h_W$$

在长管计算中，局部水头损失 $h_j$ 与流速水头忽略不计，上述方程就简化为

$$H=h_W=h_f \tag{5-13}$$

上式表明，长管全部作用水头都消耗于沿程水头损失。如从水池的自由表面与管路进口断面的铅直线交点 $a$ 到断面 2-2 形心 $C$ 作一条倾斜直线，便得到简单管路的测压管水头线，如图 5-7 所示。因为长管的流速水头 $\alpha_2 v_2^2/2g$ 可以忽略，所以它的总水头线与测压管水头线重合。

根据式（5-13）可以解决与短管水力计算中相同的三类问题，即 $Q$、$H$、$d$ 的求解问题。其具体方法如下：

式（5-13）可写成

$$H=h_f=\lambda\frac{l}{d}\frac{v^2}{2g} \tag{5-14}$$

将 $v=(4Q)/(\pi d^2)$ 代入上式得

$$\begin{aligned}H&=\frac{8\lambda}{g\pi^2 d^5}lQ^2\\&=AlQ^2\end{aligned} \tag{5-15}$$

式中　$A$——管路的比阻，即

$$A=\frac{8\lambda}{g\pi^2 d^5} \tag{5-16}$$

上式中的比阻 $A$ 是指单位流量通过单位长度管道所需水头，它决定于管路沿程阻力系数 $\lambda$ 和管径 $d$ 的大小。

在水力学中，计算管路沿程阻力系数的公式较多，这里只介绍土木工程中经常应用的计算公式。

对于旧钢管、旧铸铁管的输水管道，工程中常采用舍维列夫（Ф. А. Шевелев）公式（4-19）、(4-20)，将其分别代入式（5-16）后得：

紊流阻力平方区（此时一般认为 $v\geqslant 1.2$ m/s）为

$$A=0.001\ 736/d^{5.3} \tag{5-17}$$

紊流过渡区（$v<1.2$ m/s）为

$$\begin{aligned}A'&=0.852\left(1+\frac{0.867}{v}\right)^{0.3}\left(\frac{0.001\ 736}{d^{5.3}}\right)\\&=kA\end{aligned} \tag{5-18}$$

式中　$k$——修正系数，即

$$k=0.852\left(1+\frac{0.867}{v}\right)^{0.3} \tag{5-19}$$

上式表明，紊流过渡区的比阻 $A'$ 可用紊流阻力平方区的比阻 $A$ 乘以修正系数 $k$ 来计算。$k$ 值只决定于紊流流速的大小。各种流速下的 $k$ 值按式（5-19）计算，其结果见表 5-2。

**表 5-2　钢管及铸铁管 $A$ 值之修正系数 $k$**

| $v$ (m/s) | 0.20 | 0.25 | 0.30 | 0.35 | 0.40 | 0.45 | 0.50 | 0.55 | 0.60 |
|---|---|---|---|---|---|---|---|---|---|
| $k$ | 1.41 | 1.33 | 1.28 | 1.24 | 1.20 | 1.175 | 1.15 | 1.13 | 1.115 |
| $v$ (m/s) | 0.65 | 0.70 | 0.75 | 0.80 | 0.85 | 0.90 | 1.0 | 1.1 | ≥1.2 |
| $k$ | 1.1 | 1.085 | 1.07 | 1.06 | 1.05 | 1.04 | 1.03 | 1.015 | 1.00 |

为了计算方便，按式（5-16）和式（5-17）编制出各种管材、各种管径的比阻 $A$ 的计算表。钢管的 $A$ 值见表 5-3，铸铁管的 $A$ 值见表 5-4。

**表 5-3　钢管的比阻 A 值（$s^2/m^6$）**

| 水煤气管 | | | 中等管径 | | 大管径 | |
|---|---|---|---|---|---|---|
| 公称直径 $D_g$（mm） | $A$（$Q$ 以 $m^3/s$ 计） | $A$（$Q$ 以 L/s 计） | 公称直径 $D_g$（mm） | $A$（$Q$ 以 $m^3/s$ 计） | 公称直径 $D_g$（mm） | $A$（$Q$ 以 $m^3/s$ 计） |
| 8 | 225 500 000 | 225.5 | 125 | 106.2 | 400 | 0.206 2 |
| 10 | 329 500 00 | 32.95 | 150 | 44.95 | 450 | 0.108 9 |
| 15 | 880 900 0 | 8.809 | 175 | 18.96 | 500 | 0.062 22 |
| 20 | 164 300 0 | 1.643 | 200 | 9.273 | 600 | 0.023 84 |
| 25 | 436 700 | 0.436 7 | 225 | 4.822 | 700 | 0.011 50 |
| 32 | 938 60 | 0.093 86 | 250 | 2.583 | 800 | 0.005 665 |
| 40 | 445 30 | 0.044 53 | 275 | 1.535 | 900 | 0.003 034 |
| 50 | 110 80 | 0.011 08 | 300 | 0.939 2 | 100 0 | 0.001 736 |
| 70 | 289 3 | 0.002 893 | 325 | 0.608 8 | 120 0 | 0.000 660 5 |
| 80 | 116 8 | 0.001 168 | 350 | 0.407 8 | 130 0 | 0.000 432 2 |
| 100 | 267.4 | 0.000 267 4 | | | 140 0 | 0.000 291 8 |
| 125 | 86.23 | 0.000 086 23 | | | | |
| 150 | 33.95 | 0.000 033 95 | | | | |

**表 5-4　铸铁管的比阻 A 值（$s^2/m^6$）**

| 内径（mm） | $A$（$Q$ 以 $m^3/s$ 计） | 内径（mm） | $A$（$Q$ 以 $m^3/s$ 计） |
|---|---|---|---|
| 50 | 15 190.00 | 400 | 0.223 2 |
| 75 | 1 709.00 | 450 | 0.119 5 |
| 100 | 365.3 | 500 | 0.068 39 |
| 125 | 110.8 | 600 | 0.026 02 |
| 150 | 41.85 | 700 | 0.011 50 |
| 200 | 9.029 | 800 | 0.005 665 |
| 250 | 2.752 | 900 | 0.003 034 |
| 300 | 1.025 | 1 000 | 0.001 736 |
| 350 | 0.452 9 | | |

**例 5-4**　由水塔向工厂供水（见图 5-8），采用铸铁管。管长 2 500 m，管径 400 mm。水塔处地形标高$\nabla_1$为 61 m，水塔水面距地面高度 $H_1=18$ m，工厂地形标高$\nabla_2$为 45 m，管路末端需要的自由水头 $H_2=25$ m，求通过管路的流量。

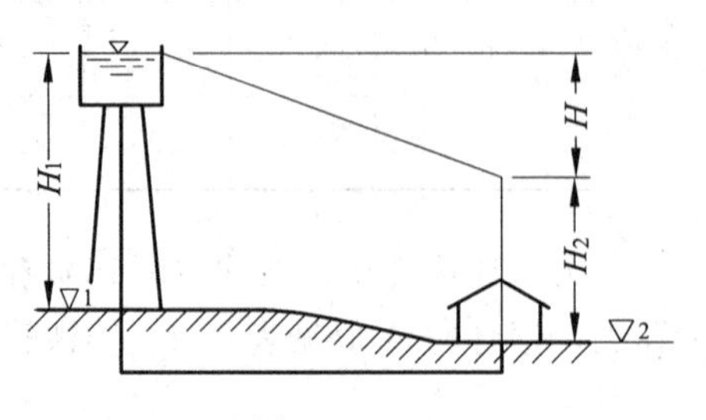


图　5-8

**解**　以海拔水平面为基准面，在水塔水面与管路末端间列出长管路的伯努利方程

$$(H_1+\nabla_1)+0+0=\nabla_2+H_2+0+h_f$$

故 $h_f = (H_1 + \nabla_1) - (H_2 + \nabla_2)$

则管路末端的作用水头 $H$ 便为

$$H = (H_1 + \nabla_1) - (H_2 + \nabla_2) = h_f$$
$$= (61+18) - (45+25) = 9\ \text{m}$$

由表 5-4 查得 400 mm 铸铁管比阻 $A$ 为 0.223 2 $s^2/m^6$，代入式（5-15）得

$$Q = \sqrt{\frac{H}{Al}} = \sqrt{\frac{9}{0.2232 \times 2500}} = 0.127\ m^3/s$$

验算阻力区

$$v = \frac{4Q}{\pi d^2} = \frac{4 \times 0.127}{\pi \times 0.4^2} = 1.01\ m/s < 1.2\ m/s$$

属于过渡区，比阻需要修正，由表 5-2 查得 $v=1$ m/s 时，$k=1.03$。修正后流量为

$$Q = \sqrt{\frac{H}{kAl}} = \sqrt{\frac{9}{1.03 \times 0.2232 \times 2500}} = 0.125\ m^3/s$$

**例 5-5** 上题中（见图 5-8），若工厂需水量为 0.152 $m^3/s$，管路情况、地形标高及管路末端需要的自由水头都不变，试设计水塔高度。

**解** 在水塔水面与管路末端间（见图 5-8）建立伯努利方程，可得水塔高度 $H_1$ 的关系式

$$H_1 = (\nabla_2 + H_2) + H - \nabla_1$$

而 $H = h_f = AlQ^2$

故首先验算阻力区，算出或查表得出管路比阻 $A$。现

$$v = \frac{4Q}{\pi d^2} = \frac{4 \times 0.152}{\pi \times 0.42} = 1.21\ m/s$$

$v > 1.2$ m/s，可见管流处于阻力平方区，故比阻 $A$ 不需修正，由式（5-17）算得或直接从表 5-4 查得 $A = 0.2232\ (s^2/m^6)$，代入式（5-15）得

$$H = h_f = AlQ^2 = 0.2232 \times 2500 \times (0.152)^2 = 12.89\ \text{m}$$

则水塔高度为

$$H_1 = (\nabla_2 + H_2) + H - \nabla_1$$
$$= 45 + 25 + 12.89 - 61 = 21.89\ \text{m}$$

**例 5-6** 由水塔向工厂供水（见图 5-8），采用铸铁管。长度 $l = 2500$ m，水塔处地形标高$\nabla_1$为 61 m，水塔水面距地面的高度 $H_1 = 18$ m，工厂地形标高$\nabla_2$为 45 m，要求供水量 $Q = 0.152\ m^3/s$，自由水头 $H_2 = 25$ m，计算所需管径。

**解** 计算作用水头

$$H = (\nabla_1 + H_1) - (\nabla_2 + H_2)$$
$$= (61+18) - (45+25) = 9\ \text{m}$$

代入式（5-15），得

$$A = \frac{H}{lQ^2} = \frac{9}{2500 \times (0.152)^2} = 0.1558\ s^2/m^6$$

由表 5-4 查得

$$d_1 = 400\ \text{mm}, \quad A = 0.2232\ s^2/m^6$$
$$d_2 = 450\ \text{mm}, \quad A = 0.1195\ s^2/m^6$$

可见合适的管径应在二者之间，但无此种规格产品。因而只能采用较大的管径 $d = 450$ mm。

这样将浪费管材。合理的办法是用两段不同直径的管道（400 mm 和 450 mm）串联。

**2. 串联管路**

由直径不同的几段管路依次连接而成的管路，称为串联管路。串联管路各管段通过的流量可能相同，但也可能不同。这是因为沿管线向几处供水，经过一段距离便有流量分出，随着沿程流量减少，所采用的管径也相对减小，如图 5-9 所示。

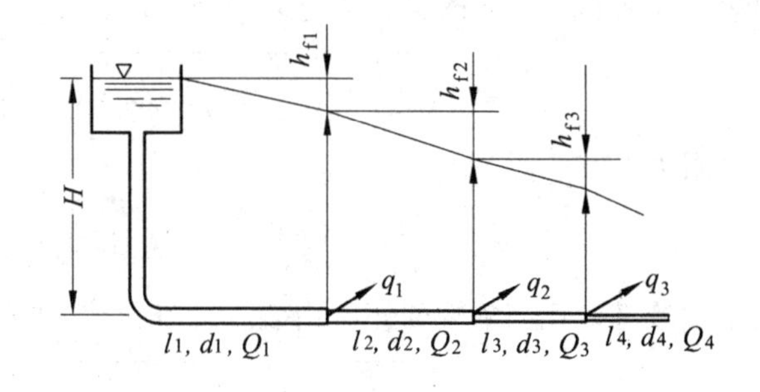

图 5-9

在串联管路系统中，因为各管段的流量 $Q$、直径 $d$ 不同，所以各管段中的流速 $v$ 也不同。这时，整个串联管路的水头损失应等于各管段水头损失之和，串联管路按长管计算，根据能量方程得

$$H=\sum_{i=1}^{n}h_{fi}=\sum_{i=1}^{n}A_i l_i Q_i^2 \tag{5-20}$$

式中，$h_{fi}$、$A_i$、$l_i$、$Q_i$ 分别表示各管段的沿程水头损失、比阻、管长及流量；$n$ 为管段总数目。

串联管路的流量计算还应满足连续性方程。将有分流的两管段的交点称为**节点**，则流向节点的流量等于流出节点的流量，即

$$Q_i=q_i+Q_{i+1} \tag{5-21}$$

式中，$q_i$ 为各节点分出的流量。式（5-20）、(5-21）是串联管路水力计算的基本关系式，实际上是能量方程（伯努利方程）与连续性方程对串联管路水流运动的表达式。利用这些基本关系式，可解算流量 $Q$、作用水头 $H$、管径 $d$ 三类问题。

串联管路的测压管线与总水头线重合，整个管道的水头线呈折线形。这是由于各管段流速及其流速水头不同，其水力坡度也各不相等。

**例 5-7** 在例 5-6 中，为了充分利用水头和节省管材，采用 400 mm 和 450 mm 两种管径的管路串联。现需求出每段管路的长度。

**解** 设直径 400 mm 的管段长 $l_1$，450 mm 的管段长 $l_2$。直径 400 mm 管段的流速 $v_1=1.21$ m/s，比阻不需修正，$A_1=0.2232\ \mathrm{s^2/m^6}$；450 mm 管段的流速 $v_2=0.96\ \mathrm{m/s}<1.2\ \mathrm{m/s}$，从表 5-4 查得的 $A_2'=0.1195\ \mathrm{s^2/m^6}$ 应进行修正

$$A_2=kA_2'=1.034\times0.1195=0.1237\ \mathrm{s^2/m^6}$$

根据 $H=AlQ^2=(A_1l_1+A_2l_2)Q^2$

得 $\dfrac{H}{Q^2}=A_1l_1+A_2l_2$

注意到 $l=l_1+l_2$

或 $l_2=l-l_1$

代入后得 $\dfrac{H}{Q^2}=A_1l_1+A_2(l-l_1)$

则 $l_1=\left(\dfrac{H}{Q^2}-A_2l\right)\Big/(A_1-A_2)$

$$=\left(\frac{9}{(0.152)^2}-0.1237\times2500\right)\Big/(0.2232-0.1237)$$

$$=807\ \text{m}$$

$$l_2=l-l_1=2500-807=1693\ \text{m}$$

**3. 并联管路**

为了提高供水的可靠性，在两节点之间并设两条以上的管路称为并联管路，如图 5-10 中 $AB$ 段就是由三条管段组成的并联管路。

并联管段一般按长管计算。并联管路的水流特点在于流体通过所并联的任何管段时其水头损失皆相等。在并联管段 $AB$ 间，$A$ 点与 $B$ 点是各管段所共有的，如果在 $A$、$B$ 两点安置测压管，每一点都只可能出现一个测压管水头，其测压管水头差就是 $AB$ 间的单位重量液体的能量损失即水头损失，故

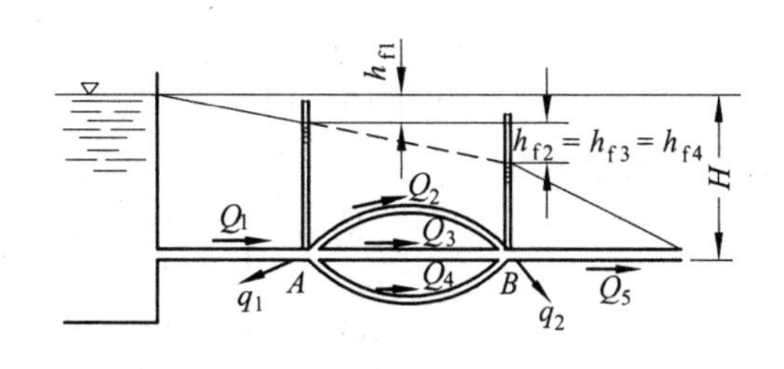

图 5-10

$$h_{f2}=h_{f3}=h_{f4}=h_{fAB}$$

每个单独管段都是简单管路，用比阻表示可写成

$$A_2l_2Q_2^2=A_3l_3Q_3^2=A_4l_4Q_4^2 \tag{5-22}$$

另外，并联管路的各管段直径、长度、粗糙度可能不同，因而流量也会不同。但各管段流量分配也应满足节点流量平衡条件（即连续性方程要求），即流向节点的流量等于由节点流出的流量。

$$\left.\begin{aligned}&\text{对节点 }A\qquad Q_1=q_1+Q_2+Q_3+Q_4\\&\text{对节点 }B\qquad Q_2+Q_3+Q_4=Q_5+q_2\end{aligned}\right\} \tag{5-23}$$

以上说明：通过各并联管段的流量 $Q_2$、$Q_3$、$Q_4$ 的分配必须满足式（5-22）和式（5-23）的条件。实质上这是并联管路水力计算中的能量方程与连续性方程。如果已知 $Q_1$ 及各并联管段的直径及长度，由上述两式便可求得 $Q_2$、$Q_3$、$Q_4$ 及 $h_{fAB}$。

**例 5-8** 三根并联铸铁管路（见图 5-11），由节点 $A$ 分出，并在节点 $B$ 重新会合。已知 $Q=0.28\ \text{m}^3/\text{s}$，

$l_1=500$ m，　　$d_1=300$ mm

$l_2=800$ m，　　$d_2=250$ mm

$l_3=1000$ m，　　$d_3=200$ mm

求并联管路中每一管段的流量及水头损失。

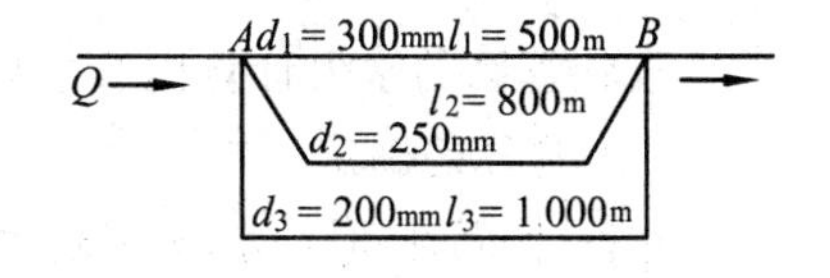

图 5-11

**解** 并联各管段的比阻由表 5-4 查得

$d_1=300$ mm　　$A_1=1.025$

$d_2=250$ mm　　$A_2=2.752$

$d_3=200$ mm　　$A_3=9.092$

由能量方程得

$$A_1l_1Q_1^2=A_2l_2Q_2^2=A_3l_3Q_3^2$$

将各 $A$、$l$ 值代入上式得

$$1.025\times500Q_1^2=2.752\times800Q_2^2=9.029\times1\ 000Q_3^2$$

即 $$5.125Q_1^2=22.02Q_2^2=90.29Q_3^2$$

则 $$Q_1=4.197Q_3 \qquad Q_2=2.025Q_3$$

由连续性方程得

$$Q=Q_1+Q_2+Q_3$$

$$0.28\ \text{m}^3/\text{s}=(4.197+2.025+1)Q_3$$

所以 $$Q_3=0.038\ 77\ \text{m}^3/\text{s}=38.77\ \text{L/s}$$

$$Q_2=78.51\ \text{L/s}$$

$$Q_1=162.72\ \text{L/s}$$

各段流速分别为

$$v_1=\frac{4Q_1}{\pi d_1^2}=\frac{4\times0.162\ 72}{\pi\times0.3^2}=2.30\ \text{m/s}>1.2\ \text{m/s}$$

$$v_2=\frac{4Q_2}{\pi d_2^2}=\frac{4\times0.078\ 51}{\pi\times0.25^2}=1.60\ \text{m/s}>1.2\ \text{m/s}$$

$$v_3=\frac{4Q_3}{\pi d_3^2}=\frac{4\times0.038\ 77}{\pi\times0.2^2}=1.23\ \text{m/s}>1.2\ \text{m/s}$$

各管段流动均属于阻力平方区，比阻值 $A$ 不需修正。

$AB$ 间水头损失为

$$h_{fAB}=A_3l_3Q_3^2=9.029\times1\ 000\times0.038\ 77^2=13.57\ \text{m}$$

**4. 枝状管网**

为了向更多的用户供水，在供水工程中往往将许多管路组合成为管网。管网按其布置图形可分为枝状［见图 5-12（a)］及环状［见图 5-12（b)］两种。本章只讨论枝状管网的水力计算。

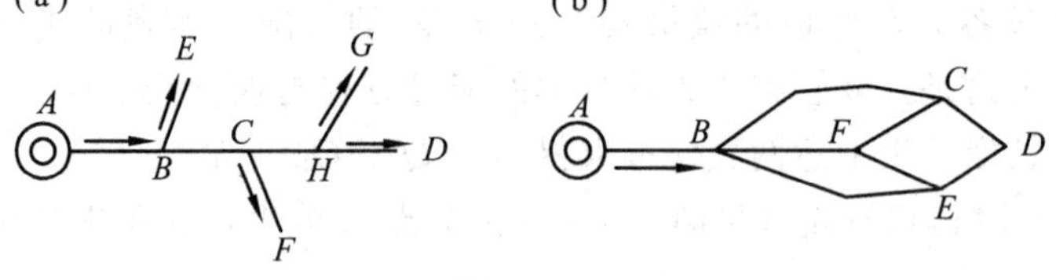


图　5-12

枝状管网的水力计算内容主要是确定各管段的直径、水塔的高度或水泵扬程。

(1) 管径的确定

在设计新管网时，水塔高度一般尚未确定，故首先根据供水区域各处用水要求及地形、建筑物布置等条件，布置管线，确定各管段长度，各节点供水量，从而计算各管段需通过的流量。

管网内各管段的管径 $d$ 就是根据流量 $Q$ 及速度 $v$ 来计算决定，即

$$d=\sqrt{\frac{4Q}{\pi v}} \tag{5-24}$$

可见。在流量 $Q$ 一定的条件下，管径 $d$ 随着计算中所选择的流速 $v$ 的大小而不同。如果流速大，则管径小，管路造价低；然而流速大，导致水头损失大，又会增加水塔高度及水泵抽水的经常运营费用。反之，如果流速小、管径便大，会减少管路的水头损失，从而减少

了水泵抽水经常运营费用，但却又提高了管路造价。

所以在确定管径时，应进行经济成本分析。采用一定的流速使得供水的总成本（包括铺筑管路的建筑费、水泵站的建筑费、水塔建筑费、及水泵抽水的经常运营费之总和）最低。这种流速称为**经济流速**。

经济流速涉及的因素很多，综合实际的设计经验及技术经济资料，对于中小直径的给水管路（见给水排水设计手册）一般为

当 $d=100\sim400$ mm，采用 $v=0.6\sim1.0$ m/s

当 $d>400$ mm，采用 $v=1.0\sim1.4$ m/s

经济流速选定之后，便可根据式（5-24）算出经济流速相应的管径，并采用标准规格管径。

（2）水塔高度的确定

枝状管网如图 5-12（a）所示。在确定水塔 $A$ 的高度之前，管材、管段长度 $l$、管段通过流量 $Q$ 已知，各段管径 $d$ 亦已按照上述经济流速的概念得出。此时水塔高度应满足整个管网各用水点对水量与水压的要求。为此，水塔的水面高度要选择管网中的**控制点**来进行水力计算。

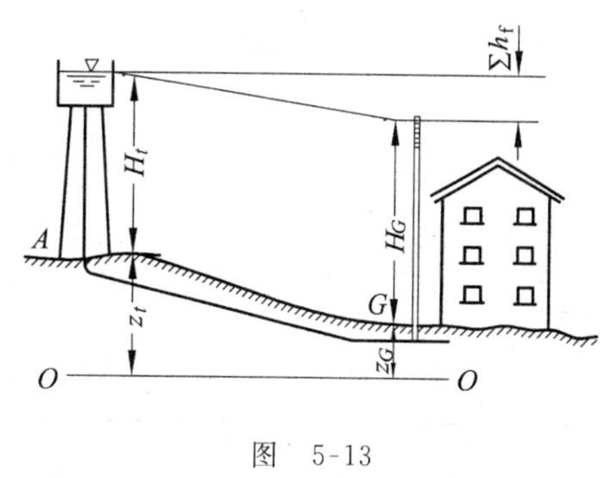

图 5-13

所谓管网的控制点是指在管网中水塔至该点的水头损失、地形标高和要求自由水头（即供水末端压强水头的余量）三项之和最大值之点，亦称为水头最不利点。如图 5-12（a）所示的枝状管网，若要确定水塔 $A$ 的水面高度，就需分别对 $ABCHD$、$ABCHG$、$ABCF$ 及 $ABE$ 各个管线进行水力计算，选择控制点（如 $G$ 点）后，便可算出水塔的水面高度 $H_t$（见图 5-13）

$$H_t=\sum h_f+H_G+z_G-z_t \tag{5-25}$$

式中 $\sum h_f$—— 从水塔到管网控制点的管路总水头损失，即 $\sum h_{f_{AG}}=\sum\limits_{A}^{G}A_i l_i Q_i^2$；

$H_G$——控制点的自由水头，即控制点 $G$ 处所要求的相对压强水头（$p/\gamma$）；

$z_G$——控制点的地形标高；

$z_t$——水塔处的地形标高。

**例 5-9** 一枝状管网从水塔 0 沿 0-1 干线输送用水，各节点要求供水量如图 5-14 所示。已知每一段管路长度（见本题所列之表）。此外，水塔 0 处的地形标高和点 4、点 7 的地形标高相同，点 4 和点 7 要求的自由水头同为（$p/\gamma$）$=12$ m 水柱。求各管段的直径、水头损失及水塔应有的高度。

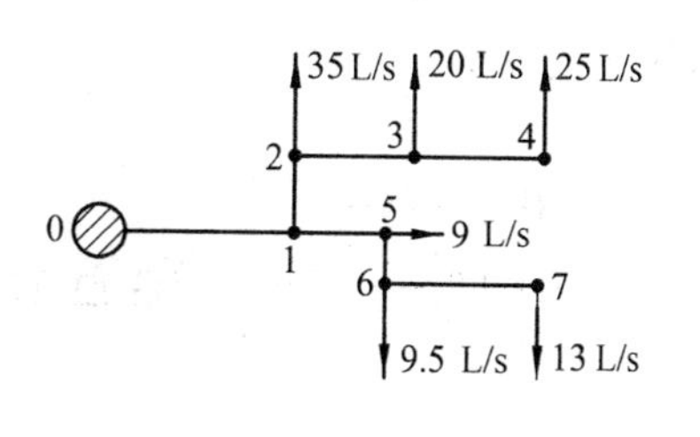

图 5-14

**解** 根据经济流速选择各管段的直径：

对于 3-4 管段 $Q=25$ L/s$=0.025$ m³/s，采用经济流速 $v=1$ m/s，则此段管径

$$d=\sqrt{\frac{4Q}{\pi v}}=\sqrt{\frac{4\times0.025}{3.14\times1}}=0.178\text{ m}$$

采用 $d=200$ mm。

管中实际流速

$$v=\frac{4Q}{\pi d^2}=\frac{4\times 0.025}{\pi\times 0.2^2}=0.80\ \text{m/s}\ (\text{在经济流速范围})$$

采用铸铁管（用旧管的舍维列夫公式计算 $\lambda$），查表 5-4 得 $A=9.029$。因为平均流速 $v=0.80\ \text{m/s}<1.2\ \text{m/s}$，水流在过渡区范围，$A$ 值需加修正。当 $v=0.80\ \text{m/s}$，查表 5-2 得修正系数 $k=1.06$，则管段 3-4 的水头损失

$$h_{f3-4}=kAlQ^2=1.06\times 9.029\times 350\times 0.025^2=2.09\ \text{m}$$

各管段计算可列表进行。

| 已知数值 | | | | 计算所得数值 | | | | |
|---|---|---|---|---|---|---|---|---|
| 管段 | | 管段长度 $l$（m） | 管段中的流量 $Q$（L/s） | 管道直径 $d$（mm） | 流速 $v$（m/s） | 比阻 $A$（$s^2/m^6$） | 修正系数 $k$ | 水头损失 $h_f$（m） |
| 左侧支线 | 3-4 | 350 | 25 | 200 | 0.80 | 9.029 | 1.06 | 2.09 |
| | 2-3 | 350 | 45 | 250 | 0.92 | 2.752 | 1.04 | 2.03 |
| | 1-2 | 200 | 80 | 300 | 1.13 | 1.015 | 1.01 | 1.31 |
| 右侧支线 | 6-7 | 500 | 13 | 150 | 0.74 | 41.85 | 1.07 | 3.78 |
| | 5-6 | 200 | 22.5 | 200 | 0.72 | 9.029 | 1.08 | 0.99 |
| | 1-5 | 300 | 31.5 | 250 | 0.64 | 2.752 | 1.10 | 0.90 |
| 水塔至分叉点 | 0-1 | 400 | 111.5 | 350 | 1.16 | 0.452 9 | 1.01 | 2.27 |

从水塔到最远的用水点 4 和 7 的沿程水头损失分别为：

沿 4-3-2-1-0 线

$$\sum h_f=2.09+2.03+1.31+2.27=7.70\ \text{m}$$

沿 7-6-5-1-0 线

$$\sum h_f=3.78+0.99+0.90+2.27=7.94\ \text{m}$$

因为管网中点 0、点 4 和点 7 的地形标高相同，从上述水力计算结果知，点 7 为该管网水塔高度计算的控制点。则点 0 处的水塔水面高度为

$$H_t=\sum h_{f0-7}+\left(\frac{p}{\gamma}\right)=7.94+12=19.94\ \text{m}$$

采用 $H_t=20\ \text{m}$

## 第五节　离心水泵的水力计算

### 1. 工作原理

离心水泵（见图 5-15）是一种最常用的抽水机械。它是由：1-工作叶轮，2-叶片，3-泵壳（或称蜗壳）、4-吸水管，5-压水管，6-泵轴等零部件构成。

离心泵启动之前，通过顶上注水漏斗将泵体和吸水管内注满水。启动后，叶轮高速转动，在泵的叶轮入口处形成真空，吸水池的水在大气压强作用下沿吸水管上升流入叶轮吸水口，进入叶片槽内。由于水泵叶轮连续旋转，压水、吸水便连续进行。

当液体通过叶轮时，叶片与液体的相互作用将水泵机械能传递给液体，从而使液体在随叶轮高速旋转时增加了动能和压能。因此水泵是一种转换能量的水力机械，它将原动机的机械能转换为被抽送液体的能量。液体由叶轮流出后进入泵壳，泵壳一方面是用来汇集叶轮甩出的液体，将它平稳地引向压水管，另一方面是使液体通过它的蜗壳时流速降低，以达到将一部分动能转变为压能的目的。

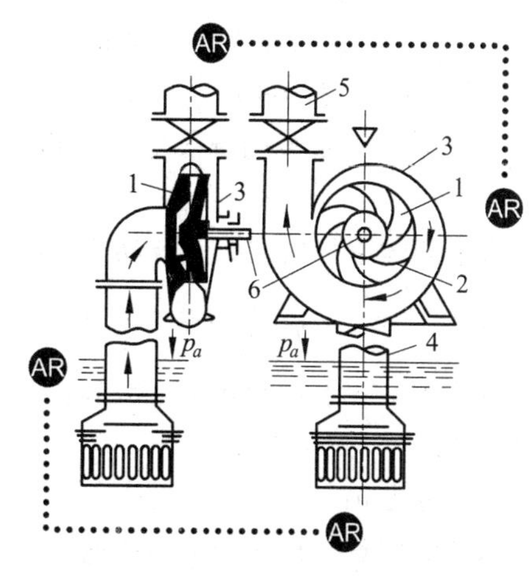


图 5-15

**2. 基本工作参数**

为了正确选用离心水泵，首先应该了解泵的基本工作参数，亦称泵的性能参数。

（1）流量 $Q$：

水泵的流量是指单位时间通过水泵的液体体积，它表示水泵的抽水能力。单位为升/秒（L/s），或米$^3$/秒（$m^3/s$），或米$^3$/小时（$m^3/h$）。

（2）扬程 $H$：

水泵的**扬程**是指水泵供给单位重量液体的能量。单位为米水柱（$mH_2O$）。

现分析水泵扬程在管路系统中的作用。以吸水池水面作为基准面。在吸水池水面 1-1 与压水池水面 2-2 间建立能量方程（见图 5-16）

$$z_1+\frac{p_1}{\gamma}+\frac{\alpha_1 v_1^2}{2g}+H=z_2+\frac{p_2}{\gamma}+\frac{\alpha_2 v_2^2}{2g}+h_w$$

上式为 1、2 两断面间有外界能量输入的能量方程（伯努利方程）。

$v_1\approx v_2\approx 0$，$p_1=p_2=p_a$，上式可写成

$$H=z_2-z_1+h_w=H_g+h_w \qquad (5\text{-}26)$$

式中　$H_g$——水泵抽水的**几何给水高度**，$H_g=z_2-z_1$。

上式表明，在管路系统中，水泵的扬程 $H$ 用于使水提升几何给水高度和克服管路中的水头损失。

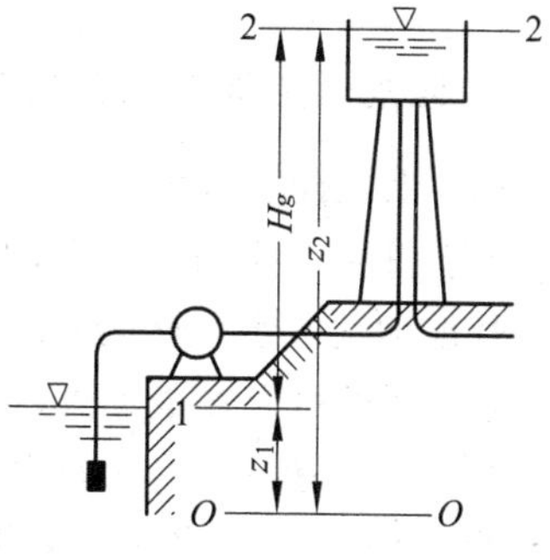

图 5-16

（3）功率：

水泵的功率分轴功率和有效功率。

**轴功率** $N_a$ 是指电动机传递给水泵的功率，即输入功率。单位为瓦（W），或千瓦（kW）。

在国际单位中，1 W=1 J/s，1J=1 N·m。上述符号中，W、J、s、N 和 m 分别表示瓦、焦耳、秒、牛顿和米。

**有效功率** $N_e$ 是指单位时间内液体从水泵中实际得到的机械能

$$N_e=\gamma QH \qquad (5\text{-}27)$$

式中　$\gamma$——水的容重（$kN/m^3$）；

$Q$——泵的抽水流量（$m^3/s$）；

$H$——泵的扬程（m）；

$N_e$——水泵的有效功率（kW）。

（4）效率：

水泵的**效率**是指它的有效功率与轴功率之比。即

$$\eta=\frac{N_e}{N_a} \tag{5-28}$$

现代离心式水泵的效率一般较高，大中型泵可达 80%～90%，小型离心式水泵的最高效率一般也在 70%左右。

（5）转速 $n$：

水泵的转速是指它的工作叶轮每分钟的转数。单位为转/分（r/min）。一般情况下（电压稳定）水泵的转速是固定的，如转速为 970、1 450、2 900 转/分（r/min）。

（6）允许吸水真空度 $[h_v]$：

水泵的吸水真空度，是指为防止水泵内气蚀发生而由实验确定的水泵进口的允许真空高度，简称**允许真空高度**，以 $[h_v]$ 表示，其单位为米水柱（$mH_2O$）。

气蚀现象：离心水泵工作时，在其进口处形成真空。为了使水泵正常工作，对水泵进口处的真空高度值是有限制的。当进口压强降低至该温度下的蒸汽压强时，水因汽化而生成大量气泡。气泡随着水流进入泵内高压部位受压缩而突然溃灭，周围的水流便以极大的速度向气泡溃灭点冲击。在该点造成高达近百个工程大气压以上的压强。这种集中在极小面积上的强大冲击力如作用在水泵部件的表面，就会使部件很快损坏。这种现象称为气蚀现象，简称气蚀。

为了防止在水泵内发生气蚀，水泵进口处的真空高度要有限制，规定等于或小于允许真空度 $[h_v]$。

### 3. 泵的性能曲线与工作点的确定

（1）水泵性能曲线：

在转速 $n$ 一定的情况下，水泵的扬程 $H$、轴功率 $N_a$、效率 $\eta$ 同流量 $Q$ 的关系曲线称为泵的性能曲线。水泵性能曲线通过实验确定，如图 5-17 所示。

水泵尽管可以在最小流量到最大流量之间任一点工作，但只有一个点的效率最高，水泵铭牌上所列的 $Q$、$H$ 值，就是指最高效率时的流量和扬程值，而铭牌所列出的 $N$ 值则是该台水泵要求的最大轴功率。通常水泵厂对每一台生产的泵规定一个许可工作的范围，并在扬程曲线上用记号标明此范围，水泵在这个范围内工作，才能保持较高效率。一般水泵厂还常将同一类型、不同容量水泵的性能曲线（许可工作范围段）绘在一张总图上，供用户选用。

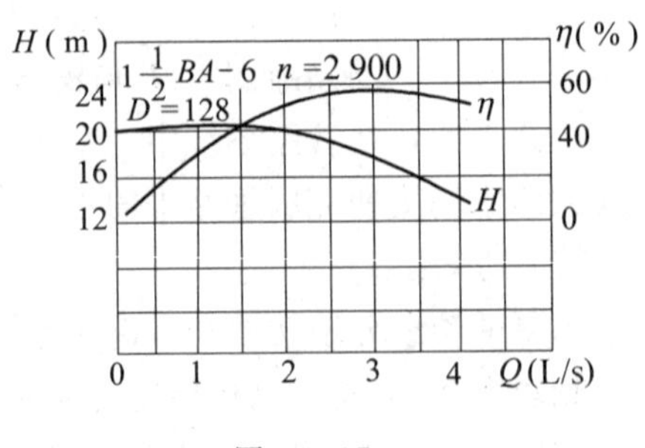


图　5-17

（2）管路特性曲线：

水泵总是与管路连接起来组成一个系统进行工作，因此，在考虑水泵性能曲线的同时还

应考虑管路的特性，才能最后确定水泵在系统中的实际工作情况。

把单位重量液体由吸水池抽升至压水池（见图 5-18），必然需要能量以抬高液体自身的几何高度 $H_g$ 和克服管路（包括吸水管、压水管）的沿程与局部的阻力。单位重量液体所需要的能量为

$$\begin{aligned} H &= H_g + h_W = H_g + \sum\lambda \frac{l}{d}\frac{v^2}{2g} + \sum\zeta\frac{v^2}{2g} \\ &= H_g + \left(\sum\lambda\frac{l}{d}\frac{1}{2gA^2} + \sum\zeta\frac{1}{2gA^2}\right)Q^2 \\ &= H_g + SQ^2 \end{aligned} \tag{5-29}$$

式中　$H_g$——水泵的几何给水高度（m）；

$Q$——水泵的抽水流量（$m^3/s$）；

$S$——管路系统的总阻抗，即 $S=\left(\sum\lambda\frac{l}{d}\frac{1}{2gA^2}+\sum\zeta\frac{1}{2gA^2}\right)$，其单位为秒²/米⁵（$s^2/m^5$）。

根据公式（5-29），当管路系统一定，以 $Q$ 为自变量，绘出 $H \sim Q$ 关系曲线，即为管路特性曲线，如图5-18所示。管路特性曲线表征该管路系统通过不同流量时，每单位重量液体由吸水池被升到压水池所需要能量的大小。

（3）工作点的确定：

水泵的 $Q$-$H$ 性能曲线表示泵的通过流量为 $Q$ 时，泵对单位重量液体能提供的能量为 $H$（即泵的扬程）。管路特性曲线表示使流量 $Q$ 通过该管路系统，每单位重量液体所需要的能量。如果把泵的 $H \sim Q$ 曲线和管路特性曲线按同一比例尺画在一张图上（见图 5-19），这两条曲线的交点 $A$ 就显示出了水泵在此管路系统中的工作情况，所以称 $A$ 为**水泵的工作点**。由图中可以明显地看出在工作点 $A$ 的流量下，管路所要求的水头恰恰与泵所能产生的水头相等。

综上所述，选用水泵可按所需供水量 $Q$ 及由式（5-26）计算出的扬程 $H$，查水泵产品目录。如所需 $Q$、$H$ 值在某水泵的 $Q$、$H$ 范围内，则此泵初选合适。然后，用该水泵性能曲线及管路特性曲线确定其工作点。若工作点在水泵最大效率点附近，说明所选用的水泵是合理的。

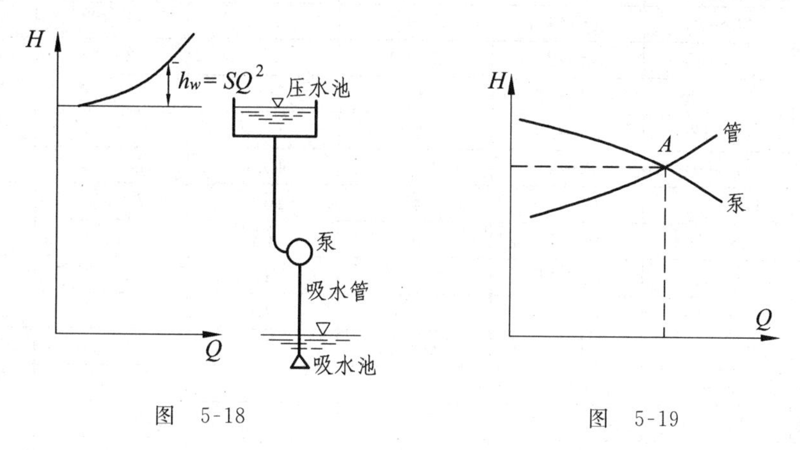


图　5-18　　　　图　5-19

**例 5-10**　由集水池向水塔供水（见图 5-16）。已知水塔高度 10 m，水塔水箱容量 50 $m^3$，水箱水深 2.5 m，水塔地面标高 101 m，集水池水面标高 94.5 m，管路（吸、压水管）为铸铁管，直径 100 mm，总长 200 m，要求水泵每次运转 2 h（2 h 使水箱贮满水），试选择水泵。

**解**

(1) 计算流量

$$Q=V/t=50/2=25\ \mathrm{m^3/h}=6.94\ \mathrm{L/s}=6.94\times10^{-3}\ \mathrm{m^3/s}$$

(2) 计算扬程

按长管路计算水头损失

$$h_W=kAlQ^2=1.04\times365.3\times200\times(0.00694)^2=3.66\ \mathrm{m}$$

将 $h_W$ 代入式（5-26）得

$$H=H_g+h_W=(101+10+2.5-94.5)+3.66=22.7\ \mathrm{m}$$

(3) 选择水泵及确定工作点

按所需流量 $Q=6.94$ L/s、扬程 $H=22.7$m，查表 5-5，选用一台 2BA-6 型泵。由泵性能曲线及按式（5-29）绘出管路特性曲线（见图 5-20），其交点即为水泵工作点：$Q=8.2$ L/s、$H=24.2$ m，该点效率 $\eta=64\%$。

(4) 电动机选择

由式（5-28）计算水泵的轴功率

$$N_a=\frac{\gamma QH}{\eta}=\frac{9.8\ \mathrm{kN/m^3}\times0.0082\ \mathrm{m^3/s}\times24.2\ \mathrm{m}}{0.64}=3.04\ \mathrm{kN\cdot m/s}=3.04\ \mathrm{kJ/s}=3.04\ \mathrm{kW}$$

选用电动机功率时，要考虑电动机过载的安全系数。最后本例题决定选用电动机功率为 4.5 kW。

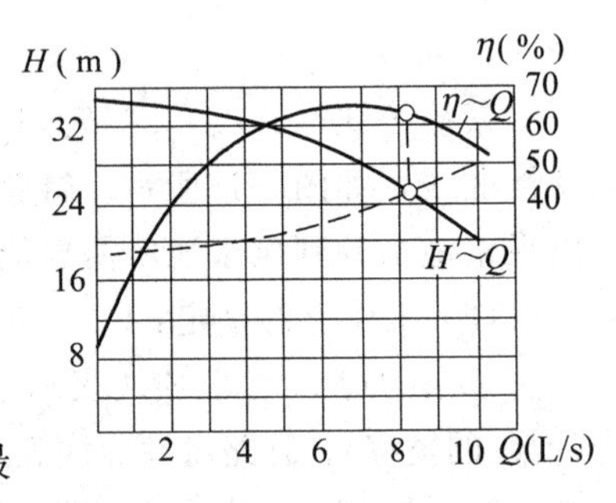


图 5-20

**表 5-5 部分国产离心泵工作性能表**

| 离心抽水机型号 | 流量 $Q$ (m³/h) | 扬程 $H$ m | 转速 $n$ (r/min) | 电动机功率 $N$ (kW) | 效率 $\eta$ (%) | 允许真空度 $h_v$ (m) |
|---|---|---|---|---|---|---|
| 2BA-6 | 10～30 | 32～24 | 2 900 | 4.5 | 60～64 | 8.7～5.7 |
| 2BA-9 | 11～25 | 21～16 | 2 900 | 2.8 | 56～66 | 8.0～6.0 |
| 3BA-6 | 30～70 | 62～44.5 | 2 900 | 20.0 | 55～64 | 77～4.7 |
| 3BA-9 | 30～55 | 33～28 | 2 900 | 7.0 | 62～68 | 7.0～3.0 |
| 4BA-6 | 65～135 | 98～73 | 2 900 | 55.0 | 63～66 | 7.1～4.0 |
| 4BA-12 | 65～120 | 38～28 | 2 900 | 14.0 | 72～75 | 6.7～3.3 |
| 4BA-18 | 65～110 | 23～17 | 2 900 | 10.0 | 75～74 | 5 |
| 6BA-18 | 126～187 | 14～10 | 1 450 | 10.0 | 78～74 | 6.0～5.0 |
| 6Sh-6 | 126～198 | 84～70 | 2 900 | 55 | 72 | 5 |
| 6Sh-9 | 130～220 | 52～35 | 2 900 | 40 | 74～67 | 5 |
| 6Sh-6 | 150～180 | 104～97 | 2 900 | 75 | 70～68 | 2～3.3 |
| 6SA-6B | 90～180 | 24～22 | 1 450 | 14 | 64～70 | 6.5 |
| 2DA-8（8 级） | 11～22 | 80～56 | 1 450 | 10 | 50 | 8 |
| 3DA-8（8 级） | 25～40 | 100～76 | 1 450 | 20 | 61～60 | 7.5 |
| 4DA-8（8 级） | 36～72 | 138～114 | 1 450 | 40 | 52～68 | 7 |
| 4DA-8（9 级） | 36～72 | 155～128 | 1 450 | 55 | 52～68 | 7 |

注 ① 本表所列的流量及扬程是指在水泵最高效率点附近的流量及扬程的范围。
② 选用 DA 型多级水泵时，如扬程不够，可增加级数，其扬程亦按比例增加。

## 第六节　有压管路中的水击现象

在有压管路系统中，由于阀门的突然关闭、水泵机组的突然停机等外界原因，使得管中水流速度发生突然变化，从而引起管中压强急剧升高和降低的交替变化，这种水力现象称为**水击**，或称**水锤**。水击引起的压强升高，可达管路正常工作压强的几十倍。这种大幅度的压强波动，往往引起管路强烈振动，阀门损坏，管路接头断开，甚至爆管等重大事故。

水击或水锤现象不仅在有压输水管路中发生，在气体管路中也发生类似现象。如在长隧道施工的压入式长风管通风系统中，因通风机的突然启动亦会产生气锤现象，并在与通风机出口相接的风管起始段内产生很大的气锤压强[12]。

### 1. 水击产生的原因

现以简单管道阀门突然关闭为例说明水击发生的原因。设简单管道长度为 $l$，直径为 $d$，阀门关闭前管中断面平均流速为 $v_0$，正常流动时阀门处的压强为 $p_0$，如图 5-21 所示。如阀门突然关闭，则紧靠阀门的一层水突然停止流动，速度为 $v_0$ 骤变为零。根据动量定律，单位时间内流体动量的变化等于作用在该流体上的外力。这外力是阀门对水的作用力。因外力作用，紧靠阀门这一层水的压强突然升至 $p_0+\Delta p$，升高的压强 $\Delta p$ 称为水击压强。

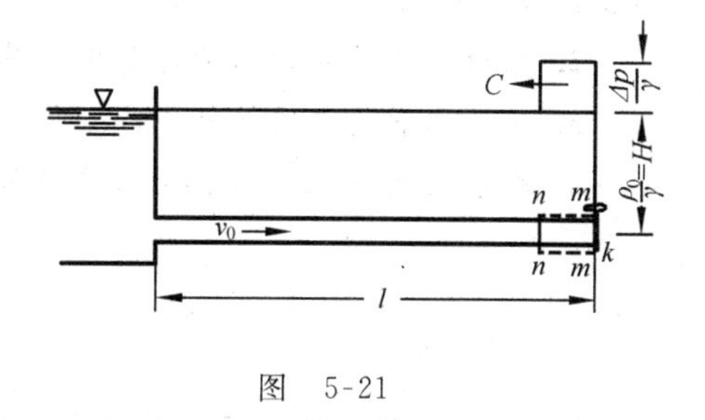


图　5-21

在水击的传播过程中，管道各断面的流速和压强皆随时间周期性的升高、降低，所以水击过程是非恒定流动。

如果水击传播过程中没有能量损失，水击波将一直周期性地传播下去。但实际上，水在运动过程中因水的黏性摩擦及水和管壁的变形作用，能量不断损失，因而水击压强迅速衰减。

### 2. 水击压强的计算

因为水击是非恒定流，在推导水击压强公式时，不能直接应用第三章中恒定总流的动量方程，而采用理论力学中的动量定律进行推导。详细推导见本书参考文献 [1]。

当管道中阀门（见图 5-21）瞬时完全关闭（即 $v=0$），可导得水击压强最大值计算公式

$$\Delta p=\rho c v_0$$

或

$$\frac{\Delta p}{\gamma}=\frac{c v_0}{g} \tag{5-30}$$

式中　$\Delta p$——水击压强（$N/m^2$ 或 Pa）；

$\rho$——水的密度（$kg/m^3$）；$\gamma=\rho g$ 为水的容重（$N/m^3$）；

$v_0$——水击前管中断面平均流速（m/s）；

$c$——水击波的传播速度（m/s）。对于一般钢管或给水铸铁管，$c\approx 1\,000$ m/s。

例如，阀门关闭前管中断面平均流速为 1 m/s，则阀门突然关闭引起的水击压强最大值由式（5-30）计算得 $\Delta p=1\,000\ kN/m^2=1\,000$ kPa，或$\frac{\Delta p}{\gamma}=102\ mH_2O$，可见水击压强是很大的。

**3. 水击危害的预防**

为了预防水击的危害，可采取如下措施：在管路上设置水击消除阀（类似于安全阀）；在水电站的有压输水管路上设置调压塔或缩短有压管路的长度（如用明渠代替）；延长管路阀门的关闭时间；减少管内流速（如管径加大）等均是预防水击造成危害的技术措施。

为了预防或减少长风管的气锤危害，可采取如下措施：风机采用变频电机启动，使长风管中的风量、风压逐渐达到正常工作状态，从而避免因风机突然启动所产生的气锤压强的严重影响；在长风管通风系统中，若需设立多台风机串联时，可采用风机隔断串联安装，这样可使得与每台风机相接的风管长度减少，从而减少气锤压强对风管系统的影响。

## 思 考 题

**1.** 在相同直径、相同作用水头下的圆柱形外管嘴出流与孔口出流相比，阻力增大，但其出流流量反而增大，为什么？

**2.** 在短管与长管的水力计算中，其计算内容和理论依据有没有实质性的差别？为什么？

**3.** 在枝状管网水力计算中，如何选择控制点（水头最不利点）？

**4.** 水泵的扬程在管路水流系统中起什么作用？如何测量？

## 习 题

**5-1** 一薄壁孔口出流如图所示。孔口直径 $d=2$ cm，水箱水位恒定，孔口的作用水头 $H=2$ m。试确定：

（1）孔口出流流量 $Q$（L/s）；

（2）此孔口外接圆柱形管嘴的流量 $Q_n$（L/s）；

（3）管嘴收缩断面的真空度 $\frac{p_v}{\gamma}$（$mH_2O$）。

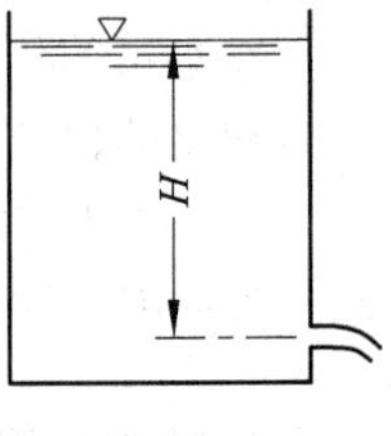

题 5-1 图

**5-2** 有一平底空船（见图示），其水平面积 $\Omega=8\ m^2$，船舷高 $h=0.5$ m，船自重 $G=9.8$ kN。现船底有一直径为 10 cm 的破孔，水自圆孔漏入船中，试问经过多少时间后船将沉没。

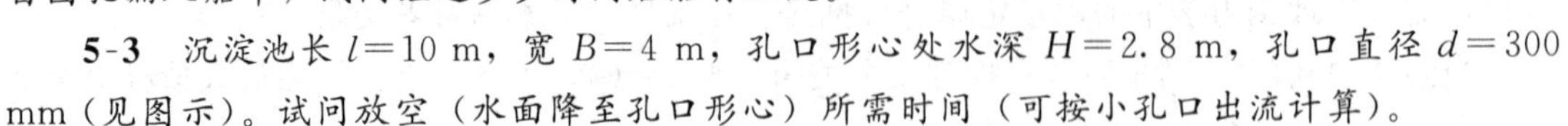

**5-3** 沉淀池长 $l=10$ m，宽 $B=4$ m，孔口形心处水深 $H=2.8$ m，孔口直径 $d=300$ mm（见图示）。试问放空（水面降至孔口形心）所需时间（可按小孔口出流计算）。

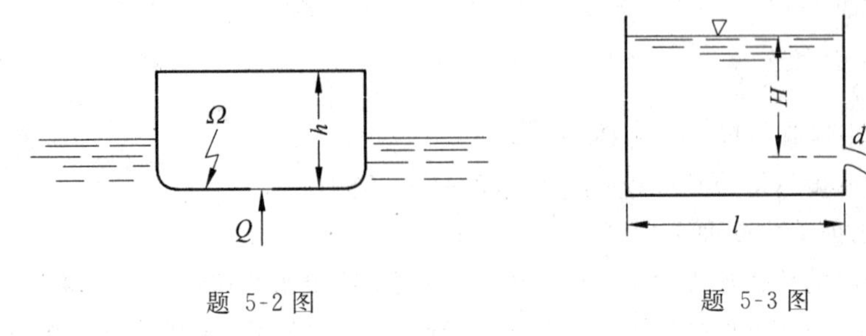


题 5-2 图　　　　题 5-3 图

**5-4** 蒸汽机车的煤水车如图所示由一直径 $d=150$ mm，长 $l=80$ m 的管道供水。该管道中共有两个闸阀和四个 90°弯头（$\lambda=0.03$，闸阀全开 $\zeta_v=0.12$，弯头 $\zeta_b=0.48$）。此处进口$\zeta_c=0.5$。已知煤水车的有效容积$V=25\ m^3$，水塔具有水头$H=18\ m$。试求煤水车充满水所需的最短时间。

**5-5** 抽水量各为$50\ m^3/h$两台水泵，同时由吸水井中抽水，该吸水井与河道间有一根自流管连通如图所示。已知自流管管径$d=200\ mm$，长$l=60\ m$，管道的粗糙系数$n=0.011$，在管的入口装有过滤网，其阻力系数$\zeta_i=5$，另一端装有闸阀，其阻力系数$\zeta_e=0.5$，试求井中水面比河面低多少。

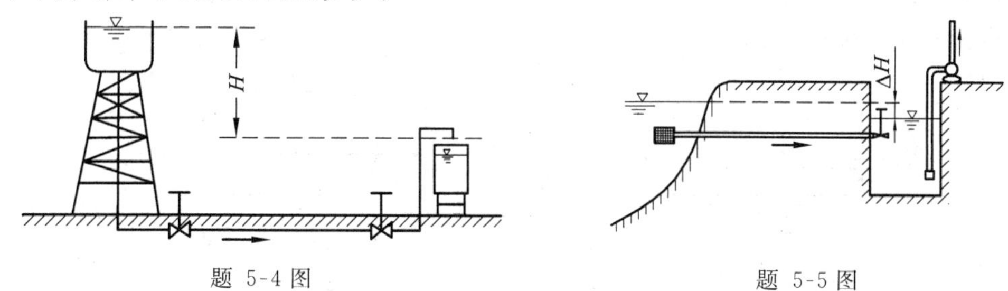


题 5-4 图　　　　题 5-5 图

**5-6** 一下水道穿过河流时采用倒虹吸管如图所示。已知污水流量$Q=0.1\ m^3/s$，管路沿程阻力系数$\lambda=0.03$，局部阻力系数$\zeta_i=0.6$，$\zeta_b=0.5$，管长$l=50\ m$。为避免污物在管中沉积，管中流速应大于$1.2\ m/s$，倒虹吸管进、出口的流速$v_0=0.8\ m/s$。试确定：倒虹吸管的直径及倒虹吸管两端的水位差$H$。

**5-7** 用虹吸管（钢管），自钻井输水至集水井如图所示。虹吸管长$l=l_1+l_2+l_3=60\ m$，直径$d=200\ mm$，钻井与集水井间的恒定水位高差$H=1.5\ m$。试求流经虹吸管的流量。已知管道粗糙系数$n=0.012\ 5$，管道进口、弯头及出口的局部阻力系数分别为$\zeta_e=0.5$、$\zeta_b=0.5$、$\zeta_0=1.0$。

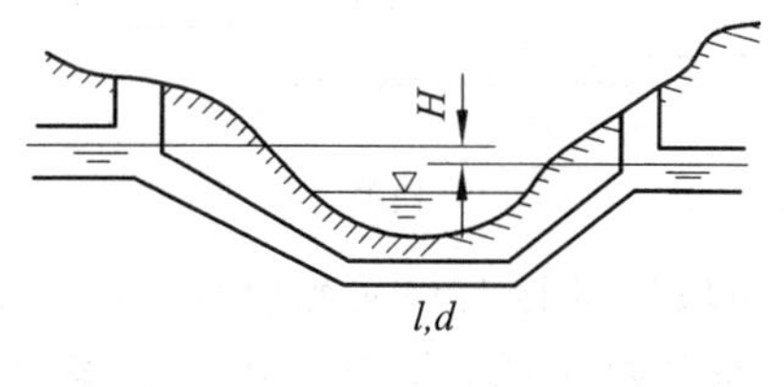


题 5-6 图

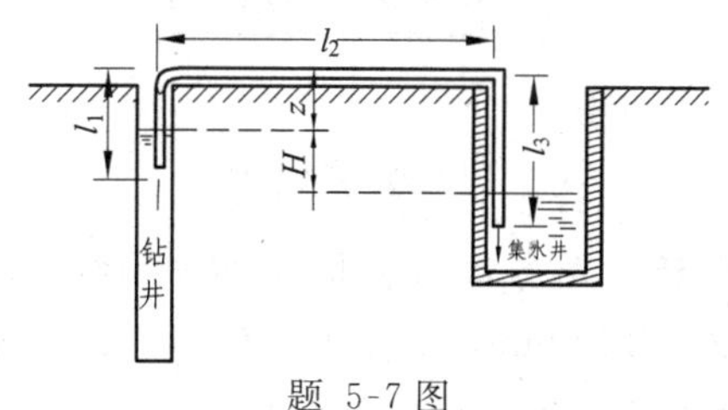


题 5-7 图

**5-8** 有一虹吸管（见图示），已知$H_1=2.5\ m$，$H_2=2\ m$，$l_1=5\ m$，$l_2=5\ m$。管道沿程阻力系数$\lambda=0.02$，进口设有滤网，其局部阻力系数$\zeta_e=10$，弯头阻力系数$\zeta_b=0.15$。试求 ① 通过流量为$0.015\ m^3/s$时，所需管径；② 校核虹吸管最高处$A$点的真空高度是否超过允许的6.5 m水柱高。

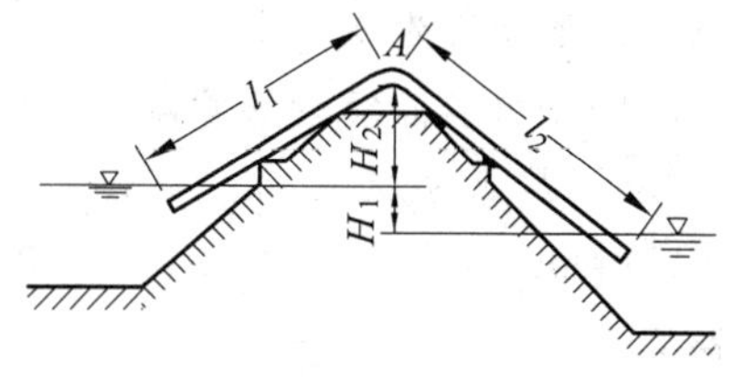


题 5-8 图

**5-9** 以铸铁管供水，已知管长$l=300\ m$，$d=200\ mm$，水头损失$h_f=5.5\ m$，试决定其通过流量$Q_1$。又如水头损失$h_f=1.25\ m$，求所通过的流量$Q_2$。

**5-10** 某工厂供水管道如图所示，由水泵$A$向$B$、$C$、$D$三处供水。已知流量$Q_B=0.01\ m^3/s$，$Q_C=0.005\ m^3/s$，$Q_D=0.01\ m^3/s$，铸铁管直径$d_{AB}=200\ mm$，$d_{BC}=150\ mm$，$d_{CD}=100\ mm$，管长$l_{AB}=350\ m$，$l_{BC}=450\ m$，

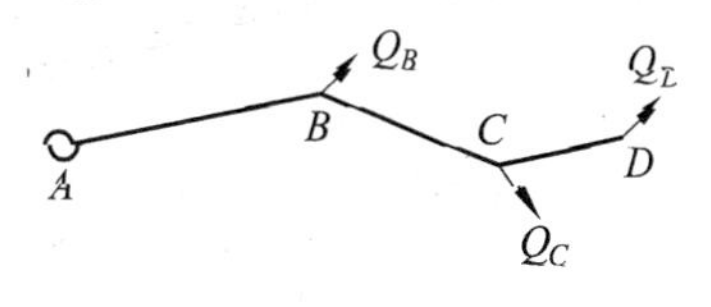


题 5-10 图

$l_C D$=100 m。整个场地水平，试求水泵出口处所需的水头。

**5-11** 有一中等直径钢管并联管路（如图所示），流过的总流量为 0.08 $m^3/s$，钢管的直径 $d_1$=150 mm，$d_2$=200 mm，长度 $l_1$=500 m，$l_2$=800 m。求并联管中的流量 $Q_1$，$Q_2$；A、B 两点间的水头损失。

**5-12** 沿铸铁管 $AB$ 送水，在点 $B$ 分成三根并联管路（见图示），其直径 $d_1=d_3$=300 mm，$d_2$=250 mm，长度 $l_1$=100 m，$l_2$=120 m，$l_3$=130 m，$AB$ 段流量 $Q$=0.25 $m^3/s$，试计算每一根并联管路通过的流量。

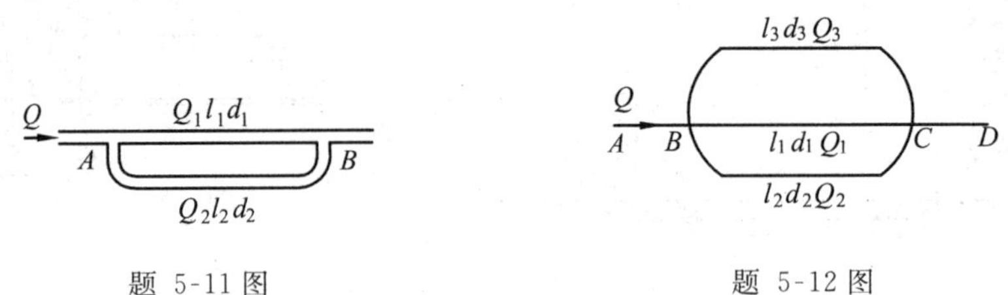


题 5-11 图　　题 5-12 图

**5-13** 并联管路如图所示，已知干管流量 $Q$=0.10 $m^3/s$；长度 $l_1$=1 000 m，$l_2=l_3$=500 m；直径 $d_1$=250 mm，$d_2$=300 mm，$d_3$=200 mm，如采用铸铁管，试求各支管的流量及 $AB$ 两点间的水头损失。

**5-14** 在长为 $2l$，直径为 $d$ 的管路上，并联一根直径相同，长为 $l$ 的支管（如图中虚线所示），若水头 $H$ 不变，求并管前后流量之比（不计局部水头损失）。

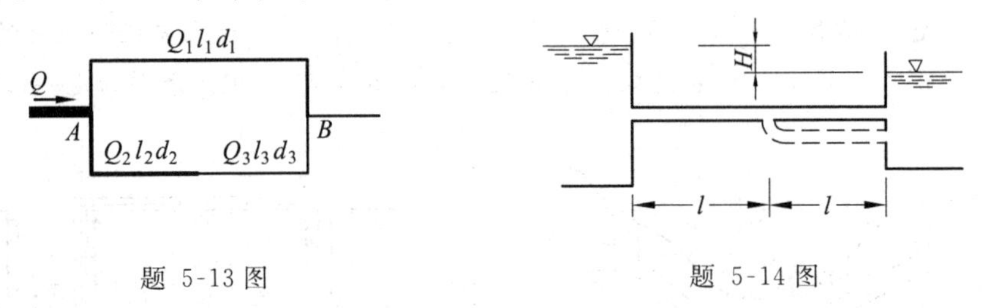


题 5-13 图　　题 5-14 图

**5-15** 两水池间水位差 $H$=8 m，如水池间并联两根标高相同的管路，直径 $d_1$=50 mm，$d_2$=100 mm，长度 $l_1=l_2$=30 m。试求 ① 每根管路通过的流量。② 如改为单管，通过的总流量及管长均不变，求单管的直径。假设各种情况下的局部水头损失均为 $0.5v^2/2g$，沿程阻力系数均为 0.032。

**5-16** 由水塔经铸铁管路供水如图所示，已知 $C$ 点流量 $Q$=0.01 $m^3/s$，要求自由水头 $H_z$=5 m，$B$ 点分流量 $q_B$=5 L/s。各管段管径 $d_1$=150 mm、$d_2$=100 mm、$d_3$=200 mm、$d_4$=150 mm，管长 $l_1$=300 m、$l_2$=400 m、$l_3=l_4$=500 m，试求并联管路内的流量分配及所需水塔高度。

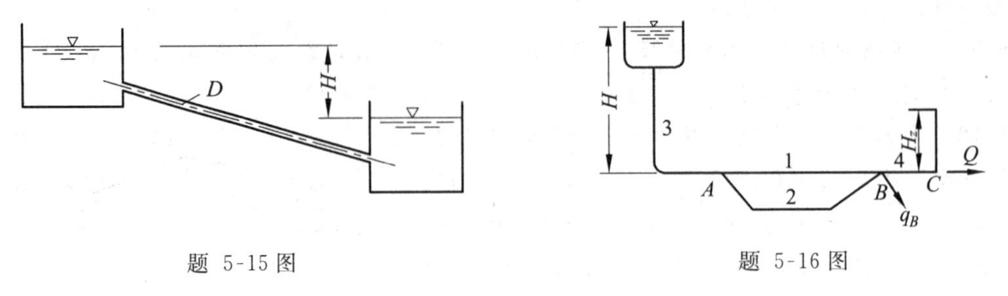


题 5-15 图　　题 5-16 图

**5-17** 由一台水泵把进水池中的水抽到水塔中去（见图示），抽水量为 70 L/s，管路总长（包括吸、压水管）为 1 500 m，管径 $d$=250 mm，沿程阻力系数 $\lambda$=0.025，水池水面距水塔水面的高度差 $H_g$=20 m，试求水泵的扬程及电机功率（已知水泵的效率 $\eta$=55%）。

**5-18** 某隧道施工用水，由水泵把河水抽送至山上蓄水池中。已知几何给水高度 $H_g$=70 m，抽水量 $Q$=12.5 m$^3$/h，压水管长 $l_1$=110 m，吸水管长 $l_2$=10 m，采用直径 $d$=75 mm铸铁管，试选用水泵。

［附］国产 2DA-8 型离心泵的特性曲线（见图示），图中系一级水泵的性能，级数（即叶轮的数）增加时，流量不变，但扬程按比例增加。

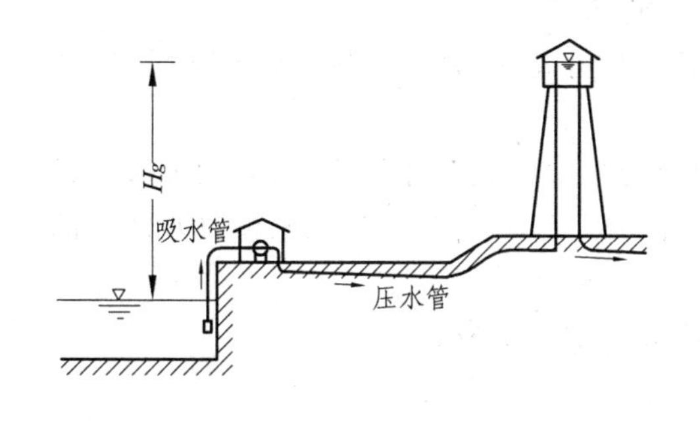


题 5-17 图

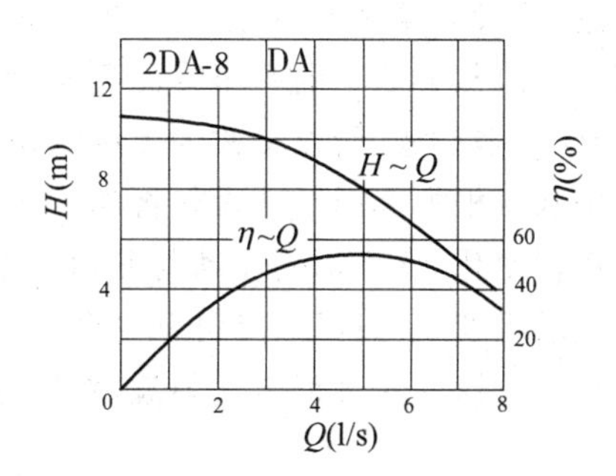


题 5-18 图

# 第六章　明渠恒定流

明渠是一种具有自由表面水流的渠道。根据它的形成可分为天然明渠和人工明渠。前者如天然河道；后者如输水渠道、运河及未充满水流的管道等。

明渠水流与上章中的有压管流不同，因其具有自由表面，表面上各点受当地大气压强的作用，其相对压强为零，所以又称为无压流动。

明渠水流根据其运动要素是否随时间变化分为恒定流动与非恒定流动。根据其运动要素是否随流程变化，分为均匀流动与非均匀流动。在明渠非均匀流中，根据水流过水断面的面积和流速在沿程变化的程度，又可分为渐变流动和急变流动。

本章首先讨论明渠恒定均匀流，然后讨论明渠恒定非均匀流。

## 第一节　明渠的分类

由于过水断面形状、尺寸与底坡的变化对明渠水流运动有着重要影响，因此在水力学中把明渠分为以下类型：

### 1. 棱柱形渠道与非棱柱形渠道

凡断面形状、尺寸及底坡沿程不变的长直渠道，称为**棱柱形渠道**，否则为**非棱柱形渠道**。前者的过水断面面积 $A$ 仅随水深 $h$ 而变化，即 $A=f(h)$。后者的过水断面面积不仅随着水深变化，而且还随着各断面的沿程位置而变化，也就是说，过水断面 $A$ 的大小是水深 $h$ 及其水流沿程距离 $s$ 的函数，即 $A=f(h,s)$。断面规则的长直人工渠道及涵洞是典型的棱柱形渠道。在实际计算时，对于断面形状及尺寸沿程变化较小的河段，可按棱柱形渠道来处理。而连接两条断面形状和尺寸不同的渠道的过渡段，则是典型的非棱柱形渠道。

至于渠道的断面形状有梯形、矩形、圆形和抛物线形等多种，如图 6-1 所示。

### 2. 顺坡、平坡和逆坡渠道

明渠底一般是个斜面。在纵剖面上，渠底便成一条斜直线，这一斜线即渠道底线的坡度便是渠道底坡 $i$。

一般规定：渠底标高沿程降低的底坡为正坡，即 $i>0$，称为顺坡；渠底水平时，$i=0$，称为平坡；渠底标高沿程升高时为负坡，即 $i<0$，称为逆坡，如图 6-2 所示。

渠道底坡 $i$ 是指渠底的高差 $\Delta z$ 与相应渠道长度 $l$ 的比值，故有

$$i=-\frac{\Delta z}{l}=\sin\theta \tag{6-1}$$

式中　　$\theta$—— 渠底线与水平线间的夹角，如图 6-3 所示。

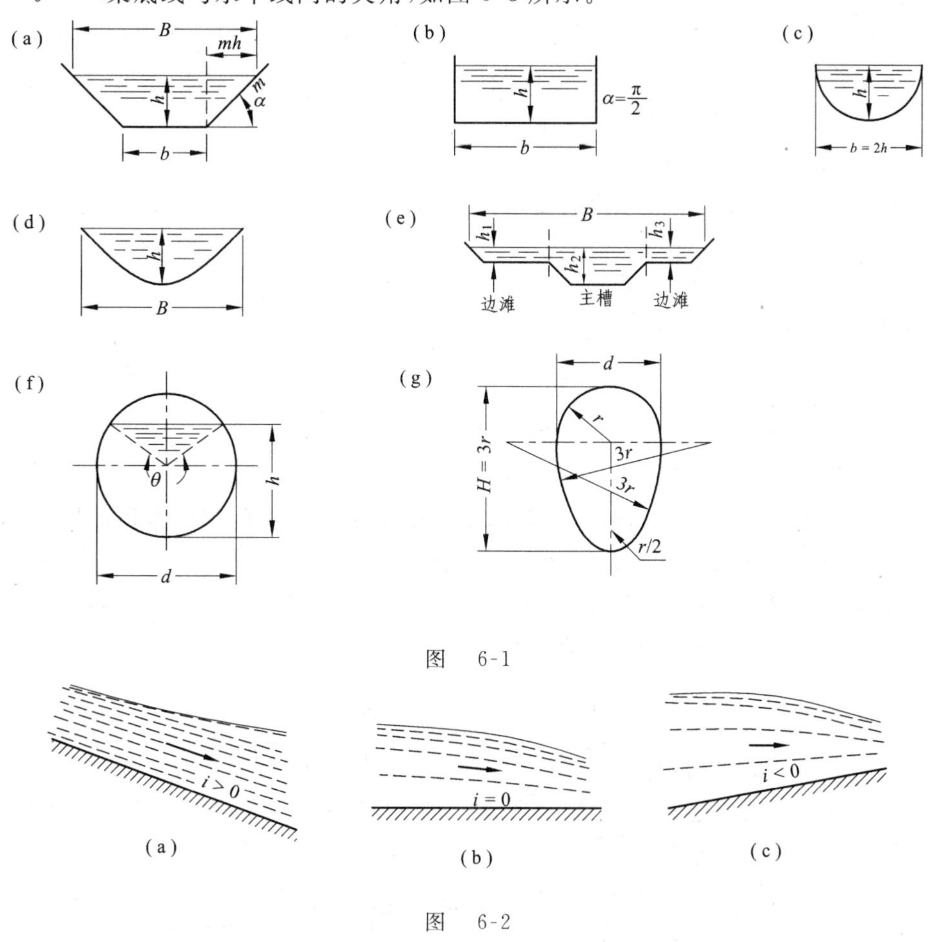


图　6-1

图　6-2

通常土渠的底坡很小，即 $\theta$ 角很小，渠道底线沿水流方向的长度 $l$，在实用上可认为与它的水平投影长度 $l_x$ 相等。即

$$i \approx -\frac{\Delta z}{l_x} = \tan\theta \qquad (6\text{-}2)$$

式中　　$l_x$—— 渠底的水平投影长度。

另外，在渠道底坡微小的情况下，水流的过水断面同在水流中所取的铅垂断面，在实用上可以认为没有差异，因此过水断面可取铅垂的，水流深度可用铅垂线来量取(见图 6-3)。

总水头线 坡度$J$

$\frac{\alpha v^2}{2g}$

水面线（测压管线）坡度$J_p$

$h_0$

$v$

渠道底线

$\theta$ 坡度 $i = \sin\theta \approx \tan\theta$

图　6-3

## 第二节　明渠均匀流的特征

### 1. 水力特征

前已指出，均匀流动是指水流运动要素沿程不变的流动，明渠均匀流就是明渠中的水深、断面平均流速、流速分布等均保持沿程不变的流动，其流线为一组与渠底平行无弯曲的直线。

在明渠均匀流中，由于水深沿程不变，水面线与渠底线平行；又由于流速水头沿程不变，总水头线与水面线平行，如图 6-3 所示。也就是说，明渠均匀流的总水头线坡度、测压管水头线（即水面线）坡度和渠底坡度彼此相等，即

$$J = J_p = i \tag{6-3}$$

式中　$J$—— 总水头线坡度或水力坡度，根据定义为

$$J = -\Delta\left(z + \frac{p}{\gamma} + \frac{av^2}{2g}\right)/l = h_W/l = h_f/l \approx h_f/l_x$$

$J_p$—— 测压管水头线坡度，为

$$J_p = -\Delta\left(z + \frac{p}{\gamma}\right)/l \approx \Delta\left(z + \frac{p}{\gamma}\right)/l_x$$

$i$—— 渠底坡度，根据定义 $\theta$ 角较小时为

$$i = -\Delta z/l = \sin\theta \simeq \tan\theta = -\Delta z/l_x$$

明渠均匀流既然是等速直线流动，没有加速度和减速度，则作用在水体上的力必然是平衡的。在图 6-4 所示的均匀流动中取出断面 1-1 和断面 2-2 之间的水体进行分析，作用在水体上的力有重力 $G$、阻力 $F$、两端断面上的水压力 $P_1$ 和 $P_2$，根据力的平衡原理，在水流方向上有

$$P_1 + G\sin\theta - F - P_2 = 0 \tag{6-4}$$

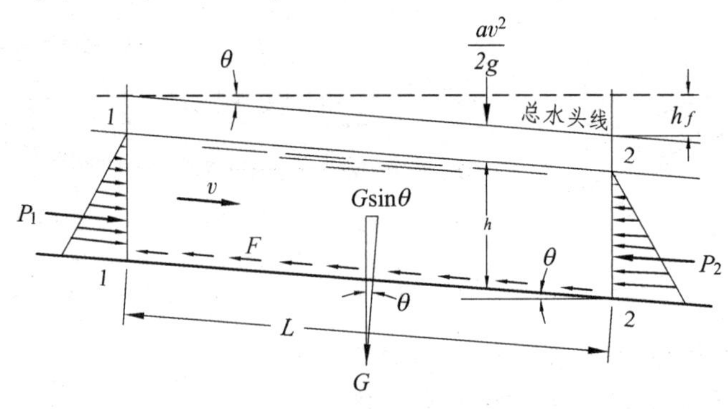


图　6-4

因为是均匀流动，其压强符合静水压强分布规律，水深沿程又不变，故水的总压力 $P_1$ 和 $P_2$ 大小相等，方向相反，互相抵消。因此从上式得

$$G\sin\theta = F \tag{6-5}$$

上式表明，明渠均匀流中阻碍水流运动的摩擦阻力 $F$ 与使水流运动的重力在水流方向上的分力（即推力）$G\sin\theta$ 相平衡。同时还说明了反映水流推力的底坡 $\sin\theta = i$ 和反映对水流的摩擦阻力的粗糙系数 $n$ 必须沿程不变才能维持明渠均匀流。

**2. 形成条件**

由于明渠均匀流动具有上述三个坡度相等及两力相平衡的水力特征，它的形成就需要一定的条件。这些形成条件为：明渠中的水流必须是恒定流动；流量保持不变，沿程没有水流分出或汇入；明渠必须是长而直的顺坡（$i > 0$）棱柱形渠道，即要求坡度 $i$ 沿程不变；渠道粗糙情况沿程不变，且没有建筑物的局部干扰。

明渠水流由于受各种条件的限制，往往难以完全实现均匀流动，因而在实际中大多为明渠非均匀流动。但是，对于顺直的正底坡棱柱形明渠，只要有足够的长度，总是有形成均匀流动的趋势。例如，由于边界条件的控制，若明渠内水深小于均匀流水深(称为**正常水深**)，则这时重力作用因水深减小而相应减小，但平均流速却大于均匀流动时的平均流速。明渠水流多处于完全紊流区，水流阻力与流速平方成正比。这样，阻力就大于重力沿水流方向的分力，促使水流作减速运动，随着流速的减小，阻力相应减小，水深不断增加，经过一段流程，重力的分力与阻力在新的状态下达到平衡，水深等于正常水深。所以，只要棱柱形渠道有足够长，又没有其他干扰，明渠非均匀流的趋势总是向均匀流动发展的。

人工明渠一般都尽量使其顺直，基本上能按均匀流的形成条件来设计。天然河道中一般不容易形成均匀流，但对于某些顺直整齐的河段，可近似按均匀流计算。因此，明渠均匀流理论是进一步研究明渠非均匀流的基础。

## 第三节　明渠均匀流的基本关系式

明渠水流一般属于紊流阻力平方区。明渠均匀流水力计算的基本公式是连续方程和谢才(Antoine Chezy)公式

$$Q = Av \tag{6-6}$$

$$v = C\sqrt{RJ} \tag{6-7}$$

式中　$Q$—— 流量($m^3/s$)；

$v$—— 过水断面的平均流速(m/s)；

$A$—— 过水断面的面积($m^2$)；

$R$—— 水力半径(m)；

$J$—— 水力坡度；

$C$—— 水流的流速系数，亦称谢才系数($m^{0.5}/s$)。

由于在明渠均匀流中，水力坡度 $J$ 与渠底坡度 $i$ 相等，故谢才公式亦可写成

$$v = C\sqrt{Ri} \tag{6-8}$$

由此得流量算式

$$Q = Av = AC\sqrt{Ri} = K\sqrt{i} = K\sqrt{J} \tag{6-9}$$

式中　$K$—— 明渠水流的**流量模数**，它的单位与流量相同。

$$K = AC\sqrt{R} \quad m^3/s \tag{6-10}$$

式(6-9)便是明渠均匀流水力计算的**基本关系式**。

在明渠均匀流的情况下，水深为正常水深 $h_0$，相应的过水断面面积为 $A_0$，水力半径为 $R_0$，谢才系数为 $C_0$，则流量模数为 $K_0 = A_0C_0\sqrt{R_0}$。

均匀流公式中的谢才系数在前两章中已提到，通常采用曼宁(Robert Manning)公式和巴甫洛夫斯基(Н. Н. Павловский)公式来确定，即

$$C = \frac{1}{n}R^{1/6} \tag{6-11}$$

或
$$C = \frac{1}{n}R^{y} \tag{6-12}$$

而
$$y = 2.5\sqrt{n} - 0.13 - 0.75\sqrt{R}(\sqrt{n} - 0.10)$$

谢才系数 $C$ 是反映断面形状尺寸和粗糙程度的一个综合系数。式中表明，$C$ 与过水断面的水力半径 $R$ 和粗糙系数 $n$ 有关，而 $n$ 值的影响远比 $R$ 值大。因此，正确地选择渠道壁面的粗糙系数 $n$ 对于渠道水力计算成果和工程造价的影响颇大。对于一些重要河渠工程的 $n$ 值，有时要通过试验或实测来确定，对于一般的工程计算，可选用附录 Ⅱ 表中数值。应用巴甫洛夫斯基公式即式(6-12) 时，还可借助附录 Ⅲ 表。

## 第四节　明渠水力最优断面和允许流速

### 1. 水力最优断面

明渠均匀流输水能力的大小取决于渠道底坡、粗糙系数以及过水断面的形状和尺寸。在设计渠道时，底坡 $i$ 一般随地形条件而定，粗糙系数 $n$ 取决于渠壁材料，于是，渠道输水能力 $Q$ 只取决于断面大小和形状。当 $i$、$n$ 及 $A$ 大小一定，使渠道所通过的流量最大的那种断面形状称为**水力最优断面。**

将曼宁公式(6-11) 代入明渠均匀流基本关系式后，则有

$$Q = Av = AC\sqrt{Ri} = A\left(\frac{1}{n}R^{1/6}\right)\sqrt{Ri}$$

$$= \frac{1}{n}AR^{2/3}i^{1/2} = \frac{1}{n}\frac{A^{5/3}}{\chi^{2/3}}i^{1/2}$$

上式表明，当 $i$、$n$ 及 $A$ 给定，则水力半径 $R$ 最大或湿周 $\chi$ 最小的断面能通过最大的流量。当面积 $A$ 为定值，边界最小的几何图形是圆形。在天然土壤中开挖的渠道，一般采用梯形断面，如图 6-5 所示。现来讨论梯形断面的水力最优条件。梯形断面面积的大小由底宽 $b$、水深 $h$ 及边坡系数 $m$ 决定。而边坡系数 $m$ 一般是由边坡的土壤稳定要求和施工条件确定。因此下面将讨论在已定边坡 $m$ 的前提下梯形断面的水力最优条件。

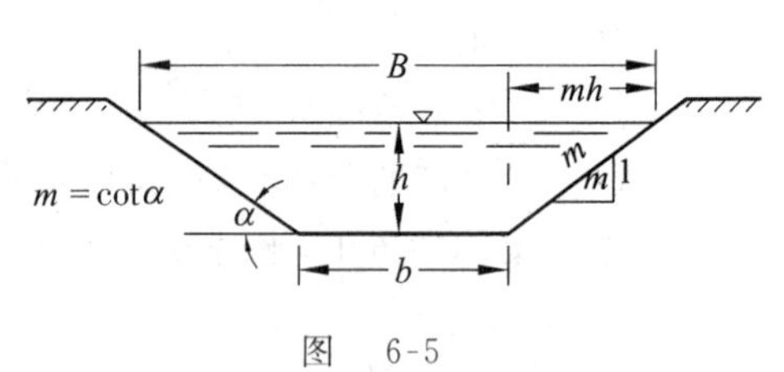


图　6-5

从图 6-5 知，梯形断面面积 $A = (b + mh)h$，解得 $b = A/h - mh$，而湿周为

$$\chi = b + 2h\sqrt{1 + m^2} = \frac{A}{h} - mh + 2h\sqrt{1 + m^2} \tag{6-13}$$

根据上述水力最优断面的定义，当 $i$、$n$ 及 $A$ 一定，湿周最小时，通过的流量最大。因此对上式求 $\chi = f(h)$ 的极小值。令

$$\frac{\mathrm{d}\chi}{\mathrm{d}h} = -\frac{A}{h^2} - m + 2\sqrt{1 + m^2} = 0 \tag{6-14}$$

再求二阶导数，得

$$\frac{d^2\chi}{dh^2}=2\frac{A}{h^3}>0$$

故有湿周最小值 $\chi_{min}$ 存在。现解式(6-14)，并以 $A=(b+mh)h$ 代入，便可得到梯形水力最优断面的宽深比 $\beta_h$ 值(注:凡带有下角标 $h$ 的值，均为水力最优的水力要素值)，即梯形过水断面的水力最优条件为

$$\beta_h=\left(\frac{b}{h}\right)_h=2(\sqrt{1+m^2}-m) \tag{6-15}$$

由此可见，梯形水力最优断面的宽深比 $\beta_h$ 仅是边坡系数 $m$ 的函数。至于明渠矩形过水断面的水力最优条件可从上式直接得出，因为矩形断面是梯形断面在 $m=0$ 时的一个特例。因此，将 $m=0$ 代入式(6-15)得

$$\beta_h=\left(\frac{b}{h}\right)_h=2 \tag{6-16}$$

说明矩形水力最优断面的底宽 $b$ 为水深 $h$ 的两倍。

水力最优断面是仅从水力学观点对明渠断面形状的讨论，在工程实践中还必须依据造价、施工技术、输水要求和维修养护等各方面条件来综合考虑和比较，最后选出技术先进且经济合理的明渠最优过水断面。

### 2. 渠道的允许流速

一条设计得合理的渠道，除了考虑上述过水断面的水力最优条件及经济因素外，还应使渠道的设计流速不应大到使渠床遭受冲刷，也不可小到使水中悬浮的泥沙发生淤积，而应是不冲、不淤的流速。因此在设计中，要求渠道的断面平均流速 $v$ 在不冲、不淤的允许流速范围内，即

$$[v]_{max}>v>[v]_{min} \tag{6-17}$$

式中　$[v]_{max}$——渠道免遭冲刷的最大允许流速，简称不冲允许流速；

$[v]_{min}$——渠道免受淤积的最小允许流速，简称不淤允许流速。

渠道的不冲允许流速(即最大允许流速)$[v]_{max}$ 的大小取决于土质情况、渠道的衬砌材料，以及渠道的通过流量等因素。表 6-1、表 6-2 为我国水利部门调查和总结的各种渠道免遭冲刷的最大允许流速，可供设计明渠时选用。

**表 6-1　坚硬岩石和人工护面渠道的不冲允许流速**

| 不冲允许流速(m/s)　渠道流量($m^3$/s)　岩石或护面种类 | <1 | 1～10 | >10 |
|---|---|---|---|
| 软质沉积岩(泥灰岩、页岩、软砾岩) | 2.5 | 3.0 | 3.5 |
| 中等硬质水成岩(致密砾岩、多孔石灰岩、层状石灰岩、白云石灰岩、灰质砂岩) | 3.5 | 4.25 | 5.0 |
| 硬质水成岩(白云砂岩、硬质石灰岩) | 5.0 | 6.0 | 7.0 |
| 结晶岩、火成岩 | 8.0 | 9.0 | 10.0 |
| 单层块石铺砌 | 2.5 | 3.5 | 4.0 |
| 双层块石铺砌 | 3.5 | 4.5 | 5.0 |
| 混凝土护面(水流中不含砂和砾石) | 6.0 | 8.0 | 10.0 |

为了防止植物在渠道中滋生、淤泥或沙的沉积，渠道中的水流断面平均流速应分别大于其不淤允许流速(即最小允许流速)$[v]_{min}$，其中$[v]_{min}$ 为 0.6 或 0.4 m/s。

**表 6-2　土质渠道的不冲允许流速**

<table>
<tr><th>均质黏性土质</th><th colspan="2">不冲允许流速(m/s)</th><th>说　明</th></tr>
<tr><td>轻壤土</td><td colspan="2">0.6 ～0.8</td><td rowspan="14">(1) 均质黏性土质渠道中各种土质的干容重为 12 740 ～16 660 N/m³。<br>(2) 表中所列为水力半径 $R=1.0$ m 的情况，如 $R\neq 1.0$ m 时，则应将表中数值乘以 $R^a$ 才得相应的不冲允许流速值。对于砂、砾石、卵石、疏松的壤土、黏土 $a=\frac{1}{3}\sim\frac{1}{4}$；对于密实的壤土、黏土 $a=\frac{1}{4}\sim\frac{1}{5}$</td></tr>
<tr><td>中壤土</td><td colspan="2">0.65 ～ 0.85</td></tr>
<tr><td>重壤土</td><td colspan="2">0.70 ～ 1.0</td></tr>
<tr><td>黏土</td><td colspan="2">0.75 ～ 0.95</td></tr>
<tr><td>均质无黏性土质</td><td>粒径(mm)</td><td>不冲允许流速(m/s)</td></tr>
<tr><td>极细砂</td><td>0.05 ～ 0.1</td><td>0.35 ～ 0.45</td></tr>
<tr><td>细砂和中砂</td><td>0.25 ～ 0.5</td><td>0.45 ～ 0.60</td></tr>
<tr><td>粗砂</td><td>0.5 ～ 2.0</td><td>0.60 ～ 0.75</td></tr>
<tr><td>细砾石</td><td>2.0 ～ 5.0</td><td>0.75 ～ 0.90</td></tr>
<tr><td>中砾石</td><td>5.0 ～ 10.0</td><td>0.90 ～ 1.10</td></tr>
<tr><td>粗砾石</td><td>10.0 ～ 20.0</td><td>1.10 ～ 1.30</td></tr>
<tr><td>小卵石</td><td>20.0 ～ 40.0</td><td>1.30 ～ 1.80</td></tr>
<tr><td>中卵石</td><td>40.0 ～ 60.0</td><td>1.80 ～ 2.20</td></tr>
</table>

## 第五节　明渠均匀流水力计算的基本问题

明渠均匀流的水力计算，主要有以下三种基本问题，现以最常见的梯形断面渠道为例分述如下。

**1. 验算渠道的输水能力**

这类问题主要是对已建成渠道进行校核性的水力计算，特别是验算其输水能力问题。

从明渠均匀流的基本关系式(6-9) 看出：各水力要素间存在着以下的函数关系，即

$$Q=AC\sqrt{Ri}=f(m、b、h、n、i)$$

当渠道已定，已知渠道断面的形式及尺寸，并已知渠道的土壤或护面材料以及渠底坡度。即已知 $m$、$b$、$h$、$n$ 和 $i$，求其输水能力 $Q$。

在这种情况下，可根据已知值求出 $A$、$R$ 及 $C$ 后，便直接按式(6-9) 求出流量 $Q$。

**2. 决定渠道底坡**

这类问题在渠道的设计中会遇到，进行计算时，一般已知土壤或护面材料、设计流量以及断面的几何尺寸，即已知 $n$、$Q$ 和 $m$、$b$、$h$ 各量，求所需要的底坡 $i$。

在这种情况下，先算出流量模数 $K=AC\sqrt{R}$，再按式(6-9) 直接求出渠道底坡 $i$。即

$$i=\frac{Q^2}{K^2}$$

**3. 决定渠道断面尺寸**

在设计一条新渠道时，一般已知流量$Q$、渠道底坡$i$、边坡系数$m$及粗糙系数$n$，求渠道断面尺寸$b$和$h$。

从基本关系式$Q = AC\sqrt{Ri} = f(m, b, h, n, i)$看到，这6个量中仅知4个量，需求两个未知量($b$和$h$)，可能有许多组$b$和$h$的数值能满足这个方程式。为了使这个问题的解能够确定，必须根据工程要求及经济条件，先定出渠道底宽$b$，或水深$h$，或者宽深比$\beta = b/h$。有时，还可先选定渠道的最大允许流速$[v]_{max}$，以下便分4种情况说明。

(1) 水深$h$已定，求相应的底宽$b$：

给底宽$b$以几个不同值，算出相应的$K = AC\sqrt{R}$，并作$K = f(b)$曲线(见图6-6)。再从给定的$Q$和$i$，算出$K = Q/\sqrt{i}$。由图6-6中找出对应于这个$K$值的$b$值，即为所求的底宽$b$。

(2) 底宽$b$已定，求相应的水深$h$：

仿照上述解法，作$K = f(h)$曲线(见图6-7)，然后找出对应于$K = Q/\sqrt{i}$的$h$值，即为所求的水深$h$。

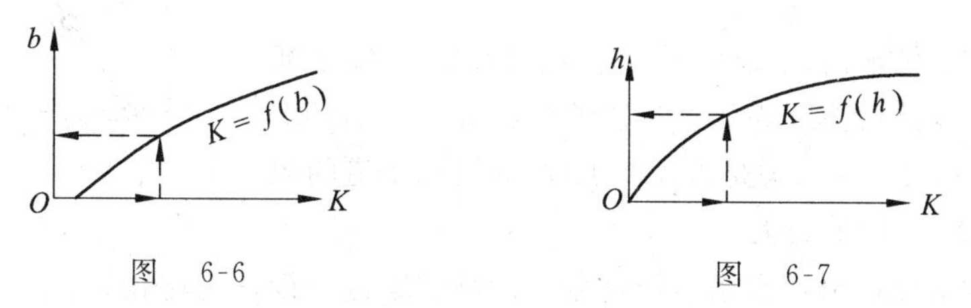


图 6-6　　图 6-7

需要指出，以上得到的两种过水断面形式不一定恰好就是水力最优的。

(3) 给定宽深比$\beta$，求相应的$b$和$h$：

与上述两种情况相似，此处给定$\beta$值这一补充条件后，问题的解是可以确定的。对于小型渠道，一般按水力最优设计，即$\beta = \beta_h = 2(\sqrt{1+m^2} - m)$；对于大型土渠的计算，则要考虑经济条件；对通航渠道则按特殊要求设计。

(4) 从最大允许流速$[v]_{max}$出发，求相应的$b$和$h$：

当允许流速成为设计渠道的控制条件时，就需要采用这一方法计算。

首先找出梯形过水断面各要素间的几何关系，有

$$A = (b + mh)h \tag{a}$$

$$R = \frac{A}{\chi} = \frac{A}{b + 2h\sqrt{1+m^2}} \tag{b}$$

其次，按允许流速直接算出$A = Q/[v]_{max}$和按均匀流条件算出$R = (nv_{max}/i^{1/2})^{3/2}$的值，其中谢才系数$C$按曼宁公式计算。把$A$与$R$值代入上述式(a)与式(b)后，便可求得过水断面的尺寸$b$和$h$。

**例6-1**　有一条大型输水土渠($n = 0.025$)为梯形断面，边坡系数$m$为1.5，问在底坡$i$为0.000 3及正常水深$h$为2.65 m时，其底宽$b$为多少才能通过流量$Q = 40\ \text{m}^3/\text{s}$？

**解**　从$Q = AC\sqrt{Ri} = K\sqrt{i}$得

$$K = \frac{Q}{\sqrt{i}} = \frac{40}{\sqrt{0.000\,3}} = \frac{40}{0.017\,3} = 2\,305\ \text{m}^3/\text{s}$$

而
$$K = AC\sqrt{R} = A\left(\frac{1}{n}R^{1/6}\right)R^{1/2} = \frac{A}{n}R^{2/3} = \frac{A^{5/3}}{n\chi^{2/3}} \tag{a}$$

式中 $A = (b + mh)h = (b + 1.5 \times 2.65)2.65 = (b + 3.97)2.65$ (b)

$$\chi = b + 2h\sqrt{1 + m^2} = b + 2 \times 2.65\sqrt{1 + 1.5^2} = b + 9.54 \tag{c}$$

代入式(a)，$K = \dfrac{[(b + 3.97)2.65]^{5/3}}{0.025(b + 9.54)^{2/3}}$，即

$$2\ 305 = \frac{40[(b + 3.97)2.65]^{5/3}}{(b + 9.54)^{2/3}}$$

要直接求解这个式子是困难的，一般用试算法或绘出 $K = f(b)$ 曲线求解。经列表计算，并绘于图6-8。可见，当 $K = 2\ 305\ \text{m}^3/\text{s}$，得 $b = 10.10$ m。

| $b$(m) | 0 | 1 | 4 | 10 | 11 |
|---|---|---|---|---|---|
| $K$(m³/s) | 449.2 | 630 | 1 160 | 2 280 | 2 450 |

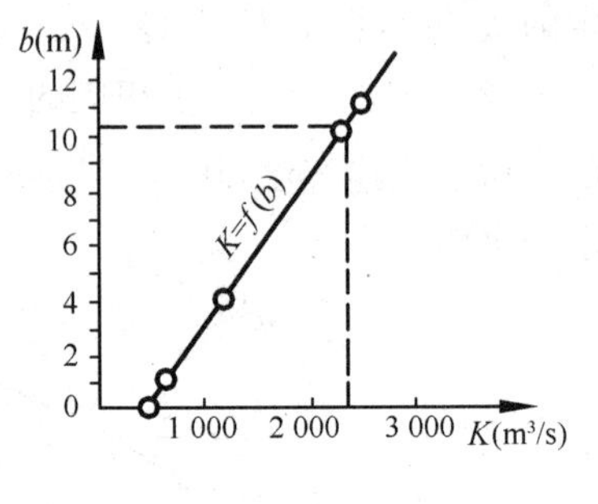

图 6-8

**例 6-2** 有一排水沟，呈梯形断面，土质是细砂土，需要通过流量 3.5 m³/s。已知底坡 $i$ 为 0.005，边坡系数 $m$ 为 1.5，要求设计此排水沟断面尺寸并考虑是否需要加固，并已知渠道的粗糙系数 $n$ 为 0.025，免冲的最大允许流速 $v_{max}$ 为 0.32 m/s。

**解** 现分别就允许流速和水力最优条件两种方案进行设计与比较。

第一方案 按允许流速 $v_{max}$ 进行设计。

从梯形过水断面中有

$$A = (b + mh)h \tag{a}$$

$$R = \frac{A}{\chi} = \frac{A}{b + 2h\sqrt{1 + m^2}} \tag{b}$$

现以 $v_{max}$ 作为设计流速，有

$$A = \frac{Q}{v_{max}} = \frac{3.5}{0.32} = 10.9\ \text{m}^2$$

又从均匀流的谢才公式得 $R = v^2/C^2 i$，应用曼宁公式

$$C = \frac{1}{n}R^{1/6} \tag{6-18}$$

及将 $v = v_{max}$ 代入，便有

$$R = \left(\frac{nv_{max}}{i^{1/2}}\right)^{3/2} = \left(\frac{0.025 \times 0.32}{0.005^{1/2}}\right)^{3/2}$$

然后把上述 $A$、$R$ 值和 $m$ 值代入式(a) 和式(b)，解得 $h = 0.04$ m，$b = 287$ m 及 $h = 137$ m，$b = -206$ m。显然这两组答案都是完全没有意义的，说明此渠道水流不可能以 $v = v_{max}$ 通过。

第二方案 按水力最优断面进行设计。

按式(6-15) 算出水力最优断面的宽深比

$$\beta_h = 2(\sqrt{1 + m^2} - m) = 2(\sqrt{1 + 1.5^2} - 1.5) = 0.61$$

即 $$b = 0.61\,h$$

又 $$A_h = (b + mh)h = (0.61h + 1.5h)h = 2.11\,h^2$$

$$\chi_h = b+2h\sqrt{1+m^2} = \beta_h h + 2h\sqrt{1+m^2} = 0.61h+2h\sqrt{1+(1.5)^2} = 4.22h$$

故得水力最优时，有

$$R_h = \left(\frac{A}{\chi}\right)_h = \frac{2.11h^2}{4.22h} = 0.5h \text{（注：这关系对梯形断面具有普遍性）}$$

代入明渠均匀流的基本关系式

$$Q = AC\sqrt{Ri} = A\left(\frac{1}{n}R^{1/6}\right)R^{1/2}i^{1/2} = \frac{A}{n}R^{2/3}i^{1/2}$$

$$= \frac{2.11h^2}{0.025}(0.5h)^{2/3}(0.005)^{1/2} = 3.77h^{8/3}$$

将 $Q = 3.5\ \mathrm{m^3/s}$ 代入上式，便得水力最优时

$$h = \left(\frac{Q}{3.77}\right)^{3/8} = \left(\frac{3.5}{3.77}\right)^{3/8} = \frac{1.60}{1.64} = 0.98\ \mathrm{m}$$

$$b = \beta_h h = 0.61 \times 0.98 = 0.60\ \mathrm{m}$$

断面尺寸算出后，还须检验 $v$ 是否在允许流速范围内，为此，有

$$v = C\sqrt{Ri} = \frac{1}{n}R^{1/6}\sqrt{Ri} = \frac{1}{n}R^{2/3}i^{1/2}$$

$$= \frac{1}{n}(0.5h)^{2/3}i^{1/2} = \frac{1}{0.025}(0.5 \times 0.98)^{2/3}(0.005)^{1/2}$$

$$= 1.75\ \mathrm{m/s} > [v]_{\max} = 0.32\ \mathrm{m/s}\text{（不安全）}$$

设计中所得到的水流断面平均流速将比最大允许流速（即不冲允许流速）大得多，说明该设计渠道的渠床需要加固才能保证安全输水。为此选用干砌块石来保护渠床壁面，这样可把最大允许流速 $[v]_{\max}$ 提高到 $2.0\ \mathrm{m/s} > 1.75\ \mathrm{m/s}$，从而使得渠床免受冲刷。由于干砌块石渠道的 $n$ 值与原来细砂土质渠道不同，实际流速将不再是 1.75 m/s。因此，便需对过水断面的尺寸重新进行设计，其水力计算方法同前。

## 第六节　无压圆管均匀流的水力计算

未充满水流的长直管道的恒定流动同属于明渠均匀流范畴。因为圆形过水断面形式符合水力最优条件，故无压管道常采用圆形的过水断面形式，在流量比较大时还采用非圆形的断面形式。本节仅讨论圆形断面的情况。

### 1. 无压圆管的水力要素

未充满水流的圆管水流具有自由表面，其过水断面形状如图 6-9 所示。图中符号 $d$、$r$、$h$、$\theta$ 及 $B$ 分别表示圆管管径、半径、水深、过水断面的充满角及水面宽度。水流在无压圆管中的充满程度可用水深对直径的比值即充满度 $\alpha = h/d$ 来表示。

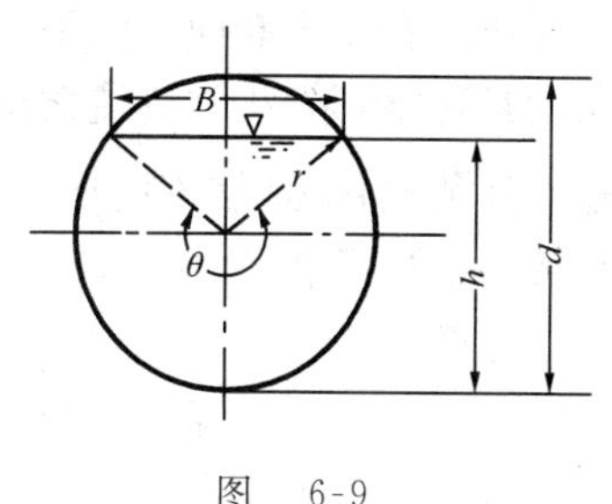

图　6-9

不满流圆管即无压圆管水流的水力要素计算可按下列各式或表 6-3 进行：

$$\left.\begin{aligned}
&\text{过水断面} && A=\frac{d^2}{8}(\theta-\sin\theta)\\
&\text{湿　　周} && \chi=\frac{d}{2}\theta\\
&\text{水力半径} && R=\frac{d}{4}\left(1-\frac{\sin\theta}{\theta}\right)\\
&\text{流　　速} && v=C\sqrt{Ri}=\frac{C}{2}\sqrt{d\left(1-\frac{\sin\theta}{\theta}\right)i}\\
&\text{流　　量} && Q=AC\sqrt{Ri}=\frac{C}{16}d^{5/2}i^{1/2}\left[\frac{(\theta-\sin\theta)^{3}}{\theta}\right]^{1/2}\\
&\text{充 满 度} && \alpha=\frac{h}{d}=\sin^2\frac{\theta}{4}
\end{aligned}\right\}\tag{6-19}$$

**表 6-3　不同充满度时圆形管道的水力要素($d$ 以 m 计)**

| 充满度 $\alpha$ | 过水断面面积 $A(m^2)$ | 水力半径 $R(m)$ | 充满度 $\alpha$ | 过水断面面积 $A(m^2)$ | 水力半径 $R(m)$ |
|---|---|---|---|---|---|
| 0.05 | 0.014 7$d^2$ | 0.032 6$d$ | 0.55 | 0.442 6$d^2$ | 0.264 9$d$ |
| 0.10 | 0.040 0 | 0.063 5 | 0.60 | 0.492 0 | 0.277 6 |
| 0.15 | 0.073 9 | 0.092 9 | 0.65 | 0.540 4 | 0.288 1 |
| 0.20 | 0.111 8 | 0.120 6 | 0.70 | 0.587 2 | 0.296 2 |
| 0.25 | 0.153 5 | 0.146 6 | 0.75 | 0.631 9 | 0.301 7 |
| 0.30 | 0.198 2 | 0.170 9 | 0.80 | 0.673 6 | 0.304 2 |
| 0.35 | 0.245 0 | 0.193 5 | 0.85 | 0.711 5 | 0.303 3 |
| 0.40 | 0.293 4 | 0.214 2 | 0.90 | 0.744 5 | 0.298 0 |
| 0.45 | 0.342 8 | 0.233 1 | 0.95 | 0.770 7 | 0.286 5 |
| 0.50 | 0.392 7 | 0.250 0 | 1.00 | 0.785 4 | 0.250 0 |

### 2. 无压圆管的水流特征

对于比较长的无压圆管(如下水管道)来说，直径不变的顺直段，它的水流状态及其水力特征与前述明渠恒定均匀流相同。

(1) 三坡度相等。即水流中的水力坡度 $J$、水面坡度 $J_p$ 以及管道底坡 $i$ 彼此相等($J=J_p=i$)。

(2) 二力相平衡。即阻碍水流运动的摩擦阻力与推动水流运动的重力在水流方向上的分力相平衡。

除上述与明渠均匀流共有的两个水力特征之外，无压圆管均匀流还具有另一种水力特征，即无压圆管过水断面上的平均流速和流量分别在水流为满流之前达到其最大值。也就是说，其水力最优情形发生在满流之前。当无压圆管的水流充满度 $\alpha=h/d=0.94$(即 $h=0.94d$)时其输水性能最优。这结论同样可从明渠均匀流的流量关系式 $Q=AC\sqrt{Ri}$ 出发，根据水力最优条件的要求推导获得；亦可从流量、流速与水流充满度的关系曲线(见图 6-10)中得出。

在图 6-10 中

$$\frac{Q}{Q_0}=\frac{AC\sqrt{Ri}}{A_0C_0\sqrt{R_0i}}=\frac{A}{A_0}\left(\frac{R}{R_0}\right)^{2/3}=f_Q\left(\frac{h}{d}\right)$$

$$\frac{v}{v_0}=\frac{C\sqrt{Ri}}{C\sqrt{R_0 i}}=\left(\frac{R}{R_0}\right)^{2/3}=f_v\left(\frac{h}{d}\right)$$

式中，不带足标和带足标“0”的各量分别表示不满流（即 $h<d$）或满流（即 $h=d$）时的情形，$d$ 为圆管直径。

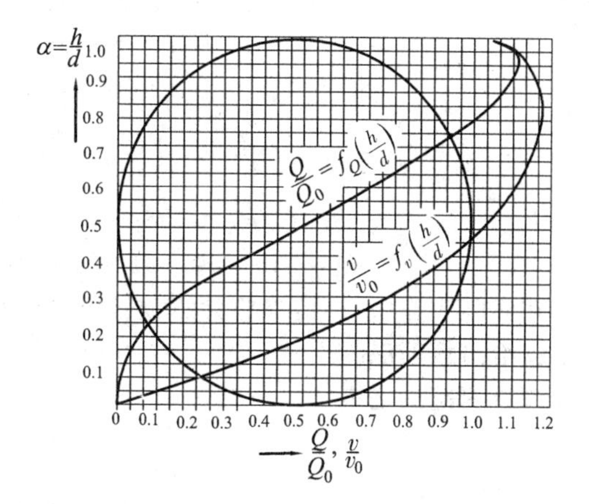


图 6-10

从图 6-10 中看出：

(1) 当水流充满度 $\alpha=h/d=0.94$ 时，则 $Q/Q_0$ 呈最大值，$Q/Q_0=1.087$。此时，管中通过的流量达最大值 $Q_{max}$，它超过管内恰好满流时的流量 $Q_0$ 的 8.7%。

(2) 当 $\alpha=h/d=0.81$ 时，则 $v/v_0$ 呈最大值，$v/v_0=1.160$。此时，管中断面平均流速大于管内恰好满流时的流速 $v_0$ 的 16%。

### 3. 无压管道的计算问题

无压管道均匀流的基本关系式仍是 $Q=AC\sqrt{Ri}$。根据此式与式(6-19)可知，对无压圆管均匀流有 $Q=AC\sqrt{Ri}=f(d,\alpha,n,i)$。可见无压管道水力计算的基本问题分为下述三类：

(1) 检验过水能力，即已知管径 $d$、充满度 $\alpha$、管壁粗糙系数 $n$ 及底坡 $i$，求流量 $Q$。

(2) 已知通过流量 $Q$ 及 $d$、$\alpha$ 和 $n$，要求设计管底的坡度 $i$。

(3) 已知通过流量 $Q$ 及 $\alpha$、$n$ 和 $i$，要求决定管径 $d$。

在进行上述无压管道的水力计算时，还要根据一些有关规定，如国家建委颁发的“室外排水设计规范”中便规定：

(1) 污水管道应按不满流计算，其最大设计充满度按表 6-4 采用。

**表 6-4　最大设计充满度**

| 管径($d$)或暗渠高($H$)(mm) | 最大设计充满度($\alpha=h/d$ 或 $h/H$) |
|---|---|
| 200 ~ 300 | 0.55 |
| 350 ~ 450 | 0.65 |
| 500 ~ 900 | 0.70 |
| ≥1 000 | 0.75 |

(2) 雨水管道和合流管道应按满流计算。

(3) 排水管的最大设计流速：金属管为 10 m/s；非金属管为 5 m/s。

(4) 排水管的最小设计流速：对污水管道(在设计充满度下)，当管径 ≤500 mm 时，为 0.7 m/s；当管径 >500 mm 时，为 0.8 m/s。

另外，对最小管径和最小设计坡度等也有规定，在实际工作中可参阅有关手册与规范。

**例 6-3**　钢筋混凝土圆形污水管，管径 $d$ 为 1 000 mm，管壁粗糙系数 $n$ 为 0.014，管道坡度 $i$ 为 0.001，求最大设计充满度时的流速及流量。

**解**　从表 6-4 查得管径 1 000 mm 的污水管最大设计充满度为

$$\alpha = \frac{h}{d} = 0.75$$

再从表 6-3 查得，当 $\alpha = 0.75$ 时，过水断面上的水力要素值为

$$A = 0.631\,9\, d^2 = 0.631\,9 \times 1^2 = 0.631\,9\ \mathrm{m}^2$$

$$R = 0.301\,7\, d = 0.301\,7 \times 1 = 0.301\,7\ \mathrm{m}$$

而 $C = \frac{1}{n} R^{1/6} = \frac{1}{0.014}(0.301\,7)^{1/6} = 58.5\ \mathrm{m}^{1/2}/\mathrm{s}$，从而算得流速和流量

$$v = C\sqrt{Ri} = 58.5\sqrt{0.301\,7 \times 0.001} = 1.02\ \mathrm{m/s}$$

$$Q = Av = 0.631\,9 \times 1.02 = 0.642\ \mathrm{m}^3/\mathrm{s}$$

在实际工作中，还需检验计算流速 $v$ 是否在允许流速范围之内，即需满足 $v_{\max} > v > v_{\min}$。如本题给出钢筋混凝土管，其 $v_{\max}$ 为 5 m/s，$v_{\min}$ 为 0.8 m/s，故所得的计算流速 $v$ 为 1.02 m/s 在允许流速范围之内。

## 第七节　明渠非均匀流的产生条件及特征

### 1. 明渠非均匀流的产生

从以上讨论知，明渠均匀流既是等速流，亦是等深流。它只能发生在断面形状、尺寸、底坡和粗糙率均沿程不变的长直渠道中，而且要求渠道上没有修建任何对水流干扰的水工建筑物，然而，对于土木工程来说，常常需要在河渠上架桥（见图 6-11）、设涵（见图 6-12）、筑坝（见图 6-13）、建闸（见图 6-14）和设立跌水建筑物（见图 6-12）等。这些水工建筑物的兴建，破坏了河渠均匀流发生的条件，造成了流速、水深的沿程变化，从而产生了非均匀流动。

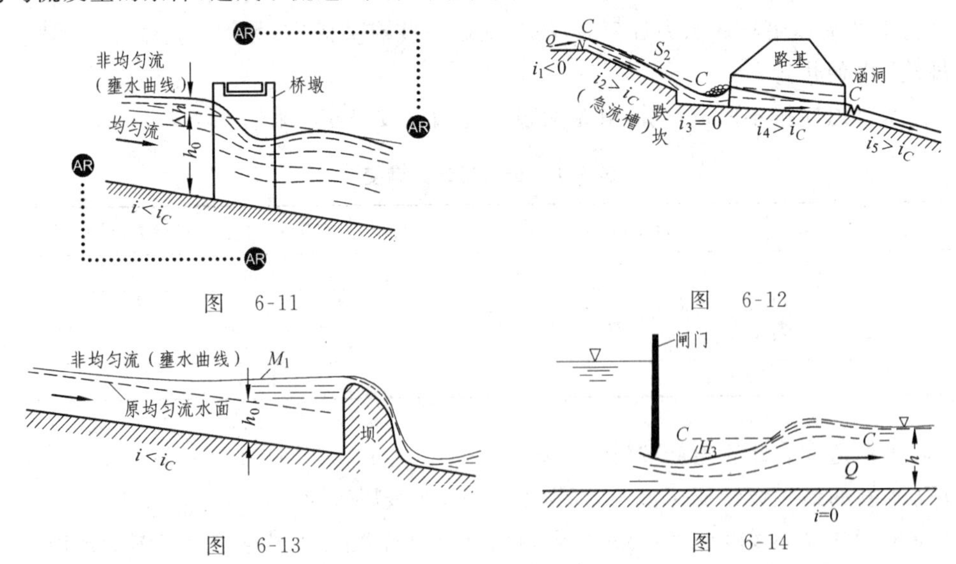


图 6-11　　图 6-12

图 6-13　　图 6-14

除了上述人类活动因素的影响外，河渠由于受大自然的作用，过水断面的大小及河床底坡也经常变化，这也是明渠水流产生非均匀流动的原因之一。

### 2. 明渠非均匀流的特征

明渠均匀流的水流特征是流速、水深沿程不变，且水面线为平行于底坡的直线。故其水力

坡度 $J$、水面坡度 $J_p$ 及渠道底坡 $i$ 彼此相等。而在明渠非均匀流中,水流重力在流动方向上的分力(推力)与阻力不平衡,流速和水深沿程都要发生变化,水面线一般为曲线(称为水面曲线)。这时其水力坡度 $J$、水面坡度 $J_p$ 及渠道底坡 $i$ 互不相等,如图 6-15 所示。

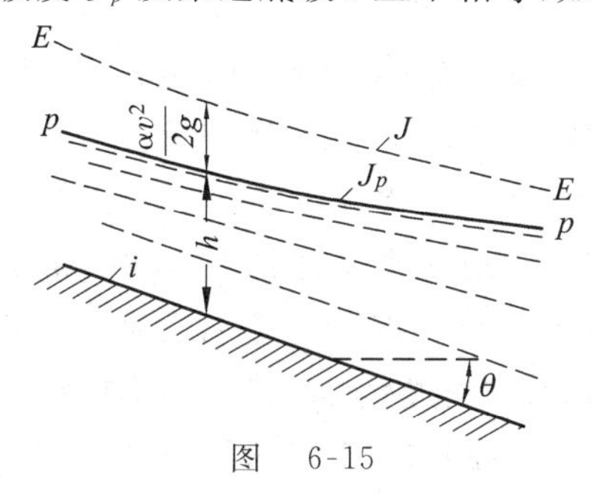


图　6-15

## 第八节　明渠非均匀流中的若干概念

在明渠非均匀流的水力计算中,常常需要对各断面水深或水面曲线进行计算。故本章以后各节将着重介绍明渠非均匀流中水面曲线变化的规律及其计算方法,掌握了这个主要内容后,对于工程中的有关非均匀流的分析和计算问题便可迎刃而解。

在深入了解非均匀流规律之前,先介绍几个有关概念。

**1. 断面单位能量**

在明渠渐变流的任一过水断面中,单位重量液体对某一基准面 $O$-$O$(见图 6-16) 的总机械能 $E$ 为

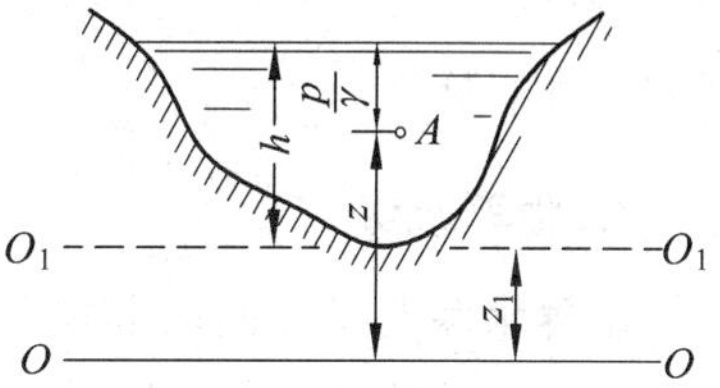

$$E = z + \frac{p}{\gamma} + \frac{\alpha v^2}{2g}$$

图　6-16

式中,$z$、$p/\gamma$ 表示过水断面中任一点 $A$ 的位置坐标(位能) 和测压管高度(压能)。

如果把基准面 $O$-$O$ 提高 $z_1$ 使其经过断面的最低点,则单位重量液体对新基准面 $O_1$-$O_1$ 的机械能 $e$ 为

$$e = E - z_1 = \left(z + \frac{p}{\gamma} + \frac{\alpha v^2}{2g}\right) - z_1 = h + \frac{\alpha v^2}{2g} \tag{6-20}$$

在水力学中称 $e$ 为**断面单位能量**或断面比能,它是基准面选在断面最低点时单位重量液体的机械能,也是水流通过该断面时运动参数($h$ 和 $v$) 所表现出来的能量。

在讨论非均匀流问题时,机械能 $E$ 的概念已建立,为什么还要引入断面单位能量 $e$ 的概念呢?断面单位能量 $e$ 和水流机械能 $E$ 的概念是不同的。从第三章知,水流机械能在沿水流方向上总是减少的,即 $\mathrm{d}E/\mathrm{d}s < 0$。但是,断面单位能量却不一样,由于它的基准面不固定,且一般明渠水流的速度与水深沿程要发生变化。所以 $e$ 沿水流方向可能增大,即 $\mathrm{d}e/\mathrm{d}s > 0$;也可能减小,即 $\mathrm{d}e/\mathrm{d}s < 0$;甚至还可能不变,即 $\mathrm{d}e/\mathrm{d}s = 0$(均匀流动)。另外,在以下的讨论中将知道,在一定条件下,断面单位能量是水深的单值连续函数,即 $e = f(h)$。由此可见,我们可利用 $e$ 的变化规律作为对水面曲线分析与计算的有效工具。

对于棱柱形渠道，流量一定时(式 6-20) 为

$$e = h + \frac{\alpha v^2}{2g} = h + \frac{\alpha Q^2}{2gA^2} = f(h) \tag{6-21}$$

可见，当明渠断面形状、尺寸和流量一定时，断面单位能量 $e$ 便为水深 $h$ 的函数，它在沿程的变化随水深 $h$ 的变化而变。这种变化情形可用图形来表示。

从式(6-21) 看出：在断面形状、尺寸以及流量一定时，当 $h \to 0$ 时，$A \to 0$，则 $\alpha Q^2/2gA^2 \to \infty$，此时 $e \to \infty$，因此，若将图形的纵坐标作为水深 $h$ 轴，横坐标作为 $e$ 轴，则横坐标轴就应该是函数曲线 $e = f(h)$ 的渐近线，当 $h \to \infty$ 时，$A \to \infty$，则 $\alpha Q^2/2gA^2 \to 0$，此时 $e \approx h \to \infty$，因此曲线 $e = f(h)$ 的第二条渐近线必为通过坐标原点与横坐标轴成 45° 夹角的直线。

函数 $e = f(h)$ 一般是连续的，在它的连续区间两端均为无穷大，故对应于某 $h$ 值，这个函数必有一极小值。

综上所述，得函数 $e = f(h)$ 的曲线图形如图 6-17 所示。由图看出，曲线 $e = f(h)$ 有两条渐近线及一极小值点。函数的极小值($A$ 点) 将曲线分为上、下两支。在下支，断面单位能量 $e$ 随水深 $h$ 的增加而减少，即 $\mathrm{d}e/\mathrm{d}h < 0$；在上支则相反，$h$ 增加，$e$ 也随之增加，则 $\mathrm{d}e/\mathrm{d}h > 0$。从图还看出，相应于任一可能的 $e$ 值，可以有两个水深 $h_1$ 和 $h_2$ 与之对应，但当 $e = e_{min}$ 时，$h_1 = h_2 = h_C$，$h_C$ 称为临界水深。

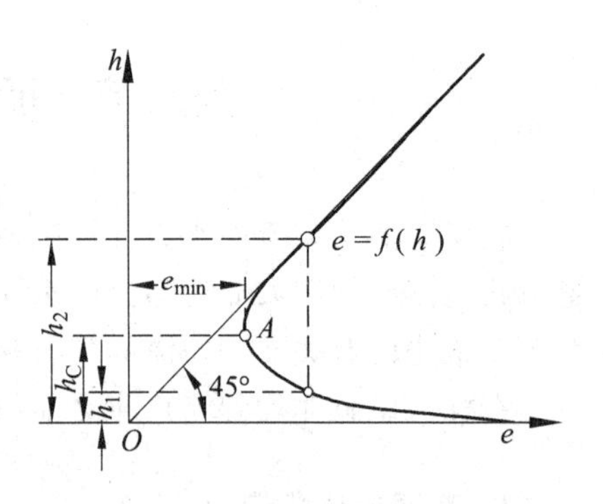


图 6-17

**2. 临界水深**

**临界水深**是指在断面形式和流量给定的条件下，相应于断面单位能量为最小值时的水深。亦即 $e = e_{min}$ 时，$h = h_C$，如图 6-17 所示。

临界水深 $h_C$ 的计算公式可根据上述定义得出。为此求出 $e = f(h)$ 的极小值，所相应的水深便是临界水深 $h_C$。现就式(6-21) 求 $e$ 对 $h$ 的导数

$$\frac{\mathrm{d}e}{\mathrm{d}h} = \frac{\mathrm{d}}{\mathrm{d}h}\left(h + \frac{\alpha Q^2}{2gA^2}\right) = 1 + \frac{\mathrm{d}}{\mathrm{d}h}\left(\frac{\alpha Q^2}{2gA^2}\right) = 1 - \frac{\alpha Q^2}{gA^3}\frac{\mathrm{d}A}{\mathrm{d}h} \tag{6-22}$$

式中，$\mathrm{d}A/\mathrm{d}h$ 是表示过水断面 $A$ 由于水深 $h$ 的变化而引起的变化率，它恰等于水面宽度 $B$(见图 6-18)

$$B = \frac{\mathrm{d}A}{\mathrm{d}h} \tag{6-23}$$

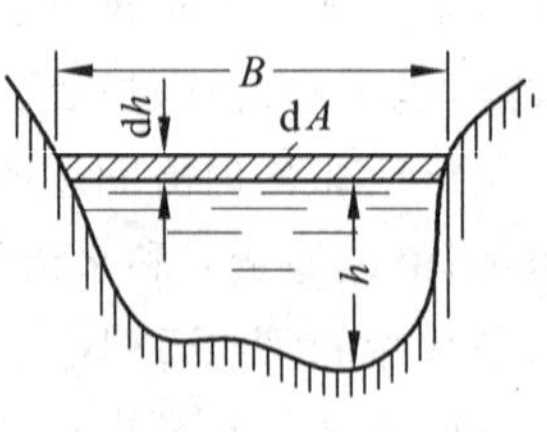

将此式代入式(6-22) 得

$$\frac{\mathrm{d}e}{\mathrm{d}h} = 1 - \frac{\alpha Q^2}{g}\frac{B}{A^3} \tag{6-24}$$

图 6-18

令 $\frac{\mathrm{d}e}{\mathrm{d}h} = 0$，以求 $e = e_{min}$ 时的水深 $h_C$，于是得

$$1 - \frac{\alpha Q^2}{g}\frac{B_C}{A_C^3} = 0$$

或 $$\frac{\alpha Q^2}{g}=\frac{A_C^3}{B_C} \tag{6-25}$$

上式便是**临界水深的普遍式**。式中等号的左边是已知值，右边 $B_C$ 及 $A_C$ 为相应于临界水深的水力要素，均是 $h_C$ 的函数，故可以确定 $h_C$。由于$\frac{A^3}{B}$一般是水深 $h$ 的隐函数形式，故常采用试算或作图的办法求解。

对于给定的断面，设各种 $h$ 值，依次算出相应的 $A$、$B$ 和$\frac{A^3}{B}$，以$\frac{A^3}{B}$为横坐标，以 $h$ 为纵坐标作图 6-19。

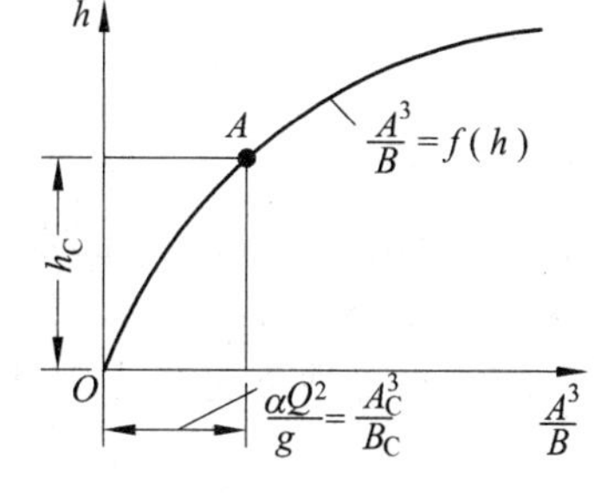


图 6-19

从式(6-25) 知，图中对应于$\frac{A^3}{B}$恰等于$\frac{\alpha Q^2}{g}$的水深 $h$ 便是 $h_C$。

对于矩形断面的明渠水流，其临界水深 $h_C$ 可用以下关系式求得。

此时，矩形断面的水面宽度 $B$ 等于底宽 $b$，代入普遍式(6-25) 便有

$$\frac{\alpha Q^2}{g}=\frac{(bh_C)^3}{b}$$

得 $$h_C=\sqrt[3]{\frac{\alpha Q^2}{gb^2}}=\sqrt[3]{\frac{\alpha q^2}{g}} \tag{6-26}$$

式中，$q=\frac{Q}{b}$ 称为**单宽流量**。可见，在宽度一定的矩形断面明渠，水流在临界水深状态下，$Q=f(h_C)$。利用这种水力性质，工程上出现了有关的测量流量的简便设施。

**例 6-4** 有一棱柱形渠道，其过水断面形状是梯形，底宽 $b=5$ m，边坡系数 $m=1$。试计算通过流量分别为 $Q_1=10\ \mathrm{m^3/s}$、$Q_2=15\ \mathrm{m^3/s}$ 及 $Q_3=20\ \mathrm{m^3/s}$ 时的临界水深。

**解** 从临界水深的一般关系式(6-25) 知，对梯形断面的 $h_C$ 值不能直接解出，需用试算法或作图法求得。

(1) 绘制 $h\sim\frac{A^3}{B}$ 关系曲线。

对梯形断面有

$$A=(b+mh)h$$
$$B=b+2mh$$

当 $m$ 及 $b$ 一定时，$A^3/B$ 仅为水深 $h$ 的函数，即 $A^3/B=f(h)$。现先假定若干 $h$，计算相应的 $A^3/B$ 值，计算结果见下表。

| 水深 $h$(m) | 水面宽 $B$(m) | 过水面积 $A$($\mathrm{m^2}$) | $A^3/B$($\mathrm{m^5}$) |
|---|---|---|---|
| 0.4 | 5.8 | 2.16 | 1.74 |
| 0.6 | 6.2 | 3.36 | 6.12 |
| 0.8 | 6.6 | 4.64 | 15.14 |
| 1.0 | 7.0 | 6.00 | 30.86 |
| 1.2 | 7.4 | 7.44 | 55.65 |

根据表中数值，绘制 $h \sim \dfrac{A^3}{B}$ 关系曲线，如图 6-20 所示。

(2) 计算各级流量下的 $\dfrac{\alpha Q^2}{g}$ 值，采用 $\alpha = 1$，并由图 6-20 中查读临界水深。

当 $\dfrac{Q_1^2}{g} = \dfrac{10^2}{9.8} = 10.2\ (\mathrm{m}^5) = \dfrac{A^3}{B}$ 时，由图 6-20 查得 $h_{C1} = 0.69$ m。

当 $\dfrac{Q_2^2}{g} = \dfrac{15^2}{9.8} = 23.0\ (\mathrm{m}^5)$ 时，由图 6-20 查得 $h_{C2} = 0.91$ m。

当 $\dfrac{Q_3^2}{g} = \dfrac{20^2}{9.8} = 40.8\ (\mathrm{m}^5)$ 时，由图 6-20 查得 $h_{C3} = 1.09$ m。

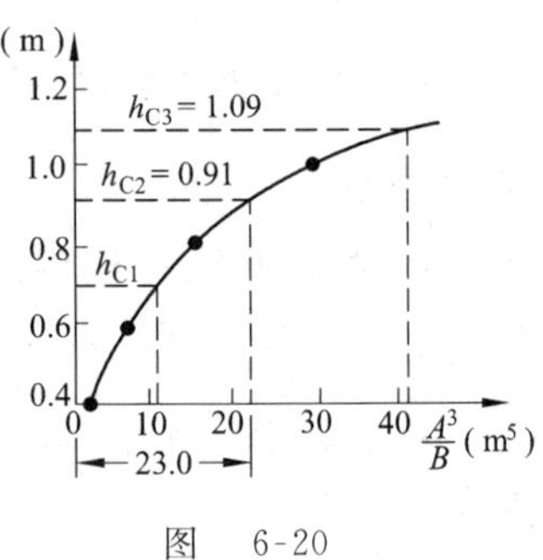


图 6-20

### 3. 临界坡度

在棱柱形渠道中，断面形状、尺寸和流量一定时，若水流的正常水深 $h_0$ 恰等于临界水深 $h_C$ 时，则其渠底坡度称为临界坡度 $i_C$。简言之，临界坡度是指正常水深恰等于临界水深时的渠道坡度。

根据上述定义，临界坡度 $i_C$ 可从均匀流基本关系式 $Q = A_C C_C \sqrt{R_C i_C}$ 及临界水深的普遍式 $\alpha Q^2/g = A_C^3/B_C$ 的联解中求得

$$i_C = \frac{Q^2}{A_C^2 C_C^2 R_C} = \frac{g}{\alpha C_C^2}\frac{\chi_C}{B_C} \tag{6-27}$$

式中，带有下角标"C"的各符号均表示水深为临界水深 $h_C$ 时的各水力要素。

由此可见，临界坡度 $i_C$ 是对应某一个流量和某一给定渠道的特定渠底坡度值，它是为了计算或分析的方便而引入的一个假设坡度。

如果实际的明渠底坡小于某一流量下的临界坡度，即 $i < i_C$（或 $h_0 > h_C$），此时渠底坡度称为缓坡；如果 $i > i_C$（$h_0 < h_C$），此时渠底坡度称为急坡或陡坡；如果 $i = i_C$（$h_0 = h_C$），此时渠底坡度称为临界坡。必须指出，上述关于渠底坡度的缓、急之称，是对应于一定流量来讲的。对于某一渠道，底坡已经确定，但当流量增大或变小时，所对应的 $h_C$（或 $i_C$）起了变化，从而对该渠道的缓坡或急坡之称也可能随之改变。

### 4. 明渠水流的三种流态

明渠水流流态一般处于紊流状态。随着水流速度的缓、急程度不同，明渠水流又分为缓流、急流和临界流三种流态。

(1) 缓流状态：

当明渠水流流速小于临界流速时，称为**缓流**。

当 $v < v_C$，则 $h > h_C$。此时，水流处在 $e = f(h)$ 曲线的上支（见图 6-17），$\mathrm{d}e/\mathrm{d}h > 0$，说明断面单位能量 $e$ 对水深 $h$ 的导数为正值，$e$ 是增函数。

(2) 急流状态：

当明渠水流流速大于临界流速时，称为**急流**。

当 $v > v_C$，则 $h < h_C$。此时，水流处在 $e = f(h)$ 曲线的下支，$\mathrm{d}e/\mathrm{d}h < 0$，说明断面单位能量 $e$ 对水深 $h$ 的导数为负值，$e$ 是减函数。

(3) 临界流状态：

当明渠水流流速等于临界流速时，称为**临界流**。

当 $v = v_C$，则 $h = h_C$。此时，水流处在 $e = f(h)$ 曲线的 $e_{\min}$ 点上，$de/dh = 0$，说明函数 $e$ 的变化在此处分界。

缓流与急流的判别在明渠非均匀流的分析和计算上，具有重要意义，除了可用临界流速或临界水深，断面单位能量的变化作为判别外，还可用一个更简便的判别准则 —— **佛汝德数** $Fr$ (Froude number) 来判明。

从式(6-24)知，右式"$\frac{\alpha Q^2}{g}\frac{B}{A^3}$"是一个无量纲的组合数，在水力学上称为佛汝德数，以 $Fr$ 表示

则
$$\frac{de}{dh} = 1 - \frac{\alpha Q^2}{g}\frac{B}{A^3} = 1 - Fr \tag{6-28}$$

如令 $A/B = h_m$ 表示过水断面上的平均水深，则式中的佛汝德数 $Fr$ 便为

$$Fr = \frac{\alpha Q^2}{g}\frac{B}{A^3} = \frac{\alpha Q^2}{gA^2}\frac{1}{h_m} = \frac{\alpha v^2}{gh_m} = 2\,\frac{\frac{\alpha v^2}{2g}}{h_m} \tag{6-29}$$

这就是说，佛汝德数 $Fr$ 代表能量的比值，它为水流中单位重量液体的动能对其平均势能比值的两倍。说明水流中的动能愈大，$Fr$ 愈大，则流态愈急。如 $Fr > 1$，从式(6-28)得，$de/dh < 0$，则水流为急流。由此可得：

$$\left.\begin{aligned} &Fr > 1\text{ 时，为急流} \\ &Fr = 1\text{ 时，为临界流} \\ &Fr < 1\text{ 时，为缓流} \end{aligned}\right\} \tag{6-30}$$

由于明渠水流中 $Fr$ 的大小能反映其水流的缓、急程度，所以可用它来作为明渠水流状态的判别准则。

除此之外，将在后面第九章中提到，佛汝德数 $Fr$ 作为水工模型试验的力学相似准则之一，它代表水流中惯性力与重力的比值。当水流中惯性力的作用与流体的重力作用相比占优势时，则流动是急流；反之，重力作用占优势时，流动为缓流；当二者达到某种平衡状态时，流动为临界流。

尚需指出，明渠中的急流与缓流在水流现象上是截然不同的。假设在明渠水流中有一块巨石或其他障碍，便可观察到缓流或急流的水流现象：如石块前的水位壅高能逆流上传到较远的地方[见图 6-21(a)]，渠中水流就是缓流；如水面仅在石块附近隆起，石块干扰的影响不能向上游传播[见图6-21(b)]，渠中水流就是急流。为什么急流和缓流会出现如此不同的现象？这

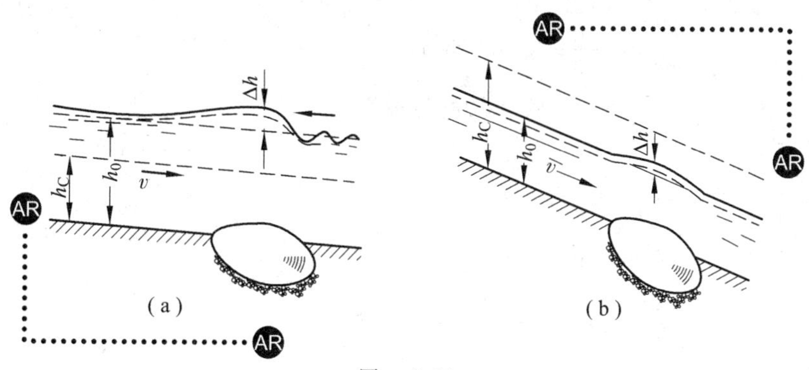


图 6-21

是因为石块对水流的扰动必然要向四周传播，如水流速度小于微小扰动波的传播速度，扰动波就会向上游传播，这就出现缓流中看到的现象。反之，扰动波只能向下游传播，不能向上游传播，于是出现急流中所看到的现象。

**例 6-5** 一条长直的矩形断面渠道，宽度 $b = 5$ m，渠道的粗糙系数 $n = 0.02$，正常水深 $h_0 = 2$ m 时，通过流量 $Q = 40\ \mathrm{m^3/s}$。试分别用临界水深 $h_C$、临界坡度 $i_C$、佛汝德数 $Fr$ 及临界流速 $v_C$ 来判别该明渠水流的缓、急状态。

**解** 对于矩形断面明渠有

(1) 临界水深

$$h_C = \sqrt[3]{\frac{\alpha Q^2}{gb^2}} = \sqrt[3]{\frac{1 \times 40^2}{9.80 \times 5^2}} = 1.87\ \mathrm{m}$$

可见 $h_0 = 2\ \mathrm{m} > h_C = 1.87\ \mathrm{m}$，此均匀流为缓流。

(2) 临界坡度

$$i_C = \frac{Q^2}{K_C^2}，而\ K_C = A_C C_C \sqrt{R_C}$$

其中 $$A_C = bh_C = 5 \times 1.87 = 9.35\ \mathrm{m^2}$$

$$\chi_C = b + 2h_C = 5 + 2 \times 1.87 = 8.74\ \mathrm{m}$$

$$R_C = \frac{A_C}{\chi_C} = \frac{9.35}{8.74} = 1.07\ \mathrm{m}$$

$$K_C = A_C C_C \sqrt{R_C} = \frac{A_C}{n} R_C^{2/3} = \frac{9.35}{0.02} \times 1.07^{2/3} = 489\ \mathrm{m^3/s}$$

得 $$i_C = \frac{Q^2}{K_C^2} = \frac{40^2}{489^2} = 0.006\,9$$

另外 $$i = \frac{Q^2}{K^2}，而\ K = AC\sqrt{R}$$

其中 $$A = bh_0 = 5 \times 2 = 10\ \mathrm{m^2}$$

$$\chi = b + 2h_0 = 5 + 2 \times 2 = 9\ \mathrm{m}$$

$$R = \frac{A}{\chi} = \frac{10}{9} = 1.11\ \mathrm{m}$$

$$K = AC\sqrt{R} = \frac{A}{n} R^{2/3} = \frac{10}{0.02} \times 1.11^{2/3} = 536.0\ \mathrm{m^3/s}$$

得 $$i = \frac{Q^2}{K^2} = \frac{40^2}{536^2} = 0.005\,6$$

可见 $i = 0.005\,6 < i_C = 0.006\,9$，此均匀流为缓流。

(3) 佛汝德数

$$Fr = \frac{\alpha v^2}{gh_m} = \frac{\alpha v^2}{gh}$$

其中 $$h = h_0 = 2\ \mathrm{m}$$

$$v = \frac{Q}{A} = \frac{Q}{bh_0} = \frac{40}{5 \times 2} = 4\ \mathrm{m/s}$$

得 $$Fr = \frac{\alpha v^2}{gh} = \frac{1 \times 4^2}{9.80 \times 2} = 0.816$$

可见 $Fr = 0.816 < 1$，此时均匀流为缓流。

(4) 临界速度

$$v_C = \frac{Q}{A_C} = \frac{Q}{bh_C} = \frac{40}{5 \times 1.87} = 4.28\ \text{m/s}$$

$$v = \frac{Q}{A} = \frac{Q}{bh_0} = 4\ \text{m/s}$$

可见 $v < v_C$，此均匀流为缓流。

上述利用 $h_C$、$i_C$、$Fr$ 及 $v_C$ 来判别明渠水流状态是等价的，但一般用具有综合参数意义的佛汝德数 $Fr$ 来判别在物理概念上更清晰些。

## 第九节　水　　跃

### 1. 水跃现象

水跃是明渠水流从急流状态（水深小于临界水深）过渡到缓流状态（水深大于临界水深）时水面骤然跃起的局部水力现象，如图 6-22 所示。它可以在溢洪道下、泄水闸下、跌水下（见图 6-12）形成，也可以在平坡渠道中闸下出流（见图 6-14）时发生。

水跃发生在较短的流段内，流速大小及其分布不断变化。水跃区域的上部为饱掺空气的表面旋滚，下部则为急剧扩散的主流（见图 6-22）。

水跃是明渠非均匀急变流的重要现象，它的发生不仅增加上下游水流衔接的复杂性，还引起大量的能量损失，成为有效的消能方式。

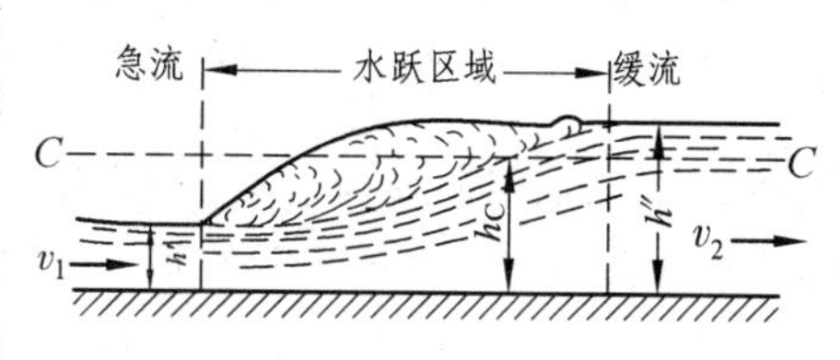


图　6-22

### 2. 水跃的基本方程

这里仅讨论平坡（$i = 0$）渠道中的完整水跃。所谓完整水跃是指发生在棱柱形渠道的，其跃前水深 $h'$ 和跃后水深 $h''$ 相差显著的水跃。

在推演水跃基本方程时，由于水跃区内部水流极为紊乱复杂，其阻力分布规律尚未弄清，应用能量方程（伯努利方程）还有困难，无法计算其能量损失 $h_w$。故应用不需考虑水流能量损失的动量方程来推导。并且在推导过程中，根据水跃发生的实际情况，作下列一些假设：

(1) 水跃段长度不大，渠床的摩擦阻力较小，可以忽略不计。

(2) 跃前、跃后两过水断面上水流具有渐变流的条件，于是作用在该两断面上动水压强的分布可以按静水压强的分布规律计算。

(3) 设跃前、跃后两过水断面的动量修正系数相等，即 $\beta_1 = \beta_2 = \beta$。

在上述假设下，对控制面 $ABDCA$ 的液体（见图 6-23）建立动量方程，置投影轴 $s$-$s$ 于渠道底线，并指向水流方向。

根据上述假设，因内力不必考虑，渠床的反作用力与水体重力均与投影轴正交，作用在控制面 $ABDCA$ 液体上的力只有跃前、跃后两断面上的动水总压力 $P_1 = \gamma y_1 A_1$ 和 $P_2 = \gamma y_2 A_2$。

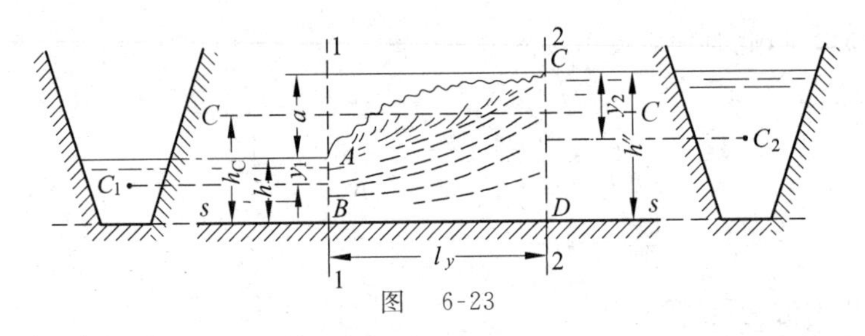

图 6-23

其中，$y_1$、$y_2$ 分别为跃前断面 1-1 及跃后断面 2-2 形心处的水深。

在单位时间内，控制面 $ABDCA$ 内的液体动量的增量为

$$\frac{\gamma\beta Q}{g}(v_2 - v_1)$$

按恒定总流的动量方程，则有

$$\frac{\gamma\beta Q}{g}(v_2 - v_1) = \gamma(y_1 A_1 - y_2 A_2) \tag{6-31}$$

以 $Q/A_1$ 代 $v_1$，$Q/A_2$ 代 $v_2$，经整理后，得

$$\frac{\beta Q^2}{gA_1} + y_1 A_1 = \frac{\beta Q^2}{gA_2} + y_2 A_2 \tag{6-32}$$

这就是棱柱形平坡渠道中**完整水跃的基本方程。**

令
$$\theta(h) = \frac{\beta Q^2}{gA} + yA \tag{6-33}$$

式中，$y$ 为断面形心处的水深。$\theta(h)$ 称为水跃函数。当流量和断面尺寸一定时，水跃函数便是水深 $h$ 的函数。因此，完整水跃的基本方程式(6-32) 可写为 $\theta(h_1) = \theta(h_2)$，或

$$\theta(h') = \theta(h'') \tag{6-34}$$

式中，$h'$、$h''$ 为跃前、跃后水深，称为**共轭水深。**

上述水跃基本方程表明，对于某一流量 $Q$，具有相同的水跃函数 $\theta(h)$ 的两个水深，这一对水深即为共轭水深。

### 3. 共轭水深的计算

现以矩形断面的棱柱形渠道为例，对水跃前后的水深即共轭水深进行计算。

对矩形断面有 $A = bh$，$y = h/2$，$q = Q/b$ 和 $\alpha q^2/g = h_C^3$ 等关系，并采用 $\beta = \alpha$ 后，其水跃函数（见式 6-33）为

$$\begin{aligned}\theta(h) &= \frac{\beta Q^2}{gA} + yA = \frac{\alpha b^2 q^2}{gbh} + \frac{h}{2}bh \\ &= b\left(\frac{\alpha q^2}{gh} + \frac{h^2}{2}\right) = b\left(\frac{h_C^3}{h} + \frac{h^2}{2}\right)\end{aligned}$$

因 $\theta(h') = \theta(h'')$，故有

$$b\left(\frac{h_C^3}{h'} + \frac{h'^2}{2}\right) = b\left(\frac{h_C^3}{h''} + \frac{h''^2}{2}\right)，$$

于是得

$$h'h''(h' + h'') = 2h_C^3 \tag{6-35}$$

或 $$h'^2h''+h'h''^2-2h_C^3=0$$

从而解得

$$\left.\begin{aligned}h'&=\frac{h''}{2}\left[\sqrt{1+8\left(\frac{h_C}{h''}\right)^3}-1\right]\\ h''&=\frac{h'}{2}\left[\sqrt{1+8\left(\frac{h_C}{h'}\right)^3}-1\right]\end{aligned}\right\}\tag{6-36}$$

或（上式两式）

式中
$$\left(\frac{h_C}{h''}\right)^3=\frac{\alpha q^2}{g}\left(\frac{1}{h''^3}\right)=\frac{\alpha v_2^2}{gh''}=Fr_2$$

$$\left(\frac{h_C}{h'}\right)^3=\frac{\alpha q^2}{g}\left(\frac{1}{h'^3}\right)=\frac{\alpha v_1^2}{gh'}=Fr_1$$

于是上述矩形渠道水跃的共轭水深又有如下的表达形式

$$\left.\begin{aligned}h'&=\frac{h''}{2}\left[\sqrt{1+8Fr_2}-1\right]\\ h''&=\frac{h'}{2}\left[\sqrt{1+8Fr_1}-1\right]\end{aligned}\right\}\tag{6-37}$$

对于梯形断面的棱柱形渠道，其共轭水深的计算一般根据水跃基本方程试算确定。

**4. 水跃的能量损失与长度**

(1) 水跃的能量损失：

水跃现象不仅改变了水流的外形，也引起了水流内部结构的剧烈变化（见图 6-24）。可以想象，随着这种变化而来的是水跃会引起大量的能量损失，其损失值有时可达到跃前断面急流能量的 70%，因此，水跃具有消能的作用。

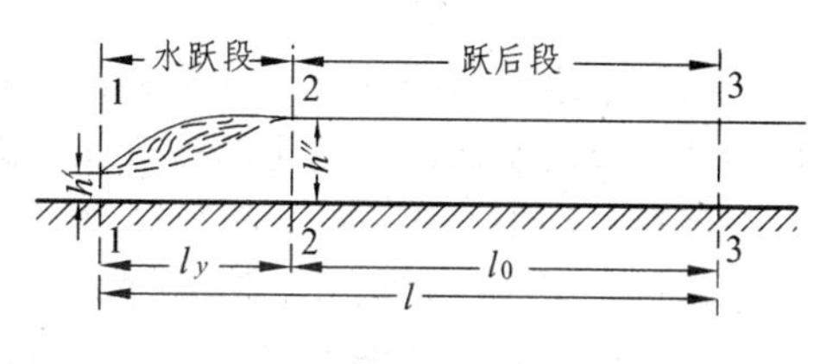


图 6-24

一般认为在水跃段，水流的时均流速与时均压强变化很大，特别是在其上、下两区（即旋滚区与主流区）的交界处流速梯度很大，脉动混掺强烈，液体质点不断交换，这是引起水跃能量损失的主要原因。此外，流速分布在水跃段和跃后段的不断改变，主流区的迅速扩张，以及为维持表面漩涡，均引起不同程度的能量损失。

经研究表明，由水跃造成的绝大部分的能量损失集中于水跃区域，即集中在断面 1-2 间的水跃段上（见图 6-24），极小部分能量损失发生于跃后段。因此，通常认为水跃能量损失按完全发生在水跃段来进行计算。这样，单位重量液体在水跃中的能量损失便为

$$\Delta h_W=E_1-E_2=\left(z_1+\frac{p_1}{\gamma}+\frac{\alpha_1v_1^2}{2g}\right)-\left(z_2+\frac{p_2}{\gamma}+\frac{\alpha_2v_2^2}{2g}\right)$$

对于平坡（$i=0$）矩形断面明渠

$$\Delta h_W=\left(h'+\frac{\alpha_1v_1^2}{2g}\right)-\left(h''+\frac{\alpha_2v_2^2}{2g}\right)=e'-e''\tag{6-38}$$

若再引用式(6-26)与式(6-35)代入后，便得矩形断面明渠水跃的能量损失计算公式

$$\Delta h_W=\frac{(h''-h')^3}{4h'h''}\tag{6-39}$$

可见，在给定流量下，水跃愈高，即跃后水深 $h''$ 与跃前水深 $h'$ 的差值愈大，则水跃中的能量损

失 $\Delta h_{\mathrm{w}}$ 亦愈大。

(2) 水跃长度：

水跃长度 $l$ 应理解为水跃段长度 $l_y$ 和跃后段长度 $l_0$（见图 6-24）之和，即

$$l = l_y + l_0 \tag{6-40}$$

水跃长度决定着有关河段应加固的长短，所以跃长的确定具有重要的实际意义。水跃运动复杂，目前水跃长度仍只是根据经验公式计算。

关于水跃段长度 $l_y$，对于 $i$ 较小的矩形断面渠道可用下式计算

$$l_y = 4.5h'' \tag{6-41}$$

或

$$l_y = \frac{1}{2}(4.5h'' + 5a) \tag{6-42}$$

式中，$h''$ 为跃后水深，$a$ 为水跃高度（即 $a = h'' - h'$）。关于跃后段长度 $l_0$，可用下式计算

$$l_0 = (2.5 \sim 3.0)l_y \tag{6-43}$$

上述经验式，仅适用于底坡较小的矩形渠道，可在工程上作为初步估算之用，若要获得准确值，尚需通过水工模型试验来确定。

## 第十节　明渠恒定非均匀渐变流的水面曲线分析

### 1. 基本微分方程

明渠中水面曲线的一般分析和具体计算，在水工实践中具有重要意义。下面先讨论恒定非均匀渐变流时水面曲线变化的一般规律即基本微分方程。

现有一明渠水流，如图 6-25 所示。在某起始断面 $O'$-$O'$ 的下游 $s$ 处，取断面 1-1 和 2-2，两者相隔一无限短的距离 $\mathrm{d}s$。流程 $s$ 的正方向与水流方向相同。

两断面间水流的能量变化关系可引用总流的能量方程来表达。为此，取 $O$-$O$ 作为基准面，在断面 1-1 与 2-2 间建立能量方程，得

$$z + h + \frac{\alpha v^2}{2g} = (z + \mathrm{d}z) + (h + \mathrm{d}h) + \frac{\alpha(v + \mathrm{d}v)^2}{2g} + \mathrm{d}h_{\mathrm{w}} \tag{6-44}$$

式中，$\mathrm{d}h_{\mathrm{w}}$ 为所取两断面间的水头损失，$\mathrm{d}h_{\mathrm{w}} = \mathrm{d}h_{\mathrm{f}} + \mathrm{d}h_{\mathrm{j}}$。因为是渐变流，局部水头损失 $\mathrm{d}h_{\mathrm{j}}$ 可忽略不计，即 $\mathrm{d}h_{\mathrm{w}} \simeq \mathrm{d}h_{\mathrm{f}}$。

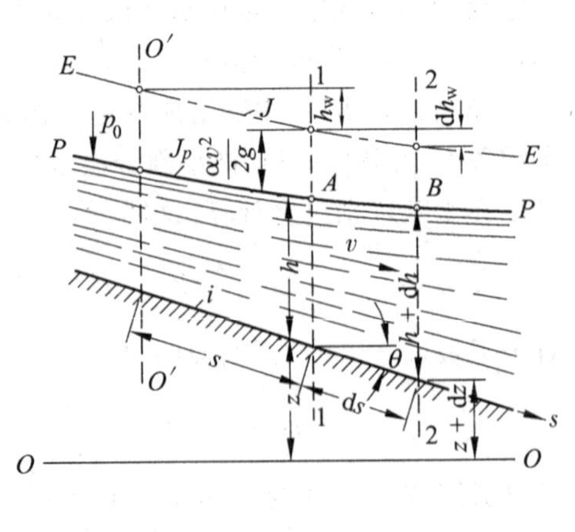


图　6-25

将上式展开并略去二阶微量 $(\mathrm{d}v)^2$ 后，得

$$\mathrm{d}z + \mathrm{d}h + \mathrm{d}\left(\frac{\alpha v^2}{2g}\right) + \mathrm{d}h_{\mathrm{f}} = 0 \tag{6-45}$$

各项除以 $\mathrm{d}s$ 后，则上式为

$$\frac{\mathrm{d}z}{\mathrm{d}s} + \frac{\mathrm{d}h}{\mathrm{d}s} + \frac{\mathrm{d}}{\mathrm{d}s}\left(\frac{\alpha v^2}{2g}\right) + \frac{\mathrm{d}h_{\mathrm{f}}}{\mathrm{d}s} = 0 \tag{6-46}$$

现要求从上述微分方程中列出 $\mathrm{d}h/\mathrm{d}s$ 的表达式，以便分析水深沿流程的变化。为此，就式中各项分别进行

讨论

$$\frac{dz}{ds}=-i$$

$i$ 为渠底坡度，$i=\sin\theta=\dfrac{z_1-z_2}{ds}$（见图 6-25），而此时 $dz=z_2-z_1$。

$$\frac{d}{ds}\left(\frac{\alpha v^2}{2g}\right)=\frac{d}{ds}\left(\frac{\alpha Q^2}{2gA^2}\right)=-\frac{\alpha Q^2}{gA^3}\cdot\frac{dA}{ds}=-\frac{\alpha Q^2}{gA^3}\left(\frac{\partial A}{\partial h}\cdot\frac{dh}{ds}+\frac{\partial A}{\partial s}\right)$$

$$=-\frac{\alpha Q^2}{gA^3}\left(B\frac{dh}{ds}+\frac{\partial A}{\partial s}\right)$$

$A=f(h,s)$ 是对非棱柱形渠道而言，此时 $\dfrac{\partial A}{\partial h}=B$（见图 6-18）。本章只讨论棱柱形渠道，则有 $A=f(h)$，$\partial A/\partial s=0$，从而上式变为

$$\frac{d}{ds}\left(\frac{\alpha v^2}{2g}\right)=-\frac{\alpha Q^2}{gA^3}\cdot B\frac{dh}{ds}$$

$$\frac{dh_f}{ds}\simeq J=\frac{Q^2}{K^2}=\frac{Q^2}{A^2C^2R}$$

在此式中作了一个假设，即非均匀渐变流微小流段内的水头损失计算，按均匀流情况（见式 6-9）来处理。

将以上各项代入式(6-45)后，便可得到反映棱柱形渠道中水深沿程变化规律的**基本微分方程**

$$\frac{dh}{ds}=\frac{i-\dfrac{Q^2}{K^2}}{1-\dfrac{\alpha Q^2}{g}\cdot\dfrac{B}{A^3}} \tag{6-47}$$

上式中，在 $Q$、$i$ 和 $n$ 给定的情况下，$K$、$A$ 和 $B$ 均为水深 $h$ 的函数。因此可将式(6-47)进行积分，便可得出棱柱形渠道非均匀渐变流中水深沿程变化 $h=f(s)$ 的计算式。但是，通常在定量计算水面曲线之前，先要根据具体条件进行定性分析，以便判明各流段水面曲线的变化趋势及其类型，从而使得计算之前心中有数。

### 2. 水流的渐变流段与局部现象

水工实践中一般遇见的流程，常常是由一些水流的局部现象和均匀流段或非均匀渐变流段组成，形成极为复杂的外观，如图 6-26 所示。图中除渐变流和均匀流段外，其他如闸下出流、水跃、堰顶溢流和跌水等均为局部水流现象。这些局部水流实为非均匀急变流现象。流程的最

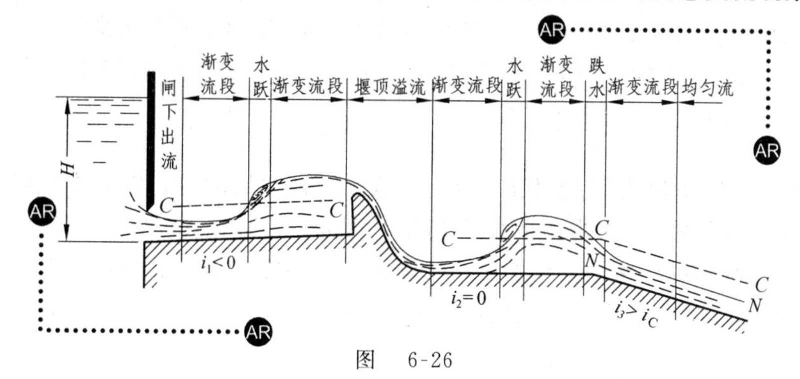


图 6-26

后一段为均匀流，如果渠道情况保持不变，则均匀流亦不会受扰动。

水流的局部现象中最具有典型意义的是水跃与跌水。跌水是从缓流变到急流的一种过渡现象，其特征是在经过临界水深时，水面骤然跌落（见图 6-26），与水跃水面的骤然升高截然相反。

**3. 非均匀流水面曲线的变化**

为了便于利用非均匀渐变流的基本微分方程（式 6-47）去分析各种水面曲线的变化，尚需将式中的流量 $Q$ 用某一种水深的关系表示。为此，在 $i>0$ 时引入一个辅助的均匀流，令它在所给定的渠道断面形式和底坡 $i$ 的情况下，通过的流量等于非均匀流时所发生的实际流量 $Q$，即

$$Q=A_0C\sqrt{R_0 i}=K_0\sqrt{i}=f(h_0)$$

引入上式后，则基本微分方程（式 6-47）可表示为

$$\left.\begin{aligned}\frac{\mathrm{d}h}{\mathrm{d}s}&=\frac{i-\dfrac{Q^2}{K^2}}{1-\dfrac{\alpha Q^2}{g}\cdot\dfrac{B}{A^3}}\\&=\frac{i-\dfrac{K_0^2 i}{K^2}}{1-\dfrac{\alpha Q^2}{g}\cdot\dfrac{B}{A^3}}\\&=i\,\frac{1-\left(\dfrac{K_0}{K}\right)^2}{\dfrac{\mathrm{d}e}{\mathrm{d}h}}=i\,\frac{1-\left(\dfrac{K_0}{K}\right)^2}{1-Fr}\\\text{或}\qquad\frac{\mathrm{d}h}{\mathrm{d}s}&=\frac{i-\dfrac{Q^2}{K^2}}{1-\dfrac{\alpha Q^2}{g}\cdot\dfrac{B}{A^3}}=i\,\frac{1-\left(\dfrac{K_0}{K}\right)^2}{1-j\left(\dfrac{K_C}{K}\right)^2}\end{aligned}\right\}\qquad(6\text{-}48)$$

式中 $K_0$—— 相应于 $h_0$ 的流量模数，$K_0=A_0C\sqrt{R_0}=f(h_0)$；

$K$—— 相应于水深 $h$ 的流量模数；

$K_C$—— 相应于 $h_C$ 的流量模数；

$Fr$—— 佛汝德数；

$j$—— 几个量的组合数，$j=\alpha i_C BC^2/g\chi$，$\chi$ 为湿周。

可见，经过变换后的微分方程（式 6-48）中包含了 $h$、$h_0$、$h_C$ 及 $i$ 的相互关系。正是由于在不同渠道底坡 $i$ 下，上述三个水深值的不同组合，从而形成了明渠非均匀流水面曲线的各种变化：

$$\frac{\mathrm{d}h}{\mathrm{d}s}>0,\qquad\frac{\mathrm{d}h}{\mathrm{d}s}<0,\qquad\frac{\mathrm{d}h}{\mathrm{d}s}=0,\qquad\frac{\mathrm{d}h}{\mathrm{d}s}\to i,\qquad\frac{\mathrm{d}h}{\mathrm{d}s}\to\pm\infty$$

为了便于区分水面曲线沿程变化的情况，一般在水面曲线的分析图上作出两条平行于渠底的直线。其中一条距渠底 $h_0$，为正常水深线 $N$-$N$；而另一条距离渠底 $h_C$，为临界水深线 $C$-$C$。这样，在渠底以上画出的两条辅助线即 $N$-$N$ 线与 $C$-$C$ 线把渠道水流划分成三个不同的区域。这三个区分别称为 1 区、2 区和 3 区，各区的特点如下：

$$\text{所有处在}\left.\begin{matrix}1\text{ 区}\\2\text{ 区}\\3\text{ 区}\end{matrix}\right\}\text{的水面曲线,其水深 } h\left\{\begin{matrix}\text{大于 } h_0, h_C;\\\text{介于 } h_0, h_C \text{ 之间};\\\text{小于 } h_0, h_C。\end{matrix}\right.$$

现着重对顺坡棱柱形渠道($i > 0$)中水面曲线变化的情形进行讨论。在顺坡渠道中有下面三种情况:

$h_0 > h_C$,即 $i < i_C$(缓坡渠道),如图 6-27 所示。

$h_0 < h_C$,即 $i > i_C$(急坡渠道),如图 6-28 所示。

$h_0 = h_C$,即 $i = i_C$(临界坡渠道),如图 6-29 所示。

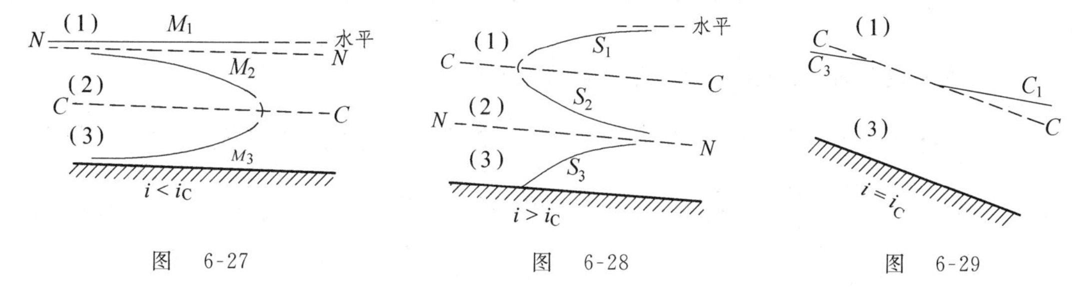


图 6-27　　　　图 6-28　　　　图 6-29

可见,在顺坡渠道中有缓坡三个区,急坡三个区,临界坡两个区,这八区共有八种水面曲线。这些曲线的变化趋势均可利用基本微分方程(式 6-48)去分析,并可得出如下规律:

(1)在 1、3 区内的水面曲线,水深沿程增加,即 $\mathrm{d}h/\mathrm{d}s > 0$;而 2 区的水面曲线,水深沿程减小,即 $\mathrm{d}h/\mathrm{d}s < 0$。

详述如下:1 区中的水面曲线,其水深 $h$ 均大于正常水深 $h_0$ 和临界水深 $h_C$。

当 $h > h_0$,则 $K = AC\sqrt{R} > K_0 = A_0C\sqrt{R_0}$,式(6-48)的分子 $1-\left(\dfrac{K_0}{K}\right)^2 > 0$,为"+"值;当 $h > h_C$,则 $Fr < 1$(或从图 6-17 知,$\mathrm{d}e/\mathrm{d}h > 0$),上式的分母 $1 - Fr > 0$,亦为"+"值。因此由上述基本方程给出

$$\frac{\mathrm{d}h}{\mathrm{d}s} > 0$$

这就是说,缓坡渠道 $M_1$ 型、急坡渠道 $S_1$ 型和临界坡渠道 $C_1$ 型水面线的水深沿程增加,为增深曲线亦称**壅水曲线**。

3 区中的水面曲线,其水深 $h$ 均小于 $h_0$ 和 $h_C$,式(6-48)中的分子与分母均为"-"值,因此亦得

$$\frac{\mathrm{d}h}{\mathrm{d}s} > 0$$

就是说,缓坡渠道 $M_3$ 型、急坡渠道 $S_3$ 型和临界坡渠道 $C_3$ 型水面线的水深沿程增加,亦为壅水曲线。

2 区中的水面曲线,其水深 $h$ 介于 $h_0$ 和 $h_C$ 之间,引用基本微分方程式(6-48),可证得

$$\frac{\mathrm{d}h}{\mathrm{d}s} < 0$$

就是说,缓坡渠道 $M_2$ 型、急坡渠道 $S_2$ 型水面线的水深沿程减小,为减深曲线亦称**降水曲线**。

(2)水面曲线与正常水深线 $N$-$N$ 渐近相切。

这是因为,当 $h \to h_0$,则 $K \to K_0$,式(6-48)的分子 $1-\left(\dfrac{K_0}{K}\right)^2 \to 0$,得

$$\frac{\mathrm{d}h}{\mathrm{d}s} \to 0$$

这说明在非均匀流动中，当 $h \to h_0$（如在非均匀流水面的上、下游均为又长又直的渠道）时，水深沿程不再变化，水流成为均匀流动。

(3) 水面曲线与临界水深线 $C\text{-}C$ 呈正交。

这是因为，当 $h \to h_C$ 时，$Fr \to 1$，式(6-48)的分母 $1 - Fr \to 0$，得 $\frac{\mathrm{d}h}{\mathrm{d}s} \to \pm\infty$，这说明在非均匀流动中，当 $h \to h_C$ 时，水面线将与 $C\text{-}C$ 线垂直，即渐变流水面曲线的连续性在此中断。但是实际上水流仍要向下游流动，因而水流便越出渐变流的范畴而形成了急变流动的水跃或跌水现象。

(4) 水面曲线在向上、下游无限加深时渐趋于水平直线。

这是因为，当 $h \to \infty$ 时，$K \to \infty$，式(6-48)中的分子 $1 - \left(\frac{K_0}{K}\right)^2 \to 1$；又当 $h \to \infty$ 时，$A = f(h) \to \infty$，$Fr = \frac{\alpha Q^2}{g} \cdot \frac{B}{A^3} \to 0$，上式分母 $1 - Fr \to 1$，便得

$$\frac{\mathrm{d}h}{\mathrm{d}s} \to i$$

从图 6-30 看出，这一关系只有当水面曲线趋近于水平直线时才合适。因为这时 $\mathrm{d}h = h_2 - h_1 = \sin\theta \cdot \mathrm{d}s = i\mathrm{d}s$，故 $\frac{\mathrm{d}h}{\mathrm{d}s} = i$。

(5) 在临界坡渠道（见图 6-29）$i = i_C$ 的情况下，$N\text{-}N$ 线与 $C\text{-}C$ 线重合，流动分成 1 区与 3 区，不存在 2 区。

$C_1$ 型与 $C_3$ 型水面曲线均为壅水曲线，且在接近 $N\text{-}N$ 线或 $C\text{-}C$ 线时都近乎水平。在 $i = i_C$ 的渠道闸门上、下游形成的便是 $C_1$ 型、$C_3$ 型水面曲线，如图 6-31 所示。这种水面曲线在工程实际中较少出现。

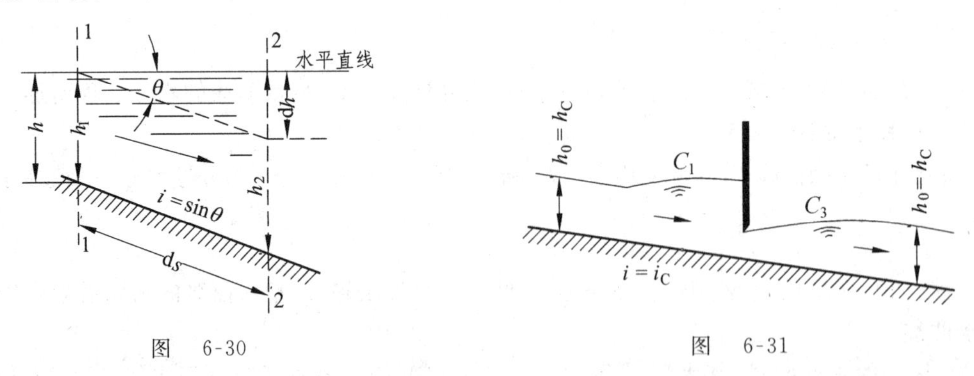


图 6-30　　　　图 6-31

根据上述水面曲线变化的规律，便可勾画出顺坡渠道（$i > 0$）中可能出现的 8 种水面曲线的形状，如图 6-27、6-28、6-29 所示。

渠道水流中的实际水面曲线变化可参看图 6-11 至 6-14 所示的例子。从图中可见，在堰坝、桥墩以及缩窄水流断面的各种水工建筑物的上游，一般会形成 1 型壅水曲线；在跌水处常常发生 2 型降水曲线；而在堰、闸下游则常是 3 型曲线或发生水跃现象。

需要指出，上述关于水面曲线变化的几条规律，对于平坡渠道及逆坡渠道一般也能适用。

对于平坡渠道($i=0$)的水面曲线形式($H_3$ 与 $H_2$ 两种),以及逆坡渠道($i<0$)的水面曲线形式($A_3$ 与 $A_2$ 两种),可采用上述类似方法分析,这里不再一一进行讨论。4 条水面曲线的形式可参看图 6-32 至图 6-35。

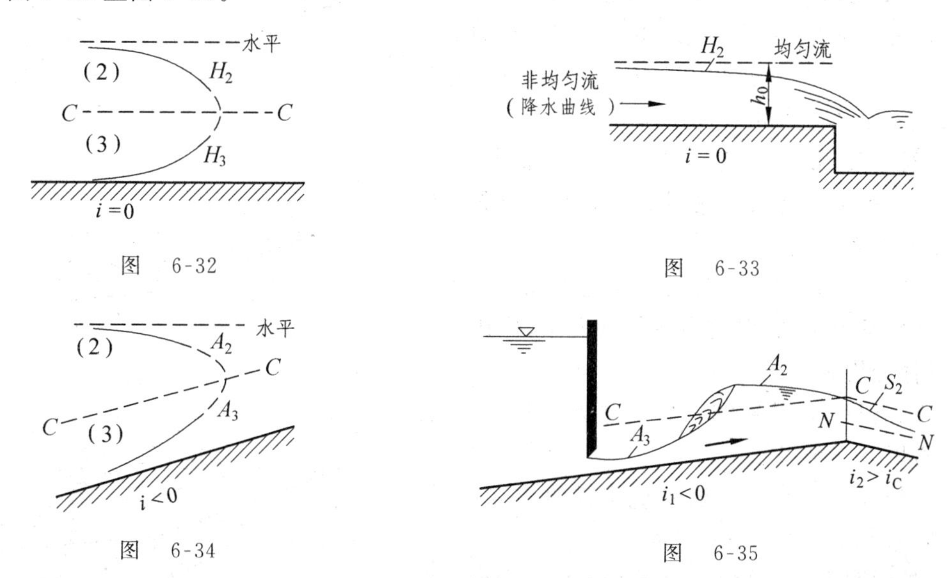


图 6-32

图 6-33

图 6-34

图 6-35

综上所述,在棱柱形渠道的非均匀渐变流中,共有十二种可能的水面曲线,即顺坡渠道有 8 种,平坡与逆坡渠道各两种。

在对实际水面曲线的分析与绘制(粗描)时,除根据上述水面曲线变化规律外,尚应考虑水流边界条件。其做法如下:

(1) 绘出 $N$-$N$ 线和 $C$-$C$ 线,将流动空间分成 1、2、3 三个区,每个区域只对应一种水面曲线。

(2) 从水流边界条件出发,即从实际存在的、或经水力计算确定的已知水深的断面(所谓**控制断面**)出发,确定水面曲线的类型,并参照其增深、减深的性质和边界情形进行描绘。

(3) 如果水面曲线中断,出现了不连续而产生跌水或水跃时,要做具体分析。一般情况下,水流至跌坎处便形成跌水现象(见图 6-33)。水流从急流到缓流,便发生水跃现象(见图 6-35)。

### 4. 非均匀流水面曲线定性分析例题

**例 6-6** 有一条长直的棱柱形明渠,设计时为适应地面自然坡度以节省土石方而在断面 $A$-$A$ 处变坡,如图 6-36 所示。变坡前上游段的底坡 $i_1<i_C$,变坡后下游段的底坡 $i_2$ 变得更缓,$i_2<i_1$。现要求定性分析该棱柱形渠道在发生底坡变化后水面曲线连接的可能形式。

**解** 首先根据渠道资料,绘出相应于通过流量 $Q$ 时的临界水深线即 $C$-$C$ 线和上、下游段的正常水深线 $N_1$-$N_1$、$N_2$-$N_2$ 线(见图 6-36)。

然后根据上述非均匀渐变流水面曲线变化的规律绘出可能出现的水面曲线。

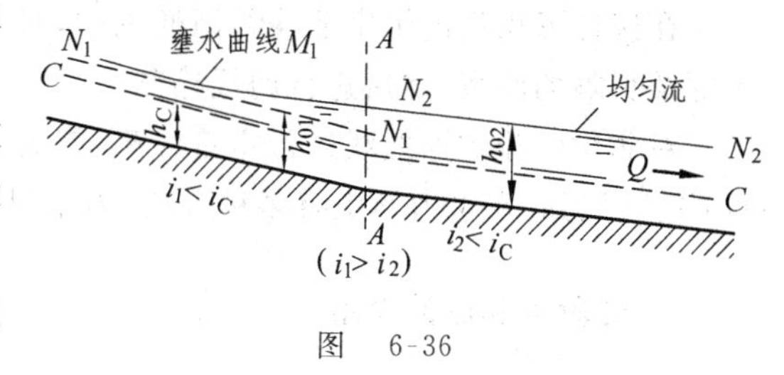


图 6-36

这里上、下游均为缓流,没有从急流过渡到缓流的问题,故无水跃发生。又因 $i_1>i_2$,故 $h_{01}<h_{02}$。可见变坡连接段的水深应当沿程增加,因此上游段为 $M_1$ 型水面曲线,下游段仍为均

匀流，如图中所示。

**例6-7** 有一长直明渠，在断面A-A处渠道底坡发生变化，如图6-37所示。渠道变坡前后的断面形状、大小和粗糙系数 $n$ 完全相同，为棱柱形明渠。现 $i_1 > i_C$，$i_2 < i_C$，要求定性分析该渠道在底坡变化后水面曲线连接的可能形式。

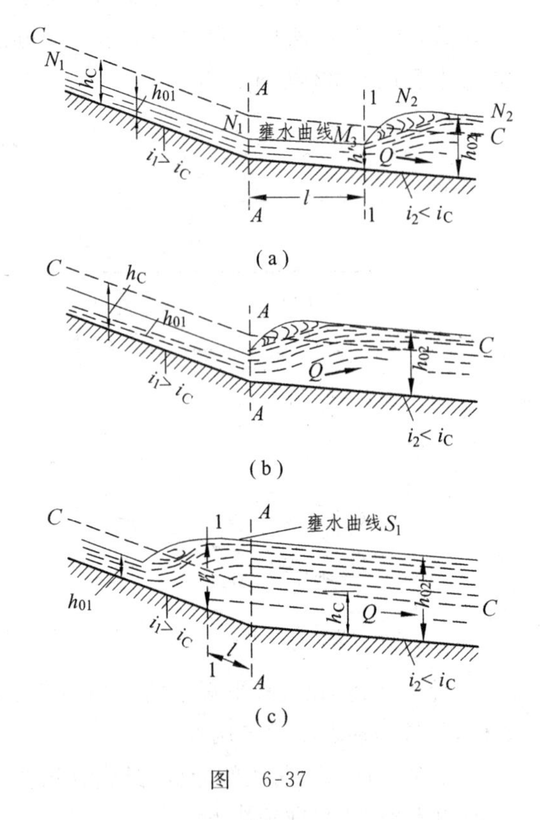

图 6-37

**解** 先绘出相应于流量 $Q$ 的渠道 C-C、$N_1$-$N_1$ 及 $N_2$-$N_2$ 线，(见图6-37)，然后分析可能产生的水面曲线。

现 $h_{01} < h_C$，$h_{02} > h_C$ 是急流过渡到缓流的连接，必然发生水跃，但究竟在何处发生，应进一步做具体分析。

求出与 $h_{01}$ 共轭的跃后水深 $h''$，并与 $h_{02}$ 比较，有以下三种可能：

(1) $h_{02} < h''$—— 远驱水跃式的连接[见图6-37(a)]。

这说明下游段的水深 $h_{02}$，挡不住上游段的急流而被冲向下游。水面连接由 $M_3$ 型壅水曲线及其后面的水跃组成，称为远驱水跃式的连接。跃前水深 $h'$ 与 $h_{02}$ 共轭。水跃发生断面距A-A处的距离为 $M_3$ 型水面曲线的长度，而 $M_3$ 曲线的水深是在 $h_{01}$ 与 $h'$ 之间变化。

(2) $h_{02} = h''$—— 临界水跃式的连接[见图6-37(b)]。这里借用"临界"二字，意思是指水跃发生在交界断面A-A处。

(3) $h_{02} > h''$—— 淹没水跃式的连接[见图6-37(c)]。这里水跃发生在上游段，借用"淹没"二字，意思是指水跃把交界断面A-A淹没。

## 第十一节 明渠非均匀流水面曲线的计算

在棱柱形渠道的恒定非均匀渐变流中，对水面曲线计算的主要内容是确定沿程各断面的水深及相隔的距离，然后进行曲线绘制。

对非均匀流水面曲线进行定量计算，就需对反映水面曲线变化规律的基本微分方程式(6-47)进行积分。在水力学中有多种方法，本章只讨论在工程实践中应用较多的分段求和法。

### 1. 分段求和法的思路

分段求和法是明渠水面曲线计算的基本方法。它将整个流程($l$)分成若干流段($\Delta l$)来考虑。并以有限差分式来代替原来的微分方程式，然后根据有限差分式求得所需要的水力要素(如水深、距离等)。

分段求和法公式可直接从能量方程(伯努利方程)推导,它对棱柱形渠道和非棱柱形渠道的恒定渐变流均可适用。

**2. 分段求和法的计算式**

设有一明渠恒定渐变流如图 6-38 所示,取某流段 $\Delta l$ 的两过水断面建立能量方程(伯努利方程)

$$z_1 + h_1 + \frac{\alpha_1 v_1^2}{2g} = z_2 + h_2 + \frac{\alpha_2 v_2^2}{2g} + \Delta h_W \tag{6-49}$$

前已指出,对于渐变流水头损失仅考虑沿程水头损失,即 $\Delta h_W \approx \Delta h_f$。这里认为在很小流段内的沿程水头损失 $\Delta h_f$ 的规律与均匀流规律相同,因此,$\Delta h_f$ 近似地按均匀流的公式计算。根据明渠均匀流的基本算式

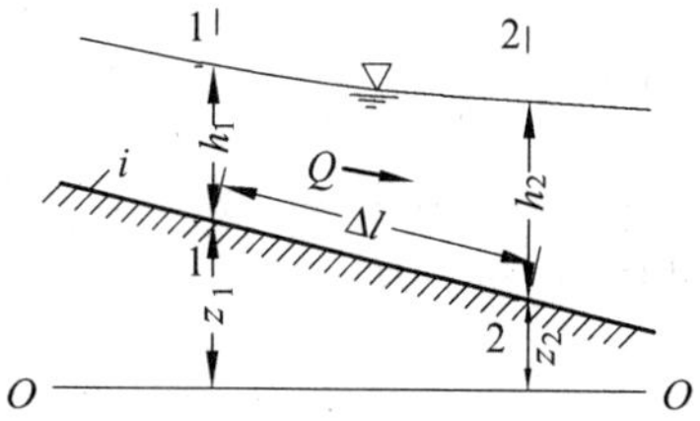

$$Q = AC\sqrt{RJ} = K\sqrt{J}$$

得

$$\frac{\Delta h_f}{\Delta l} = \overline{J} = \frac{Q^2}{\overline{K}^2} = \frac{\overline{v}^2}{\overline{C}^2 \overline{R}} \tag{6-50}$$

图 6-38

式中 $\overline{v}$、$\overline{C}$ 及 $\overline{R}$ 表示在所给流段内各水力要素的平均值,即

$$\overline{v} = \frac{v_1 + v_2}{2}, \quad \overline{C} = \frac{C_1 + C_2}{2}, \quad \overline{R} = \frac{R_1 + R_2}{2} \tag{6-51}$$

又从图中可知

$$z_1 - z_2 = i \cdot \Delta l \tag{6-52}$$

将上述各式代入式(6-49)后,能量方程便得如下形式

$$\left(h_2 + \frac{\alpha_2 v_2^2}{2g}\right) - \left(h_1 + \frac{\alpha_1 v_1^2}{2g}\right) = (i - \overline{J})\Delta l \tag{6-53}$$

即

$$\frac{\Delta e}{\Delta l} = i - \overline{J}$$

或

$$\Delta l = \frac{\Delta e}{i - \overline{J}} \tag{6-54}$$

式中 $\Delta l$—— 水流的分段长度,即两个计算断面间的距离(m);

$\Delta e$—— 水流沿程的断面单位能量增量的有限差值(m),即

$$\Delta e = e_2 - e_1 = \left(h_2 + \frac{\alpha_2 v_2^2}{2g}\right) - \left(h_1 + \frac{\alpha_1 v_1^2}{2g}\right);$$

$i$—— 渠底坡度;

$\overline{J}$—— 水流在 $\Delta l$ 段内的平均水力坡度,即 $\overline{J} = \dfrac{Q^2}{\overline{K}^2} = \dfrac{\overline{v}^2}{\overline{C}^2 \overline{R}}$

式(6-54)便是分段计算明渠非均匀流水面曲线的有限差式,称为**分段求和法的计算公式。**

利用上式便可逐步算出非均匀流中明渠断面的水深及它们相隔的距离,从而整个流程 $l = \sum \Delta l$ 上的水面曲线便可定量地确定与绘出。

**例 6-8** 有一陡坡渠道(又称急流槽),如图 6-39 所示。通过流量 $Q = 3.5\ m^3/s$,渠道长度 $l = 10\ m$,沿程的过水断面均为矩形,断面宽 $b = 2\ m$,渠道的粗糙系数 $n = 0.020$,渠道底坡 $i = 0.30$。试按分段求和法计算并绘出该陡坡渠道的水面曲线。

**解**

(1) 首先确定水面曲线类型：

为此要算出 $i_C$，以确定所给渠道是急坡还是缓坡渠道。算出 $h_C$ 与 $h_0$ 值，以标出渠道的 C-C 线与 N-N 线。

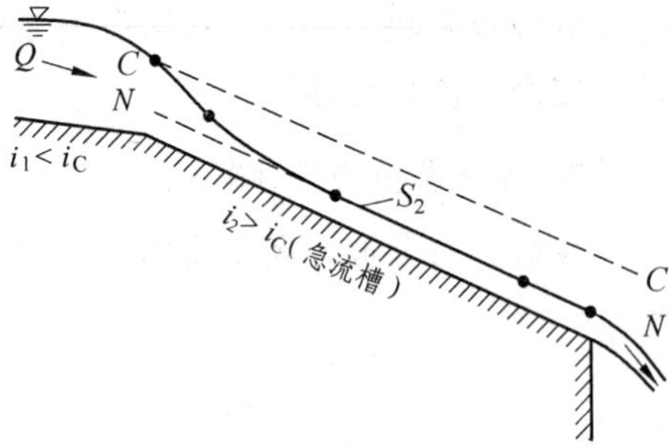

因为是矩形断面，临界水深可直接按式(6-26)计算，则

$$h_C = \sqrt[3]{\frac{\alpha Q^2}{gb^2}} = \sqrt[3]{\frac{1 \times 3.5^2}{9.8 \times 2^2}} = 0.68 \text{ m}$$



图 6-39

而 $v_C = \dfrac{Q}{bh_C} = \dfrac{3.5}{2 \times 0.68} = 2.58 \text{ m/s}, A_C = bh_C = 2 \times 0.68 = 1.36 \text{ m}^2, \chi_C = b + 2h_C = 2 + 2 \times 0.68 = 3.36 \text{ m}$

相应的坡度为

$$i_C = \frac{v_C^2}{C_C^2 R_C} = \frac{v_C^2}{\left(\frac{1}{n} R_C^{1/6}\right)^2 R_C} = \frac{(nv_C)^2}{R_C^{4/3}}$$

$$= \frac{(nv_C)^2}{(A_C/\chi_C)^{4/3}} = 0.0087 < i = 0.30 (\text{为急坡渠道})$$

正常水深 $h_0$ 可按均匀流基本关系式计算

$$Q = A_0 C \sqrt{R_0 i} = A_0 \left(\frac{1}{n} R_0^{1/6}\right) \sqrt{R_0 i} = \frac{A_0^{5/3}}{n} \frac{i^{1/2}}{\chi_0^{2/3}}$$

$$= \frac{b^{5/3} i^{1/2}}{n} \frac{h_0^{5/3}}{(b + 2h_0)^{2/3}} = \frac{2^{5/3}(0.3)^{1/2}}{0.02} \times \frac{h_0^{5/3}}{(2 + 2h_0)^{2/3}}$$

$$= 86.9 f(h_0)$$

将流量 $Q$ 的数值代入并经过试算后得

$$h_0 = 0.21 \text{ m} < h_C = 0.68 \text{ m} (\text{急坡渠道})$$

根据上述结果，便可在图中标出 C-C 线与 N-N 线(见图 6-39)。现水流在急流槽进口处的水深为 $h_C$，出口处的水深大于 $h_0$，可见水流处于 2 区(即 $h_C > h > h_0$)，为 $S_2$ 型降水曲线 (见图 6-39)。

(2) 然后按分段求和法计算公式(6-54) 算出急流槽中各断面的水深、流速及各分段长度。

从急流槽的起始断面($h_1 = h_C$) 出发进行计算

$$h_1 = h_C = 0.68 \text{ m}; \quad v_1 = v_C = 2.58 \text{ m/s}$$

则流速水头 $\dfrac{\alpha v_1^2}{2g} = \dfrac{1 \times 2.58^2}{2 \times 9.80} = 0.34 \text{ m}$

湿周 $\chi_1 = b + 2h_1 = 2 + 2 \times 0.68 = 3.36 \text{ m}$

过水断面 $A_1 = bh_1 = 2 \times 0.68 = 1.36 \text{ m}^2$

水力半径 $R_1 = \dfrac{A_1}{\chi_1} = \dfrac{1.36}{3.36} = 0.405 \text{ m}$

流速系数 $C_1 = \dfrac{1}{n} R_1^{1/6} = \dfrac{1}{0.020} (0.405)^{1/6} = 43.5 \text{ m}^{1/2}/\text{s}$

设第二个断面的水深为 $h_2 = 0.42$ m(因为是 $S_2$ 曲线，其深度逐渐减小，但最小水深不能

小于 $h_0 = 0.21\ \text{m}$)。同理算得

$$A_2 = 0.84\ \text{m}^2; \qquad v_2 = 4.16\ \text{m/s}; \qquad \frac{\alpha v_2^2}{2g} = 0.88\ \text{m};$$

$$\chi_2 = 2.84\ \text{m}; \qquad R_2 = 0.296\ \text{m}; \qquad C_2 = 40.8\ \text{m}^{1/2}/\text{s}。$$

两断面间水力要素平均值为

$$\bar{v} = (v_1 + v_2)/2 = (2.58 + 4.16)/2 = 3.37\ \text{m/s}$$

$$\overline{C} = (C_1 + C_2)/2 = (43.5 + 40.8)/2 = 42.15\ \text{m}^{1/2}/\text{s}$$

$$\overline{R} = (R_1 + R_2)/2 = (0.405 + 0.296)/2 = 0.350\ \text{m}$$

$$\overline{J} = \bar{v}^2/\overline{C}^2\overline{R} = (3.37)^2/(42.15)^2 \times 0.350 = 0.018$$

两断面间的距离按式(6-54)算得

$$\Delta l_{1-2} = \frac{\Delta e}{i - \overline{J}} = \frac{e_2 - e_1}{i - \overline{J}} = \frac{(0.42 + 0.88) - (0.68 + 0.34)}{0.30 - 0.018} = \frac{0.281}{0.282} \approx 1.0\ \text{m}$$

然后继续按式(6-54)进行各分段计算。本例题因渠道长度较短,仅仅分成四段计算,其计算过程及结果列于下表。根据计算结果所绘出的水面曲线如图 6-39 所示。

[**例 6-8 的计算表**]已知值:$Q = 3.5\ \text{m}^3/\text{s}$、$i = 0.30$、$b = 2\ \text{m}$、$n = 0.020$、$l = 10\ \text{m}$、矩形过水断面。

| 断面 | $h$ (m) | $A$ (m$^2$) | $v$ (m/s) | $\bar{v}$ (m/s) | $\frac{\alpha v^2}{2g}$ (m) | $e = h + \frac{\alpha v^2}{2g}$ (m) | $\Delta e$ (m) | $\chi$ (m) | $R$ (m) | $\overline{R}$ (m) | $C$ (m$^{(1/2)}$/s) | $\overline{C}$ (m$^{(1/2)}$/s) | $\overline{J} = \frac{\bar{v}^2}{\overline{C}^2\overline{R}}$ | $i - \overline{J}$ | $\Delta l = \frac{\Delta e}{i - \overline{J}}$ (m) | $l = \sum \Delta l$ (m) |
|---|---|---|---|---|---|---|---|---|---|---|---|---|---|---|---|---|
| 1 | 0.68 | 1.36 | 2.58 | | 0.34 | 1.02 | | 3.36 | 0.405 | | 43.0 | | | | | |
| | | | | 3.37 | | | 0.28 | | | 0.350 | | 41.90 | 0.018 | 0.282 | 1.00 | 1.00 |
| 2 | 0.42 | 0.84 | 4.16 | | 0.88 | 1.30 | | 2.84 | 0.296 | | 40.8 | | | | | |
| | | | | 5.00 | | | 0.74 | | | 0.264 | | 40.00 | 0.059 | 0.241 | 3.07 | 4.07 |
| 3 | 0.30 | 0.60 | 5.84 | | 1.74 | 2.04 | | 2.60 | 0.231 | | 39.2 | | | | | |
| | | | | 6.42 | | | 0.71 | | | 0.216 | | 38.70 | 0.128 | 0.172 | 4.12 | 8.19 |
| 4 | 0.25 | 0.50 | 7.00 | | 2.50 | 2.75 | | 2.50 | 0.200 | | 38.2 | | | | | |
| | | | | 7.15 | | | 0.21 | | | 0.197 | | 38.10 | 0.178 | 0.122 | 1.72 | $9.91 \approx 10$ |
| 5 | 0.24 | 0.48 | 7.30 | | 2.72 | 2.96 | | 2.48 | 0.194 | | 38.0 | | | | | 相对误差:$\left\lvert \frac{9.91 - 10}{10} \right\rvert = 0.9\%$ |

从表中计算结果可见,整个陡坡渠道的最大流速发生在末端,该处水深 $h_5 = 0.24\ \text{m}$,接近于正常水深 $h_0 = 0.21\ \text{m}$,说明整个陡坡渠道的水面曲线为 $S_2$ 型。

## 思 考 题

**1.** 明渠均匀流的水力特征是什么?

**2.** 在某段顺直棱柱形明渠水流中,如何实测得出该段渠道的粗糙系数?

**3.** 试推证梯形过水断面的水力最优条件。

**4.** 在讨论非均匀流时,为什么要提出断面单位能量 $e$ 的概念?

**5.** 在棱柱形明渠恒定流中,为什么说当 $v < v_C$ 时,则 $h > h_C$?

**6.** 何谓临界水深,它与渠底坡度有何关系?

**7.** 在明渠恒定非均匀渐变流的基本微分方程中,哪一项是代表水头损失?

**8.** 在平坡渠道中,为何只存在 3 区与 2 区,不存在 1 区水流?

## 习　题

**6-1** 有一条养护良好的矩形断面的长直小土渠，渠底坡度 $i=0.000\ 8$，断面宽度 $b=0.8\ \text{m}$，当水深 $h=0.5\ \text{m}$ 及水温 $t=10℃$ 时，问水流的流量 $Q$ 及雷诺数 $Re$ 为多少？

**6-2** 有一矩形断面的混凝土明渠($n=0.014$)，养护一般，断面宽度 $b=4\ \text{m}$，底坡 $i=0.002$，当水深 $h=2\ \text{m}$ 时，问按曼宁公式和巴甫洛夫斯基公式所算出的断面平均流速 $v$ 各为多少？

**6-3** 在我国铁路现场中，路基排水沟的最小梯形断面尺寸一般规定如下：其底宽 $b$ 为 $0.4\ \text{m}$，过水深度按 $h$ 为 $0.6\ \text{m}$ 考虑，沟底坡度规定 $i$ 最小值为 $0.002$。现有一段梯形排水沟在土层开挖($n=0.025$)，边坡系数 $m=1$，$b$、$h$ 和 $i$ 均采用上述规定的最小值，问此段排水沟按曼宁公式计算能通过多大流量？

**6-4** 有一条长直的矩形断面明渠，过水断面宽度 $b=2\ \text{m}$，水深 $h=0.5\ \text{m}$。若流量变为原来的两倍，水深变为多少？假定流速系数 $C$ 不变。

**6-5** 一路基排水沟需要通过流量 $Q$ 为 $1.0\ \text{m}^3/\text{s}$，沟底坡度 $i$ 为 $4/1\ 000$，水沟断面采用梯形，并用小片石干砌护面($n=0.020$)，边坡系数 $m$ 为 1。试按水力最优条件决定此排水沟的断面尺寸。

**6-6** 有一梯形渠道，在土层开挖($n=0.025$)，$i=0.000\ 5$，$m=1.5$，设计流量 $Q=1.5\ \text{m}^3/\text{s}$。试按水力最优条件设计断面尺寸。

**6-7** 有一梯形断面明渠，已知 $Q=2\ \text{m}^3/\text{s}$，$i=0.001\ 6$，$m=1.5$，$n=0.020$，若允许流速 $v_{\max}=1.0\ \text{m/s}$。试决定此明渠的断面尺寸。

**6-8** 已知一矩形断面排水暗沟的设计流量 $Q=0.6\ \text{m}^3/\text{s}$，断面宽 $b=0.8\ \text{m}$，渠道粗糙系数 $n=0.014$(砖砌护面)，若断面水深 $h=0.4\ \text{m}$ 时，问此排水沟所需底坡 $i$ 为多少($C$ 按曼宁公式计算)？

**6-9** 有一梯形渠道，用大块石干砌护面($n=0.02$)。已知底宽 $b=7\ \text{m}$，边坡系数 $m=1.5$，底坡 $i=0.001\ 5$，需要通过的流量 $Q=18\ \text{m}^3/\text{s}$，试决定此渠道的正常水深(即均匀流时的水深)$h_0$($C$ 按曼宁公式计算)。

**6-10** 有一梯形渠道，设计流量 $Q=10\ \text{m}^3/\text{s}$，采用小片石干砌护面($n=0.020$)，边坡系数 $m=1.5$，底坡 $i=0.003$，当要求水深 $h=1.5\ \text{m}$ 的情况下，问断面的底宽 $b$ 是多少($C$ 按巴甫洛夫斯基公式计算)？

**6-11** 已知一条长直的钢筋混凝土圆形下水管道($n=0.001\ 4$)的污水流量 $Q=0.2\ \text{m}^3/\text{s}$，管底坡度 $i=0.005$，试决定管道的直径 $d$ 的大小。

**6-12** 有一条长直的钢筋混凝土圆形排水管($n=0.014$)，$d=1\ 000\ \text{mm}$、$i=0.002$，试验算此无压管道通过能力 $Q$ 的大小。

**6-13** 有一条长直的钢筋混凝土圆形排水管($n=0.014$)，管径 $d=500\ \text{mm}$，试问在最大设计充满度下需要多大的管底坡度 $i$ 才能通过 $0.3\ \text{m}^3/\text{s}$ 的流量？

**6-14** 平坡和逆坡渠道的断面单位能量，有无可能沿程增加？

**6-15** 一顺坡明渠渐变流段，长 $l=1\ \text{km}$，全流段平均水力坡度 $\overline{J}=0.001$。若把基准面取在末端过水断面底部以下 $0.5\ \text{m}$，则水流在起始断面的总能量 $E_1=3\ \text{m}$。求末端断面水流所具有的断面单位能量 $e_2$。

**6-16** 问矩形断面的明渠均匀流在临界流状态下，水深与流速水头(即单位重量液体的动能)的关系。

**6-17** 一矩形渠道，断面宽度 $b = 5$ m，通过流量 $Q = 17.25\ m^3/s$，求此渠道水流的临界水深 $h_C(\alpha = 1.0)$。

**6-18** 某山区河流，在一跌坎处形成瀑布(跌水)，过水断面近似矩形，今测得跌坎顶上的水深 $h = 1.2$ m(认为 $h_C = 1.25\ h$ 计)，断面宽度 $b = 11.0$ m，要求估算此时所通过的流量($\alpha = 1.0$ 计)。

**6-19** 有一梯形土渠，底宽 $b = 12$ m，断面边坡系数 $m = 1.5$，粗糙系数 $n = 0.025$，通过流量 $Q = 18\ m^3/s$，求临界水深及临界坡度($\alpha = 1.1$ 计)。

**6-20** 有一段顺直小河，断面近似矩形，已知 $b = 10$ m，$n = 0.040$，$i = 0.03$，$\alpha = 1.0$，$Q = 10\ m^3/s$，试判别在均匀流情况下的水流状态(急流还是缓流)。

**6-21** 有一条运河，过水断面为梯形，已知 $b = 45$ m，$m = 2.0$，$n = 0.025$，$i = 0.333/1\ 000$，$\alpha = 1.0$，$Q = 500\ m^3/s$，试判断在均匀流情况下的水流状态(急流还是缓流)。

**6-22** 在一矩形断面平坡明渠中，有一水跃发生，当跃前断面的 $Fr = 3$ 时，问跃后水深 $h''$ 为跃前水深 $h'$ 的几倍。

**6-23** 有两条底宽 $b$ 均为 2 m 的矩形断面渠道相接，水流在上、下游的条件如图所示，当通过流量 $Q = 8.2\ m^3/s$ 时，上游渠道的正常水深 $h_{01} = 1$ m，下游渠道 $h_{02} = 2$ m，试判明水跃发生在哪段渠道($\alpha = 1$ 计)。

**6-24** 试分析图示的棱柱形渠道中水面曲线连接的可能形式。

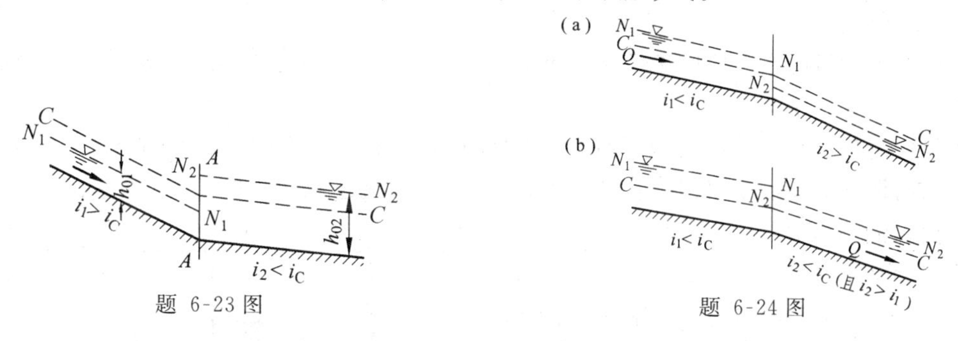


题 6-23 图　　　　题 6-24 图

**6-25** 定性分析图示的棱柱形渠道中水面曲线连接的可能形式。

**6-26** 有一梯形断面小河，其底宽 $b = 10$ m，边坡系数 $m = 1.5$，底坡 $i = 0.000\ 3$，粗糙系数 $n = 0.020$，流量 $Q = 31.2\ m^3/s$，现下游筑一溢水低坝(见图示)，坝高 $H_1 = 2.73$ m，坝上水头 $H = 1.27$ m，要求用分段求和法(分成四段以上)计算筑坝后水位抬高的影响范围 $l$(即淹没范围)。

注：水位抬高不超过原来水位的 1% 即可认为已无影响。

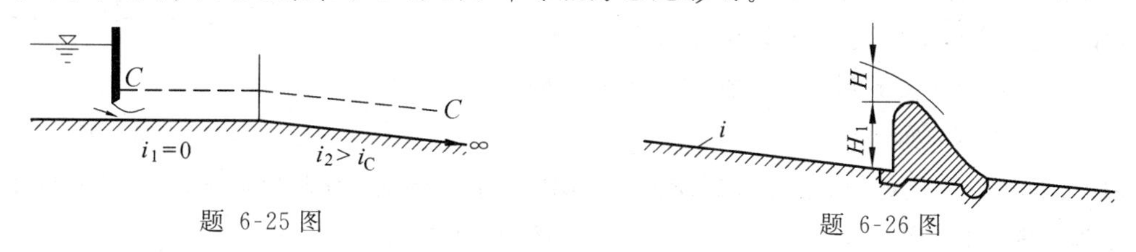


题 6-25 图　　　　题 6-26 图

**6-27** 一土质梯形明渠，底宽 $b = 12$ m，底坡 $i = 0.000\ 2$，边坡系数 $m = 1.5$，粗糙系数 $n = 0.025$，渠长 $l = 8$ km，流量 $Q = 47.7\ m^3/s$，渠末水深 $h_2 = 4$ m。要求用分段求和法(分成五段以上)计算并绘出该水面曲线；并要求根据上述计算给出渠首水深 $h_1$。

# 第七章　堰　　流

本章讨论堰流现象及其水力计算。堰流在工程中应用较广，在水利工程中，常用作引水灌溉、宣泄洪水的水工建筑物；在给排水工程中，堰流是常用的溢流设备和量水设备；在铁路和公路工程中，宽顶堰流理论是小桥涵的水力计算基础。

## 第一节　堰流的定义及分类

无压缓流经障壁溢流时，上游发生壅水，然后水面降落，这一局部水流现象称为堰流，障壁称为堰。障壁对水流的作用，或者是侧向约束，或者是垂向（底坎）约束，前者如小桥涵，后者如闸坝等水工建筑物。

研究堰流的目的在于探讨流经堰的流量 $Q$ 与堰流其他特征量的关系，从而解决工程中提出的有关水力学问题。

表征堰流的特征量有：堰宽 $b$，堰前水头 $H$，堰顶厚度 $\delta$ 和它的剖面形状，下游水深 $h$ 及下游水位高出堰顶的高度 $\Delta$，堰上、下游坎高 $p$ 及 $p'$，行近流速 $v_0$ 等，如图 7-1 所示。

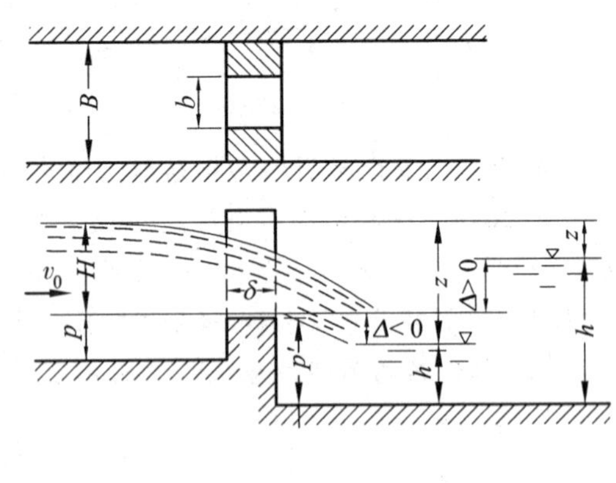

图　7-1

根据堰流的水力特点，可按 $\delta/H$ 的大小将堰划分为三种基本类型：

(1) 薄壁堰 $\delta/H < 0.67$。水流越过堰顶时，堰顶厚度 $\delta$ 不影响水流的特性，如图 7-2(a)。薄壁堰根据堰口的形状，有矩形堰、三角形堰和梯形堰等。

(2) 实用断面堰 $0.67 < \delta/H < 2.5$。堰顶厚度 $\delta$ 影响水舌的形状。实用断面堰的纵剖面可以是曲线形，如图 7-2(b)，也可以是折线形，如图 7-2(c)。

(3) 宽顶堰 $2.5 < \delta/H < 10$。堰顶厚度 $\delta$ 对水流的影响比较明显，如图 7-2(d)。

堰流的特点是可以忽略沿程水头损失，或无沿程水头损失。前者如宽顶堰和实用断面堰，后者如薄壁堰。由于这一特点，堰流公式可具有同样的形式。

当 $\delta/H > 10$ 时，沿程水头损失逐渐起主要作用，不再属于堰流的范畴。

除了 $\delta/H$ 影响堰流性质外，堰流与下游水位的连接关系也是一个重要因素。当下游水深足够小，不影响堰流性质（如堰的过流能力）时，称为自由式堰流，否则称为淹没式堰流。开始影响堰流性质的下游水深，称为淹没标准。

此外，当上游渠道宽度 $B$ 大于堰宽 $b$ 时，称为侧收缩堰，当 $B = b$ 时称为无侧收缩堰。

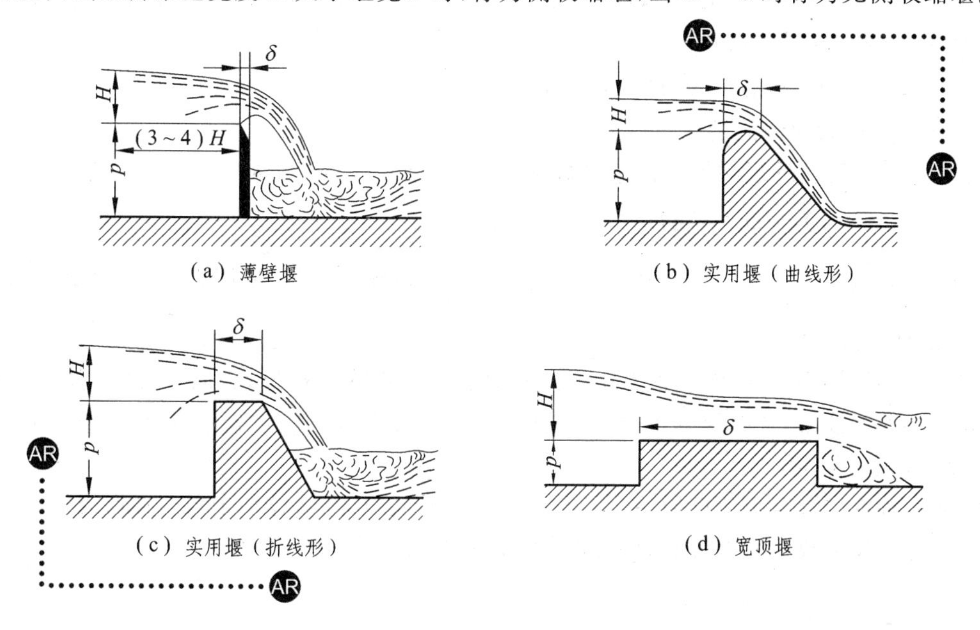


图 7-2

## 第二节 堰流基本公式

薄壁堰、实用断面堰和宽顶堰的水流特点是有差别的，这种差别主要是由堰流边界条件的不同而引起的。同时，它们也具有共性，即都是可以不计或无沿程水头损失。这种共性是堰流的主要矛盾。因此，可以理解，堰流具有同一结构形式的基本公式，而差别则仅表现在某些系数数值的不同上。

现以自由溢流的无侧收缩矩形薄壁堰（见图 7-3）为例，推求堰流基本公式。如图 7-3 所示，过水断面 1-1 取在离堰壁上游 $(3\sim5)H$ 处（据实验和观测证实，此处水面尚无明显降落），过水断面 2-2 的中心与堰顶同高，以通过堰顶的水平面 $O$-$O$ 为基准面，对 1-1 和 2-2 两过水断面写恒定总流的能量方程，有

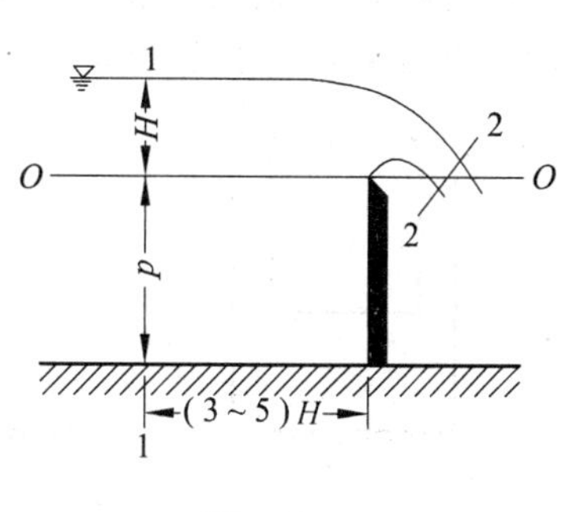


图 7-3

$$H + \frac{\alpha_0 v_0^2}{2g} = \frac{p_2}{\gamma} + \frac{\alpha_2 v_2^2}{2g} + \zeta \frac{v_2^2}{2g}$$

式中，$\zeta$ 为堰进口所引起的局部阻力系数；$p_2/\gamma$ 为 2-2 断面的平均压强水头，$p_2/\gamma \approx 0$。

若令 $H_0 = H + \alpha_0 v_0^2/2g$，则由上式可得

$$v_2 = \frac{1}{\sqrt{\alpha_2 + \zeta}} \sqrt{2gH_0} = \varphi \sqrt{2gH_0}$$

故 $$Q = v_2 A_2 = \varphi be\sqrt{2gH_0}$$

式中，$\varphi = 1/\sqrt{\alpha_2 + \zeta}$，为流速系数；$b$ 为堰宽；$e$ 为断面 2-2 上水舌的厚度，可用 $H_0$ 表示，即令 $e = kH_0$，$k$ 为系数，则上式成为

$$Q = \varphi k b \sqrt{2g} H_0^{1.5} = mb\sqrt{2g} H_0^{1.5} \tag{7-1}$$

式中，$m = k\varphi$，称为堰流流量系数。

如果将行近流速的影响纳入流量系数中去考虑，则式(7-1) 成为

$$Q = m_0 b\sqrt{2g} H^{1.5} \tag{7-2}$$

其中，$m_0 = m\left(1 + \frac{\alpha_0 v_0^2}{2g}/H\right)^{1.5}$，为计及行近流速的堰流流量系数。采用式(7-1) 或式(7-2) 进行计算，各有方便之处。

式(7-1) 或式(7-2) 虽然是根据矩形薄壁堰推导出来的流量公式，但若仿此，对实用断面堰和宽顶堰进行推导，将得到与式(7-1) 或式(7-2) 一样形式的流量公式。因此，式(7-1) 或式(7-2) 称为堰流基本公式①。

如果下游水位影响堰流性质，在相同水头 $H$ 情况下，其流量 $Q$ 小于自由式堰流的流量，可用小于 1 的淹没系数 $\sigma$ 表明其影响，因此淹没式的堰流公式可表示为

$$Q = \sigma mb\sqrt{2g}\, H_0^{1.5} \tag{7-3}$$

或

$$Q = \sigma m_0 b\sqrt{2g} H^{1.5} \tag{7-4}$$

下面将着重讨论薄壁堰和宽顶堰的水流特点。

## 第三节 薄 壁 堰

### 1. 矩形堰

堰口形状为矩形的薄壁堰，叫做矩形堰，如图 7-4 所示。

图 7-5 是经无侧收缩、自由式、水舌下通风的矩形薄壁正堰②（称为完全堰）的溢流，系根据巴赞(Bazin) 的实测数据用水头 $H$ 作为参数绘制的。由图可见，当 $\delta/H < 0.67$ 时，堰顶的厚度不影响堰流的性质，这正是薄壁堰的特点。

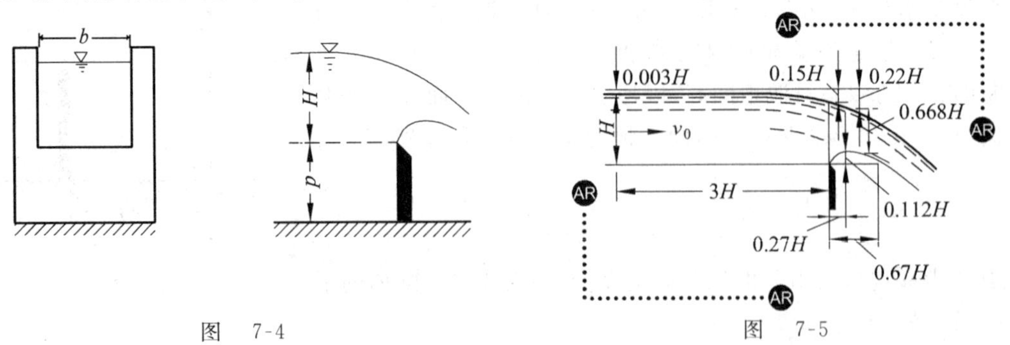


图 7-4　　　　图 7-5

由于薄壁堰主要用作量水设备，故用式(7-2) 较为方便。水头 $H$ 在堰板上游大于 $3H$ 的地

① 堰流基本公式也可据量纲分析法导得，见第九章。

② 与水流方向正交的堰称为正堰。

方量测，流量系数 $m_0$ 的数值大致为 0.42 ～ 0.50，可采用雷布克(Rehbock) 公式(1912)

$$m_0 = 0.403 + 0.053\frac{H}{p} + \frac{0.0007}{H} \tag{7-5}$$

式中，$H$ 以米计，该式的适用范围为：$0.10 < p < 1.0(\text{m})$，$2.4 < H < 60(\text{cm})$，且 $\frac{H}{p} < 1$。

流量系数 $m_0$ 也可采用巴赞公式(1889)

$$m_0 = \left(0.405 + \frac{0.0027}{H}\right)\left[1 + 0.55\left(\frac{H}{H+p}\right)^2\right] \tag{7-6}$$

式中，$H$ 以米计。该式的适用范围为：$0.2 < b < 2.0(\text{m})$，$0.24 < p < 1.13(\text{m})$，$0.05 < H < 0.60\ (\text{m})$。

对于有侧向收缩($B/b > 1$) 的情况，在相同的 $b$、$p$ 和 $H$ 条件下，其流量比完全堰要小些。可用某一较小的流量系数 $m_c$ 代替 $m_0$，以计及这一影响。

$$Q = m_c b\sqrt{2g}H^{1.5} \tag{7-7}$$

和

$$m_c = \left(0.405 + \frac{0.0027}{H} - 0.03\frac{B-b}{H}\right) \times \left[1 + 0.55\left(\frac{b}{B}\right)^2\left(\frac{H}{H+p}\right)^2\right] \tag{7-8}$$

式中，$H$ 以米计。

当堰下游水位高于堰顶且下游发生淹没水跃时，将会影响堰流性质，形成淹没式堰流。前者为淹没的必要条件，后者则为充分条件。

如图 7-6 所示，设 $z_C$ 为堰流溢至下游渠道后即将发生淹没水跃(即临界水跃式水流连接) 的堰上、下游水位差。当 $z > z_C$ 时，在下游渠道发生远驱水跃水流连接，为自由式堰流；当 $z < z_C$ 时，即发生淹没水跃。因此薄壁堰的淹没标准为

$$z \leqslant z_C \tag{7-9a}$$

或

$$\frac{z}{p'} \leqslant \left(\frac{z}{p'}\right)_C \tag{7-9b}$$

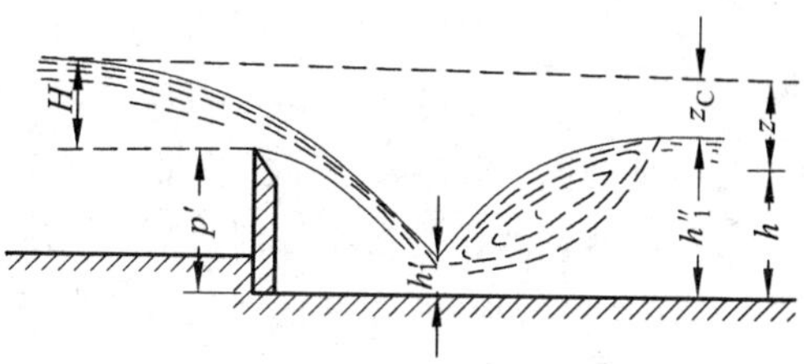

图　7-6

式中，$z$ 为堰上、下游水位差。$(z/p')_C$ 与 $H/p'$ 及计及行近流速的流量系数 $m_0$ 有关，可由表 7-1 查取。

**表 7-1　薄壁堰相对落差临界值 $\left(\frac{z}{p'}\right)_c$**

| $m_0$ | $\frac{H}{p'}$ | | | | | | | |
|---|---|---|---|---|---|---|---|---|
| | 0.10 | 0.20 | 0.30 | 0.40 | 0.50 | 0.75 | 1.00 | 1.50 |
| 0.42 | 0.89 | 0.84 | 0.80 | 0.78 | 0.76 | 0.73 | 0.73 | 0.76 |
| 0.46 | 0.88 | 0.82 | 0.78 | 0.76 | 0.74 | 0.71 | 0.70 | 0.73 |
| 0.48 | 0.86 | 0.80 | 0.76 | 0.74 | 0.71 | 0.68 | 0.67 | 0.70 |

淹没式堰的流量公式为式(7-4)，其中淹没系数 $\sigma$ 可用巴赞公式

$$\sigma = 1.05\left(1 + 0.2\frac{\Delta}{p'}\right)\sqrt[3]{\frac{z}{H}} \tag{7-10}$$

式中，$\Delta$ 为下游水位高出堰顶的高度。

**2. 三角堰**

堰口形状为三角形的薄壁堰，称为三角形堰，简称三角堰，如图 7-7 所示。

若量测的流量较小(如 $Q<0.1\ \mathrm{m^3/s}$)，采用矩形薄壁堰则因水头过小，测量水头的相对误差增大，一般改用三角形薄壁堰。三角堰的流量公式为

$$Q = MH^{2.5} \tag{7-11}$$

上式可由式(7-2)中 $b = 2H\tan\dfrac{\theta}{2}$ 得到，当 $\theta = 90°$，$H = 0.05 \sim 0.25\ \mathrm{m}$ 时，可用下式计算

$$Q = 0.015\,4H^{2.47}\ (\mathrm{L/s}) \tag{7-12}$$

式中，$H$ 为堰顶水头，以厘米计。

**3. 梯形堰**

当流量大于三角堰量程(约 50 L/s 以下)而又不能用无侧收缩矩形堰时，常采用梯形堰(如图 7-8 所示)。梯形堰实际上是矩形堰(中间部分)和三角堰(两侧部分)合成的组合堰。因此，经梯形堰的流量为两堰流量之和，即

$$Q = m_0 b\sqrt{2g}H^{1.5} + MH^{2.5} = \left(m_0 + \frac{MH}{\sqrt{2g}b}\right)b\sqrt{2g}H^{1.5}$$

令 $m_t = m_0 + \dfrac{MH}{\sqrt{2g}b}$，得

$$Q = m_t b\sqrt{2g}H^{1.5} \tag{7-13}$$

实验研究表明，当 $\theta = 14°$ 时，流量系数 $m_t$ 不随 $H$ 及 $b$ 变化，且约为 0.42。

利用薄壁堰作为量水计时，测量水头 $H$ 的位置必须在堰板上游 $3H$ 或更远。为了减小水面波动，提高测量精度，在堰槽上应设置整流栅。

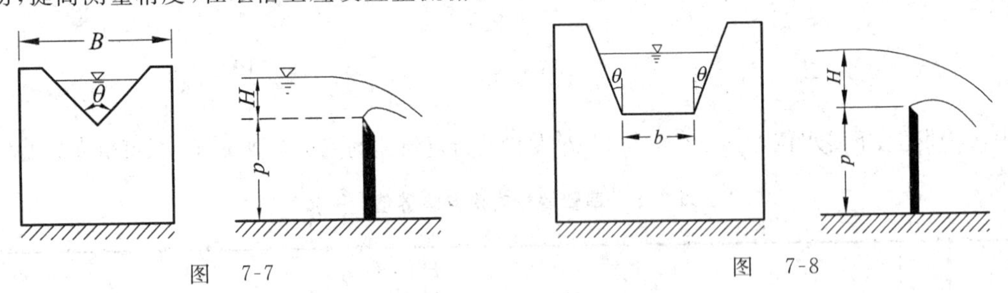


图 7-7　　图 7-8

## 第四节　宽　顶　堰

许多水工建筑物的水流性质，从水力学的观点来看，一般都属于宽顶堰流。例如：小桥桥孔的过水，无压短涵管的过水，水利工程中的节制闸、分洪闸、泄水闸、灌溉工程中的进水闸、分水闸、排水闸等，当闸门全开时都具有宽顶堰的水力性质，因此宽顶堰理论与水工建筑物的设计有密切的关系。

宽顶堰上的水流现象是很复杂的，根据主要特点，抽象出的计算图形如图 7-9 及图 7-10 所示。

下面先讨论自由式无侧收缩宽顶堰，然后再就淹没及侧收缩等因素对堰流的影响进行讨论。在工程中，宽顶堰堰口形状一般为矩形。

### 1. 自由式无侧收缩宽顶堰

自由式宽顶堰的水流特点为：在进口不远处形成一收缩水深 $h_1$（即水面第一次降落），此收缩水深 $h_1$ 小于堰顶断面的临界水深 $h_C$，然后形成流线近似平行于堰顶的渐变流，最后在出口（堰尾）水面再次下降（即水面第二次降落），如图 7-9 所示。

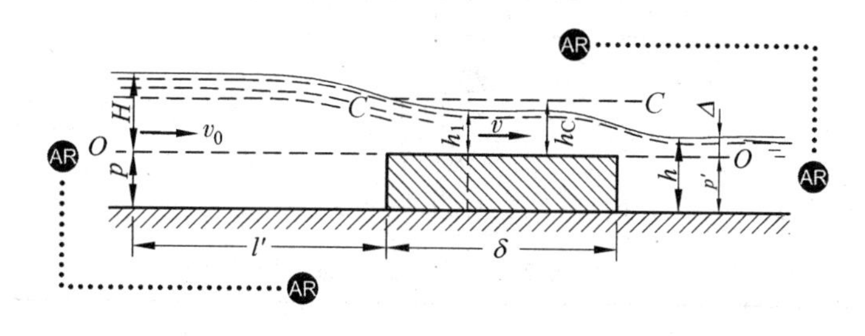


图 7-9

自由式无侧收缩宽顶堰的流量计算可采用堰流基本公式(7-1)，即

$$Q = mb\sqrt{2g}H_0^{1.5}$$

其中流量系数 $m$ 与堰的进口形式以及堰的相对高度 $p/H$ 有关，可按经验公式计算：

当 $p/H > 3$ 时，直角边缘进口 $m = 0.32$；圆进口 $m = 0.36$。

当 $0 \leqslant p/H \leqslant 3$ 时，对直角边缘进口

$$m = 0.32 + 0.01\frac{3 - \frac{p}{H}}{0.46 + 0.75\frac{p}{H}} \tag{7-14}$$

对堰顶进口为圆角（当 $r/H \geqslant 0.2$，$r$ 为圆进口弧半径）

$$m = 0.36 + 0.01\frac{3 - \frac{p}{H}}{1.2 + 1.5\frac{p}{H}} \tag{7-15}$$

根据理论推导，宽顶堰的流量系数最大不超过 0.385。因此，宽顶堰的流量系数 $m$ 的变化范围在 0.32 ~ 0.385 之间。

### 2. 淹没式无侧收缩宽顶堰

自由式宽顶堰堰顶水深 $h_1$ 小于临界水深，即堰顶水流为急流。从图 7-9 可见，当下游水位低于坎高时，即 $\Delta < 0$，下游水流绝不会影响堰顶水流的性质。因此 $\Delta > 0$ 是下游水位影响堰顶水流的必要条件，即 $\Delta > 0$ 是形成淹没式堰的必要条件。至于形成淹没式堰的充分条件，是堰顶水流由急流因下游水位影响而转变为缓流。但是，由于障壁的影响，堰下游水流情况复杂，使其发生淹没水跃的条件也复杂化了。通过实验，可以认为淹没式宽顶堰的充分条件是

$$\Delta = h - p' \geqslant 0.8H_0 \tag{7-16}$$

当满足条件(7-16)时，为淹没式宽顶堰。淹没式宽顶堰的计算图式如图 7-10 所示。堰顶水深以 $h_2$ 表示，受下游水位影响决定，$h_2 = \Delta - z'$（$z'$ 称为动能恢复），且 $h_2 > h_C$。

淹没式无侧收缩宽顶堰的流量计算可采用式 (7-3)，即

$$Q = \sigma mb\sqrt{2g}H_0^{1.5}$$

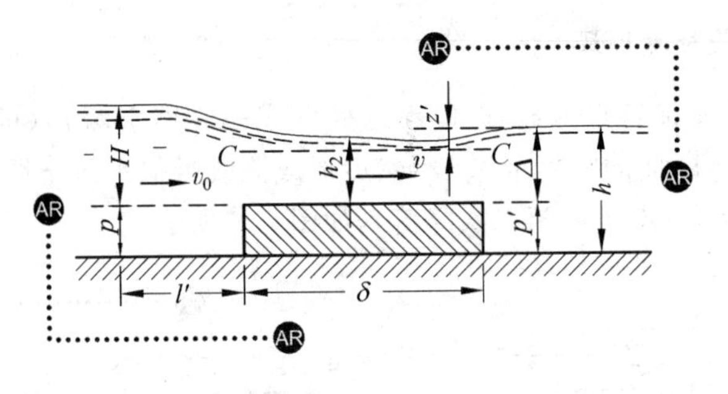


图 7-10

其中，淹没系数 $\sigma$ 是 $\Delta/H_0$ 的函数，其实验结果见表 7-2。

**表 7-2 淹 没 系 数**

| $\frac{\Delta}{H_0}$ | 0.80 | 0.81 | 0.82 | 0.83 | 0.84 | 0.85 | 0.86 | 0.87 | 0.88 | 0.89 |
|---|---|---|---|---|---|---|---|---|---|---|
| $\sigma$ | 1.00 | 0.995 | 0.99 | 0.98 | 0.97 | 0.96 | 0.95 | 0.93 | 0.90 | 0.87 |
| $\frac{\Delta}{H_0}$ | 0.90 | 0.91 | 0.92 | 0.93 | 0.94 | 0.95 | 0.96 | 0.97 | 0.98 | |
| $\sigma$ | 0.84 | 0.82 | 0.78 | 0.74 | 0.70 | 0.65 | 0.59 | 0.50 | 0.40 | |

**3. 侧收缩宽顶堰**

如堰前引水渠道宽度 $B$ 大于堰宽 $b$，则水流流进堰后，在侧壁发生分离，使堰流的过水断面宽度实际上小于堰宽，同时也增加了局部水头损失，用侧收缩系数 $\varepsilon$ 考虑上述影响，则自由式宽顶堰的流量公式为

$$Q = m\varepsilon b\sqrt{2g}H_0^{1.5} = mb_c\sqrt{2g}H_0^{1.5} \tag{7-17}$$

式中，$b_c = \varepsilon b$，称为收缩堰宽。

淹没式宽顶堰流量公式为

$$Q = \sigma m\varepsilon b\sqrt{2g}H_0^{1.5} = \sigma mb_c\sqrt{2g}H_0^{1.5} \tag{7-18}$$

收缩系数 $\varepsilon$ 由实验资料得经验公式

$$\varepsilon = 1 - \frac{a}{\sqrt[3]{0.2 + \frac{p}{H}}}\sqrt[4]{\frac{b}{B}}\left(1 - \frac{b}{B}\right) \tag{7-19}$$

式中，$a$ 为墩形系数，矩形边缘 $a = 0.19$，圆形边缘 $a = 0.1$。

**例 7-1** 求流经直角进口无侧收缩宽顶堰的流量 $Q$。已知堰顶水头 $H = 0.85$ m，坎高 $p = p' = 0.50$ m，堰下游水深 $h = 1.12$ m，堰宽 $b = 1.28$ m。取动能修正系数 $\alpha = 1.0$。

**解**

(1) 首先判明此堰是自由式还是淹没式

$$\Delta = h - p' = 1.12 - 0.5 = 0.62 \text{ m} > 0$$

故淹没式的必要条件满足，但

$$0.8H_0 > 0.8H = 0.8 \times 0.85 = 0.68 \text{ m} > \Delta$$

则淹没式的充分条件不满足，故是自由式宽顶堰。

(2) 计算流量系数 $m$

因 $\dfrac{p}{H} = \dfrac{0.50}{0.85} = 0.588 < 3$，则由式(7-14)得

$$m = 0.32 + 0.01 \frac{3 - 0.588}{0.46 + 0.75 \times 0.588} = 0.347$$

(3) 计算流量 $Q$

由于 $H_0 = H + \dfrac{\alpha Q^2}{2g[b(H+p)]^2}$，故

$$Q = mb\sqrt{2g}H_0^{1.5} = mb\sqrt{2g}\left[H + \frac{\alpha Q^2}{2gb^2(H+p)^2}\right]^{1.5}$$

在计算中常采用迭代法解此高次方程。将有关数据代入上式

$$Q = 0.347 \times 1.28 \times \sqrt{2 \times 9.8} \times \left[0.85 + \frac{1.0 \times Q^2}{2 \times 9.8 \times 1.28^2 \times (0.85 + 0.5)^2}\right]^{1.5}$$

得迭代式

$$Q_{(n+1)} = 1.966 \times \left[0.85 + \frac{Q_{(n)}^2}{58.525}\right]^{1.5}$$

式中，下标 $n$ 为迭代循环变量。取初值 $(n = 0)Q_{(0)} = 0$，得

第一次近似值：$Q_{(1)} = 1.966 \times 0.85^{1.5} = 1.54 \text{ m}^3/\text{s}$ $(n = 0)$

第二次近似值：$Q_{(2)} = 1.966 \times \left[0.85 + \dfrac{1.54^2}{58.525}\right]^{1.5} = 1.65 \text{ m}^3/\text{s}$ $(n = 1)$

第三次近似值：$Q_{(3)} = 1.966 \times \left[0.85 + \dfrac{1.65^2}{58.525}\right]^{1.5} = 1.67 \text{ m}^3/\text{s}$ $(n = 2)$

现

$$\left|\frac{Q_{(3)} - Q_{(2)}}{Q_{(3)}}\right| = \frac{1.67 - 1.65}{1.67} \doteq 0.01$$

若此计算误差小于要求的误差限值，则 $Q \doteq Q_{(3)} = 1.67 \text{ m}^3/\text{s}$，当计算误差限值要求为 $\varepsilon$ 时，要一直计算到

$$\left|\frac{Q_{(n+1)} - Q_{(n)}}{Q_{(n+1)}}\right| < \varepsilon$$

为此，则 $Q \doteq Q_{(n+1)}$。

(4) 校核堰上游是否为缓流

$$v_0 \approx \frac{Q_{(3)}}{b(H+p)} = \frac{1.67}{1.28 \times (0.85 + 0.5)} = 0.97 \text{ m/s}$$

$$Fr = \frac{v_0^2}{g(H+p)} = \frac{0.97^2}{9.8 \times 1.35} = 0.071 < 1$$

故上游水流确为缓流，缓流流经障壁形成堰流。上述计算有效。

从上述计算可知，用迭代法求解宽顶堰流量高次方程，是一种行之有效的方法，但计算繁琐，可编制程序，用电子计算机求解。

# 第五节　小桥孔径水力计算

小桥、无压短涵管、灌溉系统的节制闸等的孔径计算，基本上都是利用宽顶堰理论。

下面将以小桥孔径计算为讨论对象。从水力学观点看来，无压短涵管、节制闸等的计算，原则上与小桥的计算方法相同。

## 1. 小桥孔径的水力计算公式

小桥的过水情况与上节所述宽顶堰相同，这里堰流的发生是在缓流河沟中，由于路基及墩台约束了河沟过水面积而引起侧收缩的结果，一般坎高 $p = p' = 0$。

小桥过水也分自由式和淹没式两种情况，如图 7-11 所示。

实验发现，当桥下游水深 $h < 1.3h_C$（$h_C$ 是桥孔水流的临界水深）时，为自由式小桥过水，如图 7-11(a) 所示。当 $h \geqslant 1.3h_C$ 时，为淹没式小桥过水，如图 7-11(b) 所示。这就是小桥过水的淹没标准。

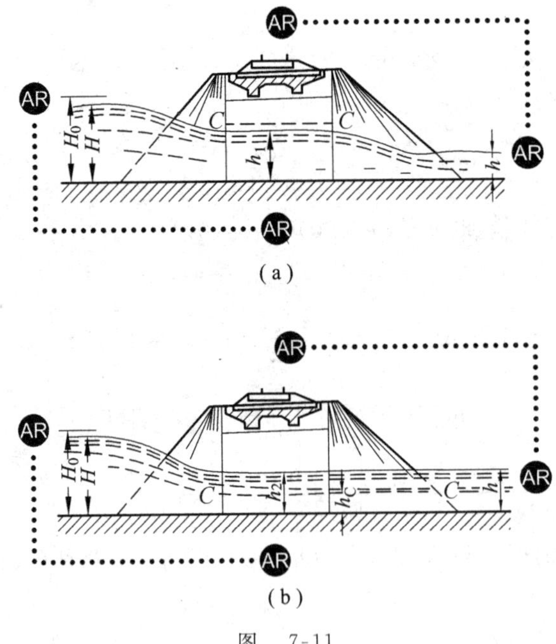


图　7-11

自由式小桥桥孔中水流的水深 $h_1 < h_C$，令 $h_1 = \psi h_C$，这里 $\psi$ 为垂向收缩系数，$\psi < 1$，视小桥进口形状决定其数值。

淹没式小桥桥孔中水流的水深为 $h_2$。若忽略小桥出口的动能恢复 $z'$，则 $h_2 = h$，即淹没式小桥桥下水深等于桥下游水深。

小桥孔径的水力计算公式可由恒定总流的能量方程导得。

自由式时

$$v = \varphi\sqrt{2g(H_0 - \psi h_C)} \tag{7-20}$$

$$Q = \varepsilon b\psi h_C \varphi\sqrt{2g(H_0 - \psi h_C)} \tag{7-21}$$

淹没式时

$$v = \varphi\sqrt{2g(H_0 - h)} \tag{7-22}$$

$$Q = \varepsilon bh\varphi\sqrt{2g(H_0 - h)} \tag{7-23}$$

式中，$\varepsilon$、$\varphi$ 分别为小桥的侧收缩系数和流速系数，与小桥进口形式有关，其实验值列于表 7-3 中。

**表 7-3　小桥的收缩系数和流速系数**

| 桥台形状 | 收缩系数 $\varepsilon$ | 流速系数 $\varphi$ |
| --- | --- | --- |
| 单孔、有锥体填土(锥体护坡) | 0.90 | 0.90 |
| 单孔、有八字翼墙 | 0.85 | 0.90 |
| 多孔或无锥体填土<br>多孔或桥台伸出锥体之外 | 0.80 | 0.85 |
| 拱脚浸水的拱桥 | 0.75 | 0.80 |

**2. 小桥孔径水力计算原则**

由水文计算决定设计流量 $Q$。当此流量流经小桥时，应保证桥下不发生冲刷，即要求桥孔流速 $v$ 不超过桥下铺砌材料或天然土壤的不冲刷允许流速 $v'$；同时，桥前壅水水位 $H$ 不大于规范允许值 $H'$，该值由路肩标高及桥梁梁底标高决定。

在设计中，其程序一般是从允许流速 $v'$ 出发设计小桥孔径 $b$，同时考虑标准孔径 $B$，使 $B \geqslant b$，再校核桥前壅水水位 $H$，使 $H \leqslant H'$；总之，在设计中应考虑 $v'$、$B$ 及 $H'$ 三个因素。

由于小桥过水的淹没标准是 $h \geqslant 1.3h_C$，因此必须建立 $v'$、$B$ 及 $H'$ 与 $h_C$ 的关系。下面以矩形过水断面的小桥孔为例，讨论 $v$、$H$ 及 $b$ 等水力要素与 $h_C$ 的关系。

桥下过水断面宽度为 $b$，当水流发生侧向收缩时，有效水流宽度为 $\varepsilon b$，则临界水深与流量的关系为

$$h_C = \sqrt[3]{\frac{\alpha Q^2}{g(\varepsilon b)^2}} \tag{7-24}$$

在临界水深 $h_C$ 的过水断面上的流速为临界流速 $v_C$，存在 $Q = A_C v_C = \varepsilon b h_C v_C$ 的关系，则式 (7-24) 可化成

$$h_C = \frac{\alpha v_C^2}{g}$$

当以允许流速 $v'$ 进行设计时，考虑到自由式小桥的桥下水深为 $h_1 = \psi h_C$，则根据恒定总流的连续方程，有

$$Q = \varepsilon b h_C v_C = \varepsilon b h_1 v' = \varepsilon b \psi h_C v'$$

即

$$v_C = \psi v'$$

因此临界水深与允许流速 $v'$ 的关系为

$$h_C = \frac{\alpha v_C^2}{g} = \frac{\alpha \psi^2 v'^2}{g} \tag{7-25}$$

再将 $Q = m\varepsilon b\sqrt{2g}H_0^{1.5}$ 代入式(7-24) 得临界水深与壅水水深的关系为

$$h_C = \sqrt[3]{2\alpha m^2}\, H_0 \tag{7-26}$$

当取 $m = 0.34$，$\alpha = 1$ 时，则 $h_C = 0.614\ H_0 \approx (0.8/1.3)H_0$，由此可见，宽顶堰的淹没标准 $\Delta \geqslant 0.8H_0$ 与小桥过水的淹没标准 $h \geqslant 1.3h_C$ 基本是一致的。

再将 $Q = m\varepsilon b\sqrt{2g}H_0^{1.5}$ 与式(7-21) 比较，可得流量系数 $m = \varphi\psi(h_C/H_0)\sqrt{1-\psi(h_C/H_0)}$，故

式(7-26) 又呈另一形式

$$h_C = \frac{2\alpha\varphi^2\psi^2}{1+2\alpha\varphi^2\psi^3}H_0 \tag{7-27}$$

式(7-24) 至式(7-27) 是临界水深 $h_K$ 与 $b$、$v'$ 及 $H$ 的关系式。

当进行设计时,需根据小桥进口形式选用有关系数,$\varepsilon$ 和 $\varphi$ 的实验值见表 7-3,至于动能修正系数可取 $\alpha = 1.0$,垂向收缩系数 $\psi = h_1/h_C$ 依进口形式而异,对非平滑进口,$\psi = 0.75 \sim 0.80$;对平滑进口,$\psi = 0.80 \sim 0.85$。有的设计方法认为 $\psi = 1.0$。

公路、铁路桥梁的标准孔径一般有 4,5,6,8,12,16,20 米等十多种。

**例 7-2** 试设计一矩形断面小桥孔径 $B$。已知河道设计流量(据水文计算得)$Q = 8.5\ \mathrm{m^3/s}$,桥前允许壅水水深 $H' = 1.5\ \mathrm{m}$,桥下铺砌允许流速 $v' = 3.5\ \mathrm{m/s}$,桥下游水深(据桥下游河段流量—水位关系曲线求得)$h = 1.10\ \mathrm{m}$,选定小桥进口形式后知 $\varepsilon = 0.90$,$\varphi = 0.90$,$\psi = 0.85$,取动能修正系数 $\alpha = 1.0$。

**解**

(1) 从 $v = v'$ 出发进行设计。由式(7-25) 得

$$h_C = \frac{\alpha\psi^2 v'^2}{g} = \frac{1.0\times 0.85^2\times 3.5^2}{9.8} = 0.902\ \mathrm{m}$$

因 $1.3h_C = 1.3\times 0.902 = 1.17\mathrm{m} > h = 1.10\ \mathrm{m}$,故此小桥过水为自由式。

由 $Q = Av = \varepsilon b\psi h_C v'$ 得

$$b = \frac{Q}{\varepsilon\psi h_C v'} = \frac{8.5}{0.90\times 0.85\times 0.902\times 3.5} = 3.52\ \mathrm{m}$$

取标准孔径 $B = 4\ \mathrm{m} > b = 3.52\ \mathrm{m}$

(2) 由于 $B > b$,原自由式可能转变成淹没式,需再利用式(7-24) 计算孔径为 $B$ 时的临界水深 $h'_C$

$$h'_C = \sqrt[3]{\frac{\alpha Q^2}{g(\varepsilon B)^2}} = \sqrt[3]{\frac{1.0\times 8.5^2}{9.8\times(0.90\times 4)^2}} = 0.828\ \mathrm{m}$$

$1.3h'_C = 1.08\ \mathrm{m} < h = 1.10\ \mathrm{m}$,此小桥过水已转变为淹没式。

(3) 校核桥前壅水水深 $H$

桥下流速

$$v = \frac{Q}{\varepsilon Bh} = \frac{8.5}{0.90\times 4\times 1.1} = 2.15\ \mathrm{m/s}$$

由式(7-22) 得

$$H < H_0 = \frac{v^2}{2g\varphi^2} + h = \frac{2.15^2}{2\times 9.8\times 0.90^2} + 1.1$$
$$= 1.39\ \mathrm{m} < H' = 1.50\ \mathrm{m}$$

计算结果表明,采用标准孔径 $B = 4\ \mathrm{m}$时,对桥下允许流速和桥前允许壅水水深均可满足要求。至于从 $H = H'$ 出发的设计方法请读者自行分析。

## 思 考 题

**1.** 何谓堰流?堰流的特点是什么?

**2.** 仅用能量方程和连续性方程能否解决堰流问题?

**3.** 为什么不同堰型的流量计算公式具有相同的结构形式？

**4.** 为什么在宽顶堰进口处必然形成水面跌落？

**5.** 宽顶堰的淹没过程是怎样的？其淹没的充要条件是什么？

**6.** 小桥涵的过水现象与宽顶堰流相似的原因是什么？

## 习　　题

**7-1**　设待测最大流量 $Q = 0.30\ \mathrm{m^3/s}$，水头 $H$ 限制在 $0.20\ \mathrm{m}$ 以下，堰高 $p = 0.50\ \mathrm{m}$，试设计完全堰的堰宽 $b$。

**7-2**　已知完全堰的堰宽 $b = 1.50\ \mathrm{m}$，堰高 $p = 0.70\ \mathrm{m}$，流量 $Q = 0.50\ \mathrm{m^3/s}$。求水头 $H$（提示，先设 $m_0 = 0.42$）。

**7-3**　在一矩形断面的水槽末端设置一矩形薄壁堰，水槽宽 $B = 2.00\ \mathrm{m}$，堰宽 $b = 1.20\ \mathrm{m}$，堰高 $p = p' = 0.50\ \mathrm{m}$，求水头 $H = 0.25\ \mathrm{m}$ 时自由式堰的流量 $Q$。

**7-4**　设欲测流量的变化幅度为 3 倍，求用 $90^\circ$ 三角堰或完全堰时的水头变化幅度。设完全堰的流量系数 $m_0$ 为常数。

**7-5**　一直角进口无侧收缩宽顶堰，堰宽 $b = 4.00\ \mathrm{m}$，堰高 $p = p' = 0.60\ \mathrm{m}$，水头 $H = 1.20\ \mathrm{m}$，堰下游水深 $h = 0.80\ \mathrm{m}$，求通过的流量 $Q$。

**7-6**　设上题的下游水深 $h = 1.70\ \mathrm{m}$，求流量 $Q$。

**7-7**　一圆进口无侧收缩宽顶堰，堰高 $p = p' = 3.4\ \mathrm{m}$，堰顶水头 $H$ 限制为 $0.86\ \mathrm{m}$，通过流量 $Q = 22\ \mathrm{m^3/s}$，求堰宽 $b$ 及不使堰流淹没的下游最大水深。

**7-8**　设在一混凝土矩形断面直角进口溢洪道上进行水文测验。溢洪道进口当作一宽顶堰来考虑，测得溢洪道上游渠底标高 $z_0 = 0$，溢洪道底标高 $z_1 = 0.40\ \mathrm{m}$，堰上游水面标高 $z_2 = 0.60\ \mathrm{m}$，堰下游水面标高 $z_3 = 0.50\ \mathrm{m}$。求经过此溢洪道的单宽流量 $q = \dfrac{Q}{b}$。

**7-9**　证明自由式小桥过水的流量系数 $m = \dfrac{2\alpha\varphi^3\psi^3}{(1 + 2\alpha\varphi^2\psi^3)^{1.5}}$。

**7-10**　证明自由式小桥孔径 $b = \dfrac{gQ}{\varepsilon\alpha\psi^3 v'^3}$，此式说明提高桥下允许流速可大大缩小孔径。

**7-11**　选用定型设计小桥孔径 $B$。已知设计流量 $Q = 15\ \mathrm{m^3/s}$，取碎石单层铺砌加固河床，其允许流速 $v' = 3.5\ \mathrm{m/s}$，桥下游水深 $h = 1.3\ \mathrm{m}$，取 $\varepsilon = 0.90$，$\varphi = 0.90$，$\psi = 1$（在一些设计部门，小型建筑物的 $\psi$ 值取 1），允许壅水高度 $H' = 2.00\ \mathrm{m}$。

**7-12**　在上题中，若下游水深 $h = 1.6\ \mathrm{m}$，再选定型设计小桥孔径 $B$。

**7-13**　现有一已建成的喇叭进口小桥，其孔径 $B = 8\ \mathrm{m}$，已知 $\varepsilon = 0.90$，$\varphi = 0.90$，$\psi = 0.80$，试核算在可能最大流量 $Q = 40\ \mathrm{m^3/s}$（该桥下游水深 $h = 1.5\ \mathrm{m}$）时桥下流速 $v$ 及桥前壅水水深 $H$。

**7-14**　试从 $H = H'$ 出发设计一小桥孔径 $B$。已知设计流量 $Q = 30\ \mathrm{m^3/s}$，桥前允许壅水水深 $H' = 1.20\ \mathrm{m}$，桥下铺砌允许流速 $v = 3.5\ \mathrm{m/s}$，桥下游水深 $h = 1.0\ \mathrm{m}$。选定小桥进口形式后知 $\varepsilon = 0.85$，$\varphi = 0.90$，$\psi = 0.80$。

**7-15**　一钟形进口箱涵（矩形断面的涵洞），已知 $\varepsilon = 0.90$，$\varphi = 0.95$，$\psi = 0.8$，设计流量 $Q = 9\ \mathrm{m^3/s}$，下游水深 $h = 1.60\ \mathrm{m}$，涵前允许壅水深度 $H' = 1.80\ \mathrm{m}$，试计算孔径 $b$（暂不考虑标准孔径 $B$）。

# 第八章　渗　　流

流体在多孔介质中的流动称为**渗流**。渗流理论除了广泛应用于水利、化工、地质、采矿、给水排水等工程部门外，铁路和公路的路基排水、隧道的防排水以及土建工程中的围堰或基坑的排水量和水位降落等设计计算，也都涉及有关渗流的问题。

水在岩石或土壤孔隙中的存在状态有：气态水、附着水、薄膜水、毛细水和重力水。重力水在介质中的运动是受重力作用的结果。本章研究的对象就是重力水在岩石或土壤中的运动规律。水在岩石或土壤孔隙中的流动是渗流中的一个重要部分，也称**地下水运动**。

地下水的运动除了与水的物理性质有关外，岩土的特性对水的渗透性质有很大的影响。一般可将岩土分类为：

(1) 均质岩土　渗透性质与渗流场空间点的位置无关，又分成：① 各向同性岩土，其渗透性质与渗流的方向无关，例如沙土；② 各向异性岩土，渗透性质与渗流方向有关，例如黄土、沉积岩等。

(2) 非均质岩土　渗透性质与渗流场空间点位置有关。

以下我们主要着眼于最简单的渗流 —— 均质各向同性岩土中的重力水的恒定流。

## 第一节　渗流基本定律

### 1. 渗流模型

自然土壤的颗粒，在形状和大小上相差悬殊，而且颗粒间孔隙形成的通道，在形状、大小和分布上也很不规则。因此，水在土壤间的通道中的运动是很复杂的，要详细考察每个孔隙中的流动状况是非常困难的，一般也无此必要，工程中所关心的主要是渗流的宏观平均效果。因此，我们按照工程实际的需要对渗流加以简化：一是不考虑渗流的实际路径，只考虑它的主要流向；二是不考虑土壤颗粒，认为孔隙和土壤颗粒所占的空间之总和均为渗流所充满。

在渗流场中取一与主流方向正交的微小面积 $\Delta A$，但其中包含了足够多的孔隙和土壤颗粒，设通过孔隙面积 $m\Delta A$（$m$ 为孔隙率，是孔隙面积与微小面积 $\Delta A$ 的比值）的渗流流量为 $\Delta Q$，则渗流在足够多孔隙中的统计平均流速定义为

$$u' = \frac{\Delta Q}{m\Delta A} \tag{8-1}$$

它表征了渗流在孔隙中的运动情况。

但是，在讨论渗流时，为了方便，可把渗流看成是由许多连续的元流所组成的总流，这样渗流参数的表示就与土壤孔隙无直接关系。则把

$$u = \frac{\Delta Q}{\Delta A} \tag{8-2}$$

定义为**渗流模型流速**，简称**渗流流速**。这是一个虚拟的流速，它与孔隙中的平均流速间的关系是

$$u = mu' \tag{8-3}$$

因为孔隙率 $m < 1.0$，所以 $u < u'$，即渗流模型流速小于孔隙中渗流的真实流速。

这种虚构的渗流，称为**渗流模型**。由于用渗流模型替代实际渗流，可以将渗流区域中的水流，看做是连续介质运动。那么，以前关于液体运动的各种概念，如流线、元流、恒定流、均匀流等仍可适用于渗流。

#### 2. 达西渗流定律

早在1852—1855年，法国工程师达西(H. Darcy)在沙质土壤中进行了大量的试验研究。图8-1是所用的实验装置。竖直圆筒内充填沙粒，圆筒横截面面积为 $A$，沙层厚度为 $l$，沙层由金属细网支托。水由稳压箱经水管 $A$ 流入圆筒中，再经沙层由出水管 $B$ 流出，其流量由量筒 $C$ 量测。在沙层的上下两端侧面处装测压管以量测渗流的水头损失，由于渗流的动能很小，可以忽略不计，因此测压管水头差 $H_1 - H_2$ 即为渗流在两断面间的水头损失 $h_w$。经大量试验后发现以下规律，即著名的达西渗流定律

$$Q = kA\frac{h_w}{l} \quad 或 \quad v = k\frac{h_w}{l} = kJ \tag{8-4}$$

式中　$v = Q/A$—— 渗流模型的断面平均流速；

$k$—— 渗流系数，它是土壤性质和流体性质综合影响渗流的一个系数，具有流速的量纲；

$J$—— 流程长度范围内的平均测压管坡度，也即水力坡度。

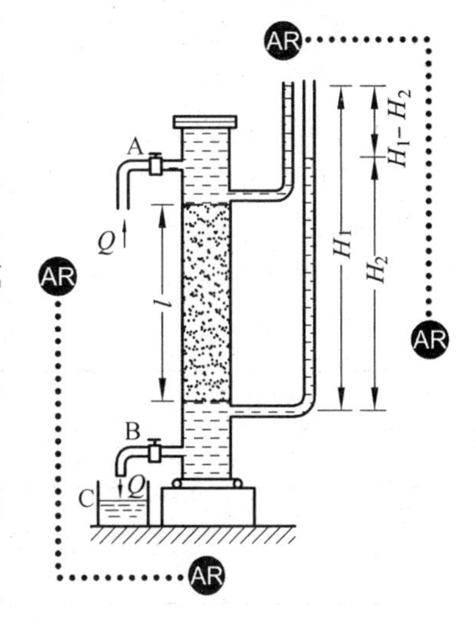


图　8-1

式(8-4)是以断面平均流速 $v$ 来表达的达西定律，为今后分析的需要，将其推广到用渗流流速 $u$ 来表达的关系式。图8-2表示处在两个不透水层中的有压渗流，$ab$ 表示任一元流，在 $M$ 点的测压管坡度为

$$J = -\frac{dH}{ds}$$

元流的渗流流速为 $u$，则与式(8-4)对应地有

$$u = kJ \tag{8-5}$$

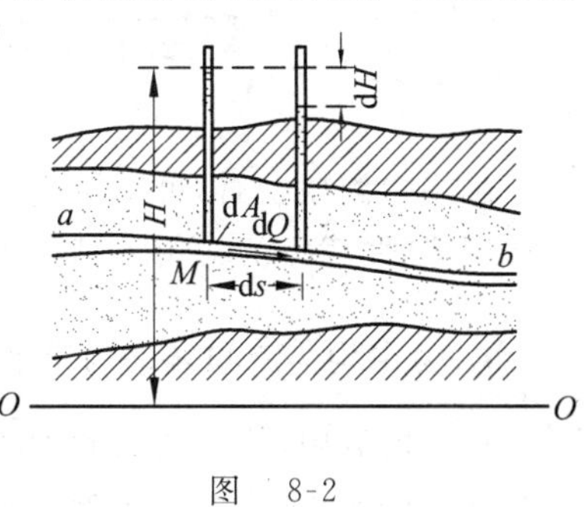


图　8-2

上述达西定律式(8-4)或式(8-5)表明：在某一均质多孔介质中，渗流流速与渗流的水力坡度的一次方成正比，因此也称为渗流线性定律。

渗流与管(渠)流相比较，也可定义雷诺数

$$Re = \frac{vd}{\nu}$$

其中，$v$ 为渗流断面平均流速(cm/s)；$d$ 为土壤颗粒的有效直径，一般用 $d_{10}$，即土体筛分时占10%的重量土粒所通过的筛孔直径(cm)；$\nu$ 为水的运动黏性系数($cm^2/s$)。

许多试验结果表明：当 $Re < 1 \sim 10$ 时，达西线性定律是适用的。当 $Re > 1 \sim 10$ 时，$J$ 与 $v$(或 $u$)为非线性关系

$$J = au + bu^2 \tag{8-6}$$

式中，$a$、$b$ 为系数。

本章仅限于研究符合达西定律的渗流，大多数工程中的渗流问题，一般可用达西渗流定律来解决。

**3. 渗流系数**

渗流系数 $k$ 是达西定律中的重要参数。$k$ 值的确定关系到渗流计算结果的精确性。$k$ 值的大小取决于多孔介质本身粒径大小、形状、分布情况以及水的温度等，因此，要准确地确定其数值是比较困难的。以下简述其测量方法和常见土壤渗流系数的概值。

(1) 经验公式法　这一方法是根据土壤粒径大小、形状、结构、孔隙率和水温等参数所组成的经验公式来估算渗流系数 $k$。这类公式很多，可用以粗略估计，本书不作介绍。

(2) 实验室方法　这一方法是在实验室利用类似图 8-1 所示的渗流实验装置，并通过式(8-4) 来计算 $k$。此法简单，但不易取得未经扰动的土样。

(3) 现场方法　在现场利用钻井或原有井作抽水或灌水试验，根据井的公式(见第八章第三节) 计算 $k$。

作近似计算时，可采用表 8-1 中的 $k$ 值。

**表 8-1　水在土壤中渗流系数的概值**

| 土壤种类 | 渗流系数 $k$(cm/s) | 土壤种类 | 渗流系数 $k$(cm/s) |
|---|---|---|---|
| 黏　土 | $6\times10^{-6}$ | 亚黏土 | $6\times10^{-6}\sim1\times10^{-4}$ |
| 黄　土 | $3\times10^{-4}\sim6\times10^{-4}$ | 卵　石 | $1\times10^{-1}\sim6\times10^{-1}$ |
| 细　砂 | $1\times10^{-3}\sim6\times10^{-6}$ | 粗　砂 | $2\times10^{-2}\sim6\times10^{-2}$ |

## 第二节　地下水的均匀流和非均匀渐变流

采用渗流模型后，可用研究管渠水流的方法将渗流分成均匀流和非均匀流。由于渗流服从达西定律，使渗流的均匀流和非均匀流具有与明渠的均匀流和非均匀流所没有的某些特点。

**1. 恒定均匀流和非均匀渐变流流速沿断面均匀分布**

在均匀流中，任一断面的测压管坡度(或水力坡度) 都为恒定的常数，又由于断面上的压强为静压分布，即在断面上测压管水头亦为常数，这表明在均匀流区域中的任一点的测压管坡度都是常数。根据达西定律 $u = kJ$，则知均匀渗流为均匀流速场，即均匀流区域中的流速都是相同的。

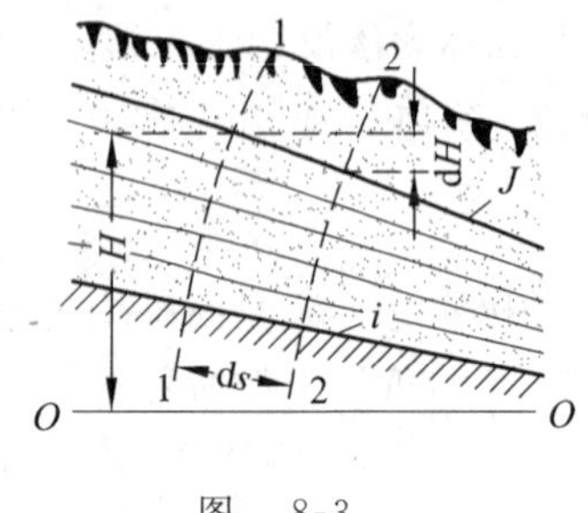

图　8-3

对于非均匀渐变流，如图 8-3 所示，任取两断面 1-1 和 2-2。在渐变流的断面上压强也符合静水压强分布规律，所以断面 1-1 上各点的测压管水头皆为 $H$；沿底部流线相距 $ds$ 的断面 2-2 上各点的测压管水头为 $H+dH$。由于渐变流流线几乎为平行的直线，可以认为断面 1-1 与断面 2-2 之间，沿一切流线的距离均近似为 $ds$。当 $ds$ 趋于零，则得断面 1-1。从而任一过水断面上各点的测压管坡度

$$J = -\frac{dH}{ds} = 常数$$

根据达西定律，即过水断面上的各点渗流流速 $u$ 都相等，因而断面平均流速 $v$ 也等于渗流流速 $u$，即

$$v = u = kJ \tag{8-7}$$

此式称为裘皮幼(J. Dupuit) 公式。

**2. 渐变渗流的基本微分方程**

考虑无压渗流如图 8-4，取断面 $x$-$x$，距起始断面 $O$-$O$ 沿底坡的距离为 $s$，其水深为 $h$，断面底部至基准面的铅垂高度为 $z$。与明渠流相似，定义其底坡为 $i = -\frac{dz}{ds}$，则由裘皮幼公式(8-7) 得

$$v = kJ = -k\frac{dH}{ds} = k\left(i - \frac{dh}{ds}\right) \tag{8-8a}$$

或

$$Q = Av = Ak\left(i - \frac{dh}{ds}\right) \tag{8-8b}$$

这就是适用于各种底坡渐变渗流的基本微分方程。

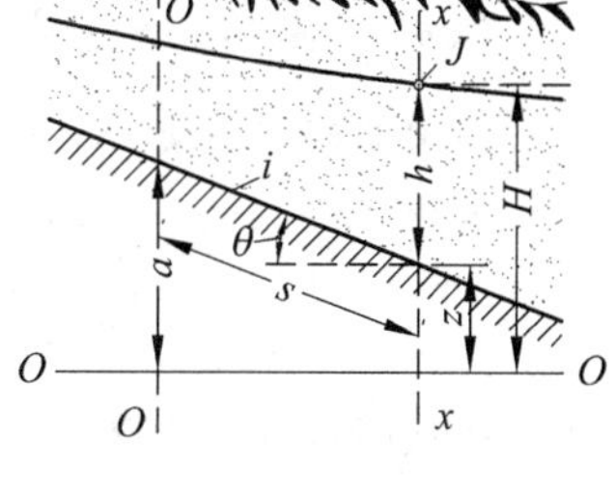


图 8-4

**3. 渐变渗流浸润曲线**

在无压渗流中，重力水的自由表面称为浸润面。在平面问题中，浸润面为浸润曲线。在许多工程中需要解决浸润曲线问题，以下将从渐变渗流基本微分方程出发对其作一分析和推导。

为了便于对比分析，拟参照明渠流的概念，将均匀渗流的水深 $h_0$ 称为正常水深，并按底坡的情况分为顺坡($i > 0$) 渗流、平坡($i = 0$) 渗流、逆坡($i < 0$) 渗流。

由于渗流流速甚小，不存在临界水深，故浸润曲线的类型要比明渠渐变流水面曲线的类型简单得多。

现分析顺坡 $i > 0$ 的情况：

均匀渗流的水深 $h_0$ 沿程不变，则有

$$Q = kA_0 i \tag{8-9}$$

式中，$A_0$ 为相应于正常水深 $h_0$ 的过水断面面积。

由式(8-8b) 和(8-9)，有

$$kA_0 i = kA\left(i - \frac{dh}{ds}\right)$$

即

$$\frac{dh}{ds} = i\left(1 - \frac{A_0}{A}\right)$$

设渗流区的过水断面是宽度为 $b$ 的宽阔矩形，$A = bh$，$A_0 = bh_0$，并令 $\eta = h/h_0$，则上式又可写为

$$\frac{dh}{ds} = i\left(1 - \frac{1}{\eta}\right) \tag{8-10}$$

这就是顺坡渗流浸润曲线的微分方程。现以此式对顺坡渗流浸润曲线作一定性分析。

在顺坡渗流中可分为(1)、(2) 两区,如图 8-5 所示。

在正常水深线 $N$-$N$ 之上 1 区的浸润曲线,$h > h_0$,即 $\eta > 1$,由式(8-10) 可见$\frac{\mathrm{d}h}{\mathrm{d}s} > 0$,浸润曲线的水深是沿流程增加的,为壅水曲线。

当 $h \to h_0$ 时,$\eta \to 1$,则$\frac{\mathrm{d}h}{\mathrm{d}s} \to 0$。可见浸润曲线与正常水深线 $N$-$N$ 渐近相切。

当 $h \to \infty$ 时,$\eta \to \infty$,则$\frac{\mathrm{d}h}{\mathrm{d}s} \to i$。可见浸润曲线在下游与水平直线渐近相切。

在正常水深线 $N$-$N$ 以下 2 区的浸润曲线,$h < h_0$ 即 $\eta < 1$,由式(8-10) 可见$\frac{\mathrm{d}h}{\mathrm{d}s} < 0$,浸润曲线的水深是沿流程减小的,为降水曲线。

当 $h \to h_0$ 时,$\eta \to 1$,则$\frac{\mathrm{d}h}{\mathrm{d}s} \to 0$,可见浸润曲线与正常水深线 $N$-$N$ 渐近相切。

当 $h \to 0$ 时,$\eta \to 0$,则$\frac{\mathrm{d}h}{\mathrm{d}s} \to -\infty$,浸润曲线的切线与底坡线正交。

壅水曲线及降水曲线如图 8-5 所示。

再将式(8-10) 变形为

$$i\frac{\mathrm{d}s}{h_0} = \mathrm{d}\eta + \frac{\mathrm{d}\eta}{\eta - 1}$$

把上式从断面 1-1 到断面 2-2(见图 8-6) 进行积分,得

$$\frac{il}{h_0} = \eta_2 - \eta_1 + \ln\frac{\eta_2 - 1}{\eta_1 - 1} \tag{8-11}$$

式中,$\eta_1 = h_1/h_0$,$\eta_2 = h_2/h_0$,此式可用于绘制顺坡渗流的浸润曲线和进行水力计算。

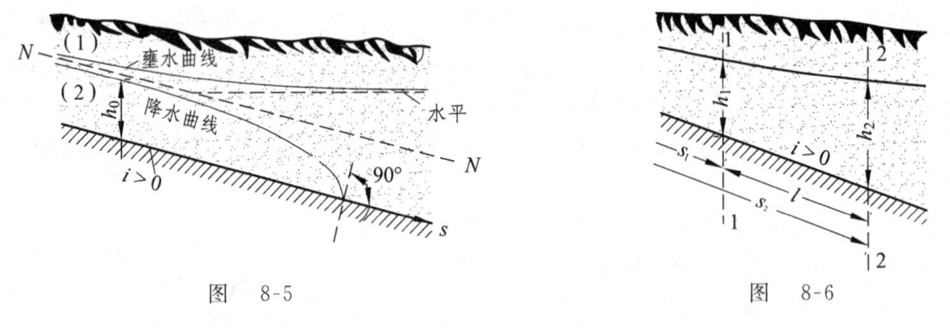


图 8-5　　　　图 8-6

对于平坡($i = 0$) 渗流,由(8-8b) 式得浸润曲线的微分方程形式为

$$\frac{\mathrm{d}h}{\mathrm{d}s} = -\frac{q}{kh} \tag{8-12}$$

式中,$q = Q/b$,即单宽渗流流量。

因在平坡渗流中,不可能产生均匀流,故只可能产生一条浸润曲线。与上述同样的方法,可分析出浸润曲线的形式(见图 8-7)。

对式(8-12) 积分,得浸润曲线方程为

$$\frac{2q}{k}l = h_1^2 - h_2^2 \tag{8-13}$$

此式可以绘制平坡渗流的浸润曲线和进行水力计算。

至于逆坡渗流,不难证明也只可能发生一条浸润曲线,其曲线形式如图 8-8 所示。分析过

程和浸润曲线方程，这里不再详述。

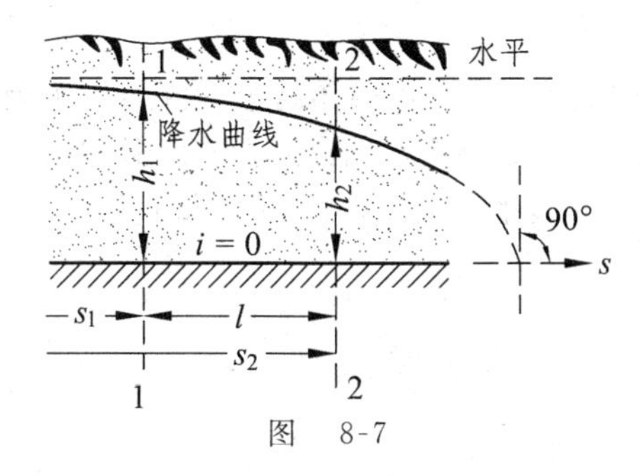


图　8-7

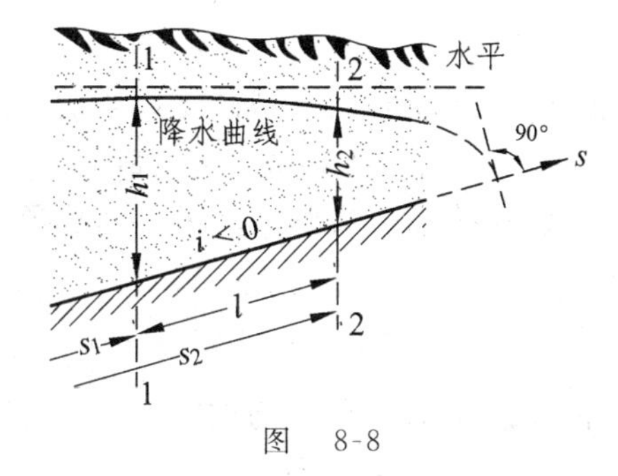


图　8-8

## 第三节　集水廊道和井

井和集水廊道，在给水工程上是吸取地下水源的构筑物，应用甚广。从这些构筑物中抽水，会使附近的天然地下水位降落，也起着地下排水的作用。

### 1. 集水廊道

设有一集水廊道，横断面为矩形，廊道底位于水平不透水层上，如图 8-9 所示。底坡 $i=0$，由式 (8-8b) 得

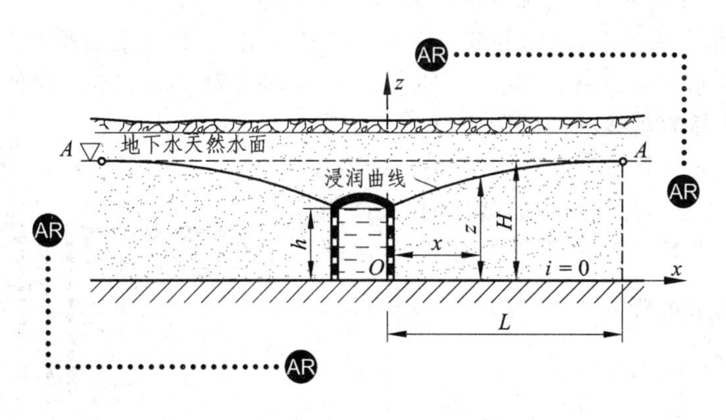


图　8-9

$$Q=bhk\left(0-\frac{\mathrm{d}h}{\mathrm{d}s}\right)$$

由于在 $zOx$ 坐标系中，$x$ 坐标方向与流向相反，则

$$\frac{\mathrm{d}h}{\mathrm{d}s}=-\frac{\mathrm{d}z}{\mathrm{d}x}$$

又可写成

$$q=kz\frac{\mathrm{d}z}{\mathrm{d}x}$$

其中，$q=Q/b$ 是集水廊道自一侧渗入的单宽流量。将上式分离变量后积分，并注意到：当 $x=0$

时，$z = h$，得集水廊道外地下水浸润曲线方程

$$z^2 - h^2 = \frac{2q}{k}x \tag{8-14}$$

式(8-14)即式(8-13)。如图8-9所示，随着$x$的增加，地下水位的降落越小，设在$x = L$处，降落值$H - z \approx 0$，$x \geqslant L$的地区天然地下水位不受影响，则称$L$是集水廊道的影响范围。将$x = L$，$z = H$这一条件代入式(8-14)，得集水廊道自一侧单位长度的渗流量(或称产水量)为

$$q = \frac{k(H^2 - h^2)}{2L} \tag{8-15}$$

若引入浸润曲线的平均坡度

$$\bar{J} = \frac{H - h}{L}$$

则上式可改写成

$$q = \frac{k}{2}(H + h)\bar{J}$$

这一公式可用来初步估算$q$。$\bar{J}$可根据以下数值选取：对于粗砂及卵石，$\bar{J}$为0.003～0.005，砂土为0.005～0.015，亚砂土为0.03，亚黏土为0.05～0.10，黏土为0.15。

**2. 潜水井**(无压井)

具有自由水面的地下水称为无压地下水或潜水。在潜水中修建的井称为潜水井或无压井，用来吸取无压地下水。若井底深达不透水层则称这种井为完全井，完全井中的水是由井壁渗入的。若井底未达到不透水层，则称这种井为不完全井。

图8-10表示一完全潜水井，井底位于水平不透水层上，其含水层厚度为$H$，未抽水前地下水的天然水面为水平面$A$-$A$。当从井中抽水，井中和四周附近地下水位降低，在含水层中形成了对称于井中心垂直轴线的浸润漏斗面。

在离井中心轴$r$处渗流的浸润面上点的标高为$z$，而过水断面为一与井同轴的圆柱面，其面积为$A = 2\pi rz$，又设其渗流为渐变渗流，则过水断面上各点的水力坡度皆为$J = \frac{\mathrm{d}z}{\mathrm{d}x}$，应用式(8-7)，则经此渐变流圆柱面的渗流量为

$$Q = Av = 2\pi rzk\frac{\mathrm{d}z}{\mathrm{d}r}$$

分离变量得

$$z\mathrm{d}z = \frac{Q}{2\pi k}\frac{\mathrm{d}r}{r}$$

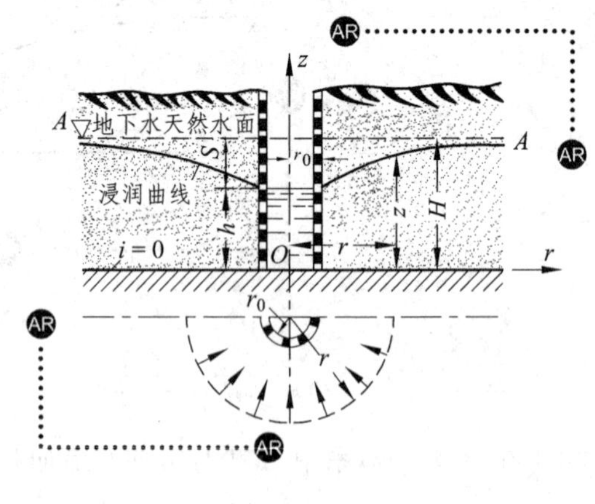


图 8-10

对上式进行积分，并注意到当$r = r_0$时，$z = h$，则可求得潜水井的浸润曲线方程为

$$z^2 - h^2 = \frac{Q}{\pi k}\ln\frac{r}{r_0} \tag{8-16}$$

为了计算井的产水量$Q$，引入井的影响半径$R$的概念：在浸润漏斗上，有半径$r = R$的一个圆，在$R$范围以外，地下水位的下降$H - z$趋于零，即天然地下水位不受影响，距离$R$即称为井

的影响半径。将 $r = R, z = H$ 这个条件代入式(8-16)得

$$Q = \pi k \frac{(H^2 - h^2)}{\ln \frac{R}{r_0}} \tag{8-17}$$

此式为潜水井产水量公式，也称为裘皮幼产水量公式。

对于一定的产水量 $Q$，地下水面的相应最大降落 $S = H - h$，称为水位降深。可将式(8-17)改写为

$$Q = 2\pi \frac{kHS}{\ln \frac{R}{r_0}}\left(1 - \frac{S}{2H}\right) \tag{8-18}$$

当 $S/2H \ll 1$ 时，可简化为

$$Q = 2\pi \frac{kHS}{\ln \frac{R}{r_0}} \tag{8-19}$$

式(8-18)与式(8-17)相比，其优点是：用易测的 $S$ 代替不易测的 $h$，故方便实际应用。

影响半径 $R$ 的值，可由抽水试验测定。在近似计算时可由下列经验公式估算

$$R = 3\,000 S\sqrt{k} \tag{8-20}$$

式中，井中水位降深 $S$ 以 m 计，渗流系数 $k$ 以 m/s 计，影响半径 $R$ 以 m 计。

不完全井的产水量不仅来自井壁四周，而且来自井底。不完全井的产水量一般由经验公式确定，此处从略。

**例 8-1** 有一潜水完全井，含水层厚度为 8 m，其渗流系数为 0.001 5 m/s，井的半径为 0.5 m，抽水时井中水深 5 m，试估算井的产水量。

**解** 最大降落深度为

$$S = H - h = 8 - 5 = 3 \text{ m}$$

由式(8-20)得井的影响半径

$$R = 3\,000 S\sqrt{k} = 3\,000 \times 3 \times \sqrt{0.001\,5} = 348.6 \text{ m}$$

取 $R = 350$ m，由式(8-17)求得产水量为

$$Q = \pi \frac{k(H^2 - h^2)}{\ln \frac{R}{r_0}} = 3.14 \times \frac{0.001\,5 \times (8^2 - 5^2)}{\ln \frac{350}{0.5}}$$

$$= 0.028 \text{ m}^3/\text{s}$$

### 3. 自流井

如含水层位于两不透水层之间，其中渗流所受的压强大于大气压。这样的含水层称为承压层，由承压层供水的井称为自流井，如图 8-11 所示。

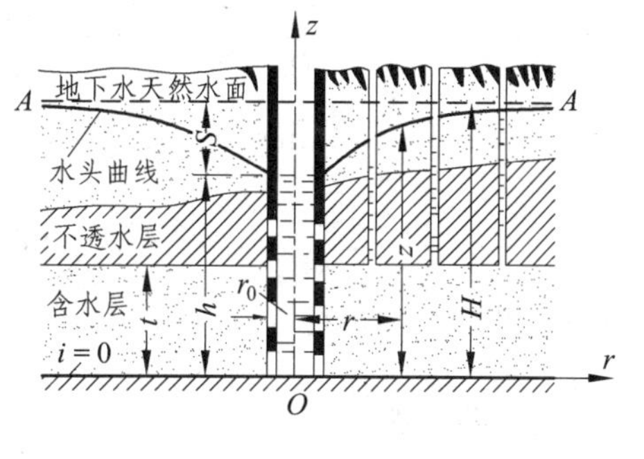


图 8-11

此处仅考虑这一问题的最简单情况，即底层与覆盖层均为水平，两层间的距离为一定值 $t$，且井为完全井。凿井穿过覆盖在含水层上的不透水层时，地下水位将升到高度 $H$(图 8-11 中的 A-A 平面)。若从井中抽

水，井中水深由 $H$ 降至 $h$，在井外的测压管水头线将下降形成轴对称的漏斗形降落曲面。

现取距井轴为 $r$ 的过水断面来看，其高度为 $t$，面积为 $2\pi rt$，断面上各点的水力坡度为 $\mathrm{d}z/\mathrm{d}r$，根据裘皮幼公式(8-7)得

$$Q = Av = 2\pi rtk \frac{\mathrm{d}z}{\mathrm{d}r}$$

式中，$z$ 为相应于 $r$ 点的测压管水头。

分离变量后积分并注意到 $r = r_0$ 时，$z = h$，则得自流井的测压管水头曲线方程为

$$z - h = \frac{Q}{2\pi tk}\ln\frac{r}{r_0} \tag{8-21}$$

同样引入影响半径 $R$ 的概念，设 $r = R$ 时，$z = H$，由上式得自流完全井的产水量计算公式

$$Q = 2\pi\frac{kt(H-h)}{\ln\dfrac{R}{r_0}} = 2\pi\frac{ktS}{\ln\dfrac{R}{r_0}} \tag{8-22}$$

或

$$S = \frac{Q\ln\dfrac{R}{r_0}}{2\pi kt} \tag{8-23}$$

式中，$R$ 为影响半径；$S$ 为井中水位降深。

**例 8-2** 有一完全自流井(见图 8-12)，半径 $r_0 = 100$ mm，含水层厚度 $t = 7.5$ m，在离井中心 20 m 处钻一观测孔。现做抽水试验，当抽水至稳定时，井中水位降深 $S = 4$ m，而观测孔中水位降深 $S_1 = 1.5$ m，试求该井的影响半径 $R$。

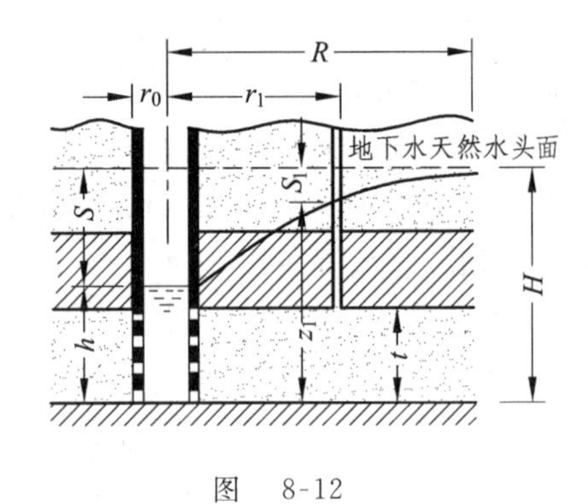


图 8-12

**解** 将 $z - h = S$，$r = R$ 代入式(8-21)，有

$$S = \frac{Q}{2\pi tk}\ln\frac{R}{r_0}$$

再将 $r = r_1$，$z = H - S_1$(见图 8-12)条件代入式(8-21)，注意到 $H - h = S$，则又得

$$S - S_1 = \frac{Q}{2\pi tk}\ln\frac{r_1}{r_0}$$

由以上两式有

$$\frac{S}{S - S_1} = \frac{\ln R - \ln r_0}{\ln r_1 - \ln r_0}$$

于是

$$\ln R = \frac{S}{S - S_1}(\ln r_1 - \ln r_0) + \ln r_0$$

$$= \frac{4}{4 - 1.5}(\ln 20 - \ln 0.1) + \ln 0.1 = 6.1747$$

因此，井的影响半径 $R \approx 480$ m。

### 4. 井　群

无论是给水工程中吸取地下水，或是在土建施工中为了基坑开挖时降低地下水位，常常在

一个区域打多个井同时抽水，当这些井之间的距离不是很大时，井与井之间的地下水流相互发生影响，这种许多井同时工作称为井群，如图 8-13 所示。

因为井群中井与井之间相互影响，在井群区地下水流及其浸润面非常复杂。解决这一问题的方法，是利用势流叠加原理，有关势流叠加原理及应用可参见其他多学时水力学教材。

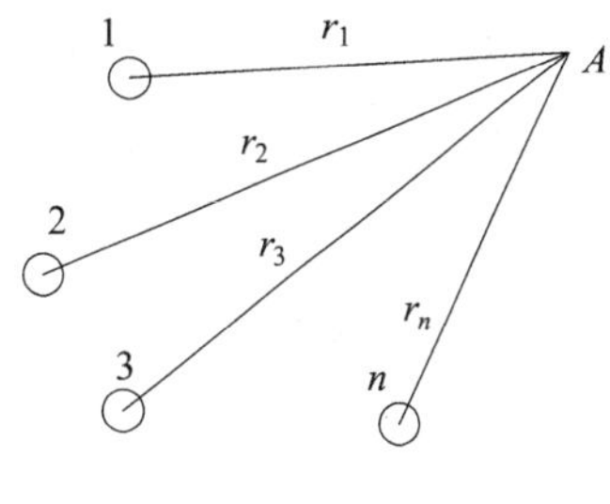

图 8-13

如图 8-13 所示，有 $n$ 个完全潜水井组成井群，由式(8-16)知，第 $i$ 个单井的浸润曲面方程为

$$z_i^2 = \frac{Q_i}{\pi k}\ln\frac{r_i}{r_{0i}} + h_i^2 \tag{8-24}$$

现考虑各井产水量相同的情况，即

$$\sum_{i=1}^{n} Q_i = nQ = Q_0 \tag{8-25}$$

式中，$Q_0$ 为井群的总产水量。

对各井的 $z_i^2$ 进行叠加得

$$z^2 = \sum_{i=1}^{n} z_i^2 = \frac{Q_0}{n\pi k}[\ln(r_1 r_2 \cdots r_n) - \ln(r_{01} r_{02} \cdots r_{0n})] + \sum_{i=1}^{n} h_i^2 \tag{8-26}$$

令 $C = \sum_{i=1}^{n} h_i^2 - \frac{Q_0}{n\pi k}\ln(r_{01} r_{02} \cdots r_{0n})$，则上式变为

$$z^2 = \frac{Q_0}{n\pi k}[\ln(r_1 r_2 \cdots r_n)] + C \tag{8-27}$$

设井群的影响半径为 $R$，由于各单井之间的距离不太大，所以可取 $r_1 \approx r_2 \approx \cdots \approx R$，而对应 $z = H$，代入式(8-27) 得 $C = H^2 - \frac{Q_0}{\pi k}\ln R$，将其代入式(8-27) 得到井群的浸润曲面方程为

$$z^2 = H^2 - \frac{Q_0}{\pi k}\left[\ln R - \frac{1}{n}\ln(r_1 r_2 \cdots r_n)\right] \tag{8-28}$$

式中，井群的影响半径 $R$ 可采用下式估算。

$$R = 575S\sqrt{kH}$$

式中，$S$ 为井群中心的水位降深；$H$ 为含水层厚度；$k$ 为渗流系数。

**例 8-3** 为降低基坑中的地下水位，在长方形基坑的周围布置 8 个完全潜水井群，如图 8-14 所示。各井的半径 $r_0 = 0.1$ m，各井抽水量相同，总抽水量为 $Q_0 = 100$ L/s，潜水含水层厚度 $H = 10$ m，渗流系数 $k = 0.001$ m/s，井群影响半径为 500 m。求基坑中心 $O$ 点的地下水位降深。

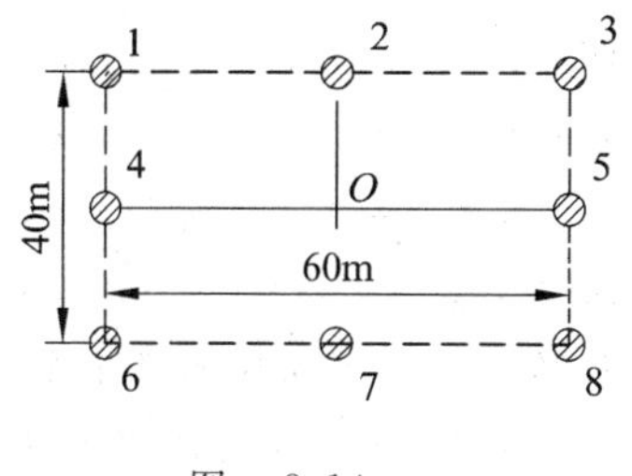

图 8-14

**解** 计算各井到 $O$ 点的距离

$$r_1 = r_3 = r_6 = r_8 = \sqrt{30^2 + 20^2} = 36 \text{ m}$$

$$r_2 = r_7 = 20 \text{ m}, r_4 = r_5 = 30 \text{ m}$$

由井群的计算公式(8-28) 可求出 $O$ 点地下水位

$$z_0^2 = H^2 - \frac{Q_0}{\pi k}\left[\ln R - \frac{1}{n}\ln(r_1 r_2 \cdots r_8)\right]$$
$$= 10^2 - \frac{0.1}{0.001 \times \pi}\left[\ln 500 - \frac{1}{8}\ln(30^2 \times 20^2 \times 36^4)\right]$$
$$= 10.12 \text{ m}^2$$

所以 $z_0 = 3.18$ m

$O$ 点处地下水位降落值

$$S = H - z_0 = 10 - 3.18 = 6.82 \text{ m}$$

## 思 考 题

**1.** 何谓渗流模型?它与实际渗流有何区别?

**2.** 达西定律是如何得出的?为什么说达西渗流定律又称为渗流线性定律?

**3.** 渗流系数 $k$ 的影响因素有哪些?其值如何确定?

**4.** 试比较渐变渗流的浸润曲线与棱柱形明渠中水面曲线的异同点。

## 习　　题

**8-1** 在实验室中用达西实验装置(见图 8-1)测定土样的渗流系数 $k$。已知圆管直径 $D = 20$ cm,两测压管间距 $l = 40$ cm,两测压管水头差 $H_1 - H_2 = 20$ cm,测得渗流流量 $Q = 100$ mL/ min,试求土样渗流系数 $k$。

**8-2** 已知渐变流浸润曲线在某一过水断面上的坡度为 0.005,渗流系数为 0.004 cm/s,求过水断面上的点渗流流速及断面平均渗流流速。

**8-3** 一水平、不透水层上的渗流层,宽 800 m,渗流系数为 0.000 3 m/s,在沿渗流方向相距 1 000 m 的两个观测井中,分别测得水深 8 m 及 6 m,求渗流流量 $Q$。

**8-4** 在地下水渗流方向布置两钻井 1 和 2,相距 800 m,测得钻井 1 水面标高 19.62 m,井底标高 15.80 m,钻井 2 水面标高 9.40 m,井底标高 7.60 m,渗流系数 $k = 0.009$ cm/s,求单宽渗流流量 $q$。

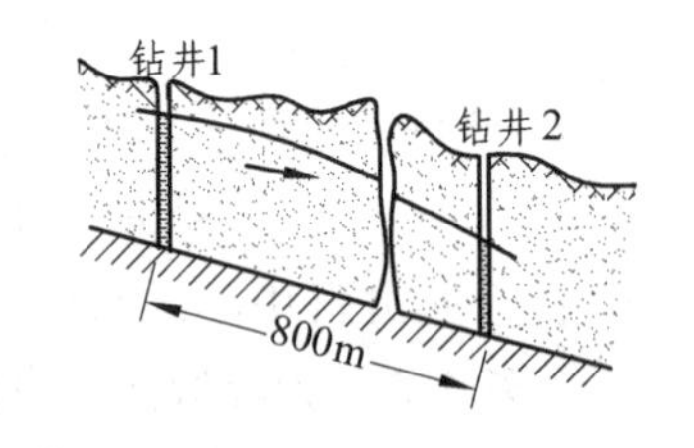


题 8-4 图

**8-5** 某铁路路堑为了降低地下水位,在路堑侧边埋置集水廊道(称为渗沟),排泄地下水。已知含水层厚度 $H = 3$ m,渗沟中水深 $h = 0.3$ m,含水层渗流系数 $k = 0.002\,5$ cm/s,平均水力坡度 $J = 0.02$,试计算流入长度 100 m 渗沟的单侧流量。

**8-6** 某工地以地下潜水为给水水源,钻探测知含水层为沙夹卵石层,含水层厚度 $H = 6$ m,渗流系数 $k = 0.001\,2$ m/s,现打一完全井,井的半径 $r_0 = 0.15$ m,影响半径 $R = 300$ m,求井中水位降深 $S = 3$ m 时的产水量。

**8-7** 一完全自流井的半径 $r_0 = 0.1$ m,含水层厚度 $t = 5$ m,在离井中心 10 m 处钻一观测孔。在未抽水前,测得地下水的水深 $H = 12$ m。现抽水流量 $Q = 36$ m$^3$/h,井中水位降深 $S_0 = 2$ m,观测孔中水位降深 $S_1 = 1$ m,试求含水层的渗流系数 $k$ 及影响半径 $R$。

**8-8** 如图所示基坑排水,采用相同半径($r_0 = 0.10$ m)的 6 个完全井,布置成圆形井群,圆的半径 $r = 30$ m。抽水前井中水深 $H = 10$ m,含水层的渗流系数 $k = 0.001$ m/s,为了使基坑

中心水位降落 $S = 4$ m，试求总抽水量应为多少？(假定各井抽水量相同)

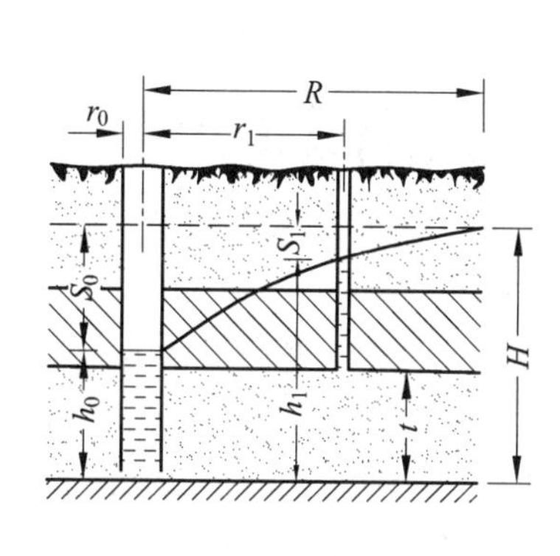

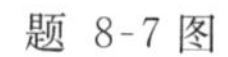

题 8-7 图

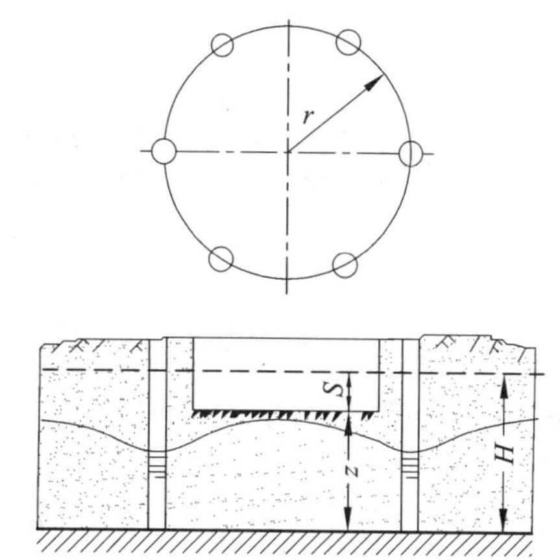


题 8-8 图

# 第九章　量纲分析与相似原理

通过以上各章的学习，对水力学的基本原理以及解决水力学问题的方法有了初步的了解，我们知道，虽然可以依据物理上的普遍规律（如质量守恒原理，牛顿定律等）推导出液体运动的基本方程，但许多水力学问题由于流体运动的复杂性，大多不可能单纯由理论分析求得严谨的答案，很多问题必须依靠试验才能解决。例如，第四章中的水头损失和第七章中的堰流等问题，有些就必须依靠试验或理论与试验相结合的方法来解决。另一方面，科学实验从古至今都是研究和解决水力学问题的有力手段，它不仅为理论分析提供重要的依据，而且始终是探索自然现象、发展新的科学概念的重要方法。

对于一个复杂的流动现象进行实验研究，实验中的可变因素很多，另外受实验条件的限制，多数不可能在实物上进行。因此，在进行一项实验时，就会碰到诸如：如何更有效地设计和组织实验，如何正确处理实验数据，以及如何把模型实验结果推广到原型等一系列问题。本章的量纲分析和相似理论为这些问题的解决提供了理论依据。例如，我们可以根据量纲分析对某一流动现象中若干变量组合成无量纲量，选择能方便操作和测量的变量进行实验，这样可以大幅度减少实验的工作量，而且使实验数据的整理和分析变得较为简单。又如，根据相似理论，可以自如地选择合适的模型比来进行模型实验，能够达到节约实验费用的目的。

## 第一节　量纲分析的概念和原理

### 1. 量　纲

量纲是物理量的类别和本质属性。同一物理量，可以用不同的单位来度量，但只有唯一的量纲，例如长度可以用米、厘米、英尺、英寸等不同单位度量，但作为物理量的种类，它属于长度量纲。其他物理量，如速度、密度、力等也各属一种量纲。在物理量的代表符号前加“dim”来表示量纲，例如速度 $v$ 的量纲表示为 $\dim v$。

由于许多物理量的量纲之间有一定的联系，在量纲分析中常需选定少数几个物理量的量纲作为基本量纲，其他的物理量的量纲就都可以由这些基本量纲导出，称为导出量纲。基本量纲应当是互相独立的，即不能互相表达。在水力学中常用长度、时间、质量（L、T、M）作为基本量纲，于是就有如下的导出量纲：

速度　$u = \dfrac{\mathrm{d}l}{\mathrm{d}t}$　　$\dim v = \mathrm{LT^{-1}}$

加速度　$a = \dfrac{\mathrm{d}u}{\mathrm{d}t}$　　$\dim a = \mathrm{LT^{-2}}$

密度 $\rho = \dfrac{\mathrm{d}m}{\mathrm{d}V}$ $\quad \dim\rho = \mathrm{ML^{-3}}$

力 $F = ma = m\dfrac{\mathrm{d}^2 l}{\mathrm{d}t^2}$ $\quad \dim F = \mathrm{MLT^{-2}}$

压强 $p = \dfrac{\mathrm{d}P}{\mathrm{d}A}$ $\quad \dim p = \mathrm{ML^{-1}T^{-2}}$

对于任何物理量(如以 $q$ 表示),其量纲可写作

$$\dim q = \mathrm{L}^{\alpha}\mathrm{M}^{\beta}\mathrm{T}^{\gamma} \tag{9-1}$$

式中,$\alpha$、$\beta$、$\gamma$ 是由物理量的性质所决定的指数。

**2. 无量纲量**

在量纲分析中,把一个物理过程当中那些彼此互相独立的物理量称为基本量,其他物理量可由这些基本量导出,称为导出量,基本量与导出量之间可以组合成无量纲量。无量纲量具有如下的特点:量纲表示式(9-1)中的指数均为零;没有单位,数值与所采用的单位制无关,故无量纲量也称为无量纲数。例如前面讲到的雷诺数 $Re = (vl\rho)/\mu$、佛汝德数 $Fr = v^2/(gh)$ 等。

由于基本量是彼此互相独立的,这就说明它们之间不能组成无量纲量,由此可以给出基本量独立性的判定条件。

设 $A$、$B$、$C$ 为三个基本量,它们成立的条件是 $A^x$、$B^y$、$C^z$ 的幂乘积不是无量纲量,即

$$(\dim A)^x(\dim B)^y(\dim C)^z = \mathrm{L^0M^0T^0} \tag{9-2}$$

的非零解不存在。

在水力学中,一般可选择几何学、运动学、动力学方面的量组成基本量。例如,长度、流速及密度就可作为基本量。读者可进行证明。

**3. 物理方程的量纲一致性**

在自然现象当中,互相联系的物理量可构成物理方程。物理方程可以是单项式或多项式,同一方程中各项又可以由不同量组成,但是各项的单位必定相同,量纲也必然一致。另一方面,由于物理方程的量纲具有一致性,可以用任意一项去除等式两边,使方程每一项变为无量纲量,这样原方程就变为无量纲方程,但所表达的物理现象与原方程相同,这一点极为重要,这也是量纲分析的理论依据。例如,动能方程

$$E = \frac{1}{2}mv^2$$

可改写成

$$\frac{E}{mv^2} = \frac{1}{2}$$

又如,理想液体的伯努利方程

$$z_1 + \frac{p_1}{\gamma} + \frac{\alpha_1 v_1^2}{2g} = z_2 + \frac{p_2}{\gamma} + \frac{\alpha_2 v_2^2}{2g}$$

若 $\alpha_1 = \alpha_2 = 1$,也可改写为

$$\frac{z_1 - z_2}{v_1^2/2g} + \frac{p_1 - p_2}{\rho v_1^2/2} = \left(\frac{v_2}{v_1}\right)^2 - 1$$

可以验证各项也都是无量纲量。

需要指出的是上面提到的物理方程是正确反映客观规律的物理方程，量纲一致性规律是对这种物理方程而言的。工程中还有一些方程是不满足量纲一致性原理的，这主要是一些纯粹根据观测资料整理而得的公式，即所谓经验公式。

## 第二节　量纲分析法

量纲分析是依据物理方程的量纲一致性，那么首要的问题是要充分了解流体流动的物理过程，找出这一过程当中的影响因素，假定一个未知的函数关系，然后运用物理方程量纲一致性原理分析出这个函数关系的基本形式。以下通过例子来说明量纲分析的步骤及方法。

**例 9-1**　对于在黏性流体中运动的球形物体所受阻力 $F_D$，可以认为影响阻力 $F_D$ 大小的因素有球体的尺寸，球的运动速度，反映流体物理性质的密度 $\rho$ 和黏性系数 $\mu$。试用量纲分析推导阻力 $F_D$ 的公式结构。

**解**　根据对影响阻力 $F_D$ 的因素进行的合理分析，于是可以将这一问题假设为如下的函数关系

$$F_D = f(D, v, \rho, \mu)$$

其中，$D$ 为球体的直径。

下面依据物理方程的量纲一致性原理推求这些变量间的关系。现设 $F_D$ 与其他各物理量成幂乘积的关系，即

$$F_D = KD^a v^b \rho^c \mu^d$$

这里的 $K$ 是无量纲常数。

用基本量纲 M、L、T 去替代各物理量，有

$$\frac{\mathrm{ML}}{\mathrm{T}^2} = \mathrm{L}^a \left(\frac{\mathrm{L}}{\mathrm{T}}\right)^b \left(\frac{\mathrm{M}}{\mathrm{L}^3}\right)^c \left(\frac{\mathrm{M}}{\mathrm{LT}}\right)^d$$

由量纲的一致性可知等号两边各量纲的指数应相等，即

$$M: 1 = c + d$$

$$L: 1 = a + b - 3c - d$$

$$T: -2 = -b - d$$

这是 4 个未知数 3 个方程的方程组，以 $d$ 作为待定指数，分别求出 $a$、$b$、$c$ 为

$$a = 2 - d \qquad b = 2 - d \qquad c = 1 - d$$

因此　$$F_D = KD^{2-d} v^{2-d} \rho^{1-d} \mu^d$$

将等号右边的变量组合起来成为

$$F_D = K\rho D^2 v^2 \left(\frac{vD\rho}{\mu}\right)^{-d}$$

我们已经知道 $Dv\rho/\mu$ 为无量纲量，即雷诺数，那么

$$F_D = \varphi(Re)\rho D^2 v^2$$

或　$$\frac{F_D}{\rho D^2 v^2} = \varphi(Re) = C_D$$

量纲分析结果表明球形物体的阻力等于一个系数 $C_D$ 乘上 $\rho D^2 v^2$，系数 $C_D$ 是雷诺数 $Re$ 的函数，这个系数需要通过实验确定。分析结果还说明：实验测定系数 $C_D$ 时，只要改变速度的大小就能找出 $C_D \sim Re$ 的关系，可见量纲分析对水力学的实验具有很重要的指导作用。

以上介绍的量纲分析方法称为瑞利(Rayleigh)法。由于通常情况下，基本量纲只有3个，如M、L、T，当影响流动的参数等于4个时，就存在一个需要待定的指数，当流动参数大于4个时，需待定的指数就相应增加，此时无论在指数的选取上还是无量纲量的组合上都有一定的困难。解决上述问题更为通用的方法是布金汉(Buckinghan)$\pi$定理方法。

布金汉$\pi$定理指出：对于某个物理现象，如果存在 $n$ 个变量互为函数关系

$$F(q_1, q_2, q_3, \cdots, q_n) = 0$$

当这些变量中含有 $m$ 个基本量，则可组合这些变量成$(n-m)$个无量纲量的函数关系

$$\varphi(\pi_1, \pi_2, \cdots, \pi_{n-m}) = 0$$

而这个无量纲方程仍然表达了原问题的物理关系。式中的 $\pi_1, \pi_2, \cdots \pi_{n-m}$ 均为无量纲量。

现举例说明$\pi$定理的应用方法和步骤。

**例 9-2** 用$\pi$定理方法重做例9-1。

**解** 运用$\pi$定理再次分析例9-1的流动问题，首先将函数关系设为

$$f(F_D, D, v, \rho, \mu) = 0$$

其中，变量数 $n = 5$，选取基本变量 $\rho$、$D$、$v$，根据$\pi$定理，上式可变为

$$\varphi(\pi_1, \pi_2) = 0$$

下面的工作是如何求出 $\pi_1$ 和 $\pi_2$，由于基本变量是 $\rho$、$D$、$v$，那么 $F_D$ 和 $\mu$ 就为导出量，将它们分别与基本量进行适当组合，可以找出无量纲量，即

$$\pi_1 = \rho^{a_1} D^{b_1} v^{c_1} \mu$$

$$\pi_2 = \rho^{a_2} D^{b_2} v^{c_2} F_D$$

为了确定这些指数，注意$\pi$是无量纲量，可以用 $\mathrm{M^0 L^0 T^0}$ 表示，对于 $\pi_1$ 有

$$\mathrm{M^0 L^0 T^0} = \left(\frac{\mathrm{M}}{\mathrm{L^3}}\right)^{a_1} \mathrm{L}^{b_1} \left(\frac{\mathrm{L}}{\mathrm{T}}\right)^{c_1} \left(\frac{\mathrm{M}}{\mathrm{LT}}\right)$$

$$\mathrm{M}: 0 = a_1 + 1$$

$$\mathrm{L}: 0 = -3a_1 + b_1 + c_1 - 1$$

$$\mathrm{T}: 0 = -c_1 - 1$$

求得 $\quad a_1 = -1, b_1 = -1, c_1 = -1$

因此 $\quad \pi_1 = \dfrac{\mu}{\rho D v} = \dfrac{1}{Re}$

同理可分析得 $\quad \pi_2 = \dfrac{F_D}{\rho D^2 v^2}$

代入 $\varphi(\pi_1, \pi_2) = 0$，并变换一下，可表达成

$$\pi_2 = \varphi_1(\pi_1)$$

则有 $\quad \dfrac{F_D}{\rho D^2 v^2} = \varphi_2(Re) = C_D$

或者表达为 $\quad F_D = C_D \rho D^2 v^2$。

**例 9-3** 经分析知道不可压缩黏性液体在水平等直径管道中作恒定流动的压强降落值 $\Delta p$ 与下列因素有关：流速 $v$，管径 $d$，管长 $l$，液体的密度 $\rho$ 和黏性系数 $\mu$，还有管壁粗糙度 $\Delta$。试

用 $\pi$ 定理分析压强降落 $\Delta p$ 的表达式。

**解** 根据上述影响因素，将其写成函数关系

$$F(v,d,l,\rho,\mu,\Delta,\Delta p)=0$$

可知变量数目 $n=7$。由上例 7 个物理量中选取 3 个基本量；即流速 $v$，管径 $d$，液体密度 $\rho$，这 3 个量包含了 L、T、M 3 个基本量纲。根据 $\pi$ 定理，上述 7 个物理量可组合成 $n-m=7-3=4$ 个无量纲 $\pi$ 数，即 $\pi_1,\pi_2,\pi_3$ 和 $\pi_4$，且有关系式

$$f(\pi_1,\pi_2,\pi_3,\pi_4)=0$$

其中

$$\pi_1=v^{a_1}d^{b_1}\rho^{c_1}\Delta p$$

$$\pi_2=v^{a_2}d^{b_2}\rho^{c_2}\mu$$

$$\pi_3=v^{a_3}d^{b_3}\rho^{c_3}l$$

$$\pi_4=v^{a_4}d^{b_4}\rho^{c_4}\Delta$$

将各 $\pi$ 数方程写成量纲形式

$$\dim\pi_1=(\mathrm{LT}^{-1})^{a_1}(\mathrm{L})^{b_1}(\mathrm{ML}^{-3})^{c_1}(\mathrm{ML}^{-1}\mathrm{T}^{-2})$$

$$\mathrm{L}:a_1+b_1-3c_1-1=0$$

$$\mathrm{T}:-a_1-2=0$$

$$\mathrm{M}:c_1+1=0$$

得

$$a_1=-2,\ b_1=0,\ c_1=-1$$

所以

$$\pi_1=\frac{\Delta p}{\rho v^2}$$

同理

$$\pi_2=(\mathrm{LT}^{-1})^{a_2}(\mathrm{L})^{b_2}(\mathrm{ML}^{-3})^{c_2}(\mathrm{ML}^{-1}\mathrm{T}^{-1})$$

比较两边的指数可知 $a_2=-1,b_2=-1,c_2=-1$

所以

$$\pi_2=\frac{\mu}{vd\rho}$$

因为 $l$ 和 $\Delta$ 都是长度量纲，很容易判别得

$$\pi_3=\frac{l}{d}\ \text{和}\ \pi_4=\frac{\Delta}{d}$$

即

$$f\left(\frac{l}{d},\frac{\mu}{vd\rho},\frac{\Delta}{d},\frac{\Delta p}{\rho v^2}\right)=0$$

上式中的 $\pi$ 数可根据需要取其倒数，而不改变它的无量纲性质，即

$$f_1\left(\frac{l}{d},\frac{vd\rho}{\mu},\frac{\Delta}{d},\frac{\Delta p}{\rho v^2}\right)=0$$

对压差 $\Delta p$ 求解，得

$$\frac{\Delta p}{\rho v^2}=f_2\left(\frac{l}{d},\frac{vd\rho}{\mu},\frac{\Delta}{d}\right)$$

压强降落明显地与管长成正比，故有

$$\frac{\Delta p}{\rho v^2}=\frac{l}{d}f_3\left(\frac{vd\rho}{\mu},\frac{\Delta}{d}\right)$$

注意到 $Re=(vd\rho)/\mu$，则压强降落值公式为

$$\frac{\Delta p}{\gamma}=f_4\left(Re,\frac{\Delta}{d}\right)\frac{l}{d}\ \frac{v^2}{2g}$$

因为水平等直径管道的压强降落就等于该段管道的沿程水头损失。可见，上式就是第四章

中介绍过的沿程水头损失的计算公式

$$h_f = \lambda \frac{l}{d} \frac{v^2}{2g}$$

其中，$\lambda = f_4(Re, \Delta/d)$ 就是第四章中讨论过的沿程阻力系数。

根据以上两个实例，可将应用 $\pi$ 定律建立方程式的步骤总结如下：

(1) 选择制约流动现象的有关变量。这是最关键的一步。并把它们写成函数关系式，如

$$F(v, D, \rho, \mu, H, p) = 0$$

(2) 选择基本变量，这些变量应包含所研究问题中的所有基本量。水力学中经常选择的是与几何相似有关的长度，与运动相似有关的速度或加速度以及动力相似有关的质量，如 $D$、$v$、$\rho$。

(3) 用未知的指数形式写出无量纲 $\pi$ 数，例如

$$\pi_1 = v^{\alpha_1} D^{\beta_1} \rho^{\gamma_1} \mu$$

(4) 根据量纲一致性原则写出每个 $\pi$ 数表达的指数方程，然后联立求解各 $\pi$ 数的指数方程，得到 $\pi$ 数。

(5) 建立无量纲函数关系

$$f(\pi_1, \pi_2, \pi_3, \cdots, \pi_{n-m}) = 0$$

并按实际需要从上式求解。

必须指出的是量纲分析并没有给出流动问题的最终解，它只提供了这个解的基本结构，函数的数值关系还有待于实验确定。另外一点就是在应用量纲分析法时，如何正确选定所有影响因素是一个至关重要的问题。如果选进了不必要的参数，那么人为地使研究复杂化；如果漏选了不能忽略的影响因素，无论量纲分析运用得多么正确，所得到的物理方程也都是错误的。所以，量纲分析的正确使用尚依赖于研究人员对所研究的流动现象要有透彻和全面的了解。

## 第三节　相似的基本概念

相似的概念最早出现于几何学中，即假如两个几何图形的对应边成一定的比例，那么这两个图形便是几何相似的。可以把这一概念推广到流动现象的所有物理量上，例如，对于原型和模型这两个流动相似，即两个流动的对应点上同名物理量（如速度、压强、各种力）应具各自的比例关系，这就要求模型与原型之间具有几何相似、运动相似和动力相似，模型与原型的初始条件和边界条件也应保持一致。

为了便于理解和掌握相似的基本概念，现以 $\lambda_q$ 表示原型与模型对应物理量 $q$ 的比例，称之为**比尺**，即

$$\lambda_q = \frac{q_{\mathrm{p}}}{q_{\mathrm{m}}} \tag{9-3}$$

这里的下角标 p 和 m，分别表示原型（prototype）和模型（model）。

### 1. 几何相似

如果两个流动的线性变量间存在着固定的比例关系，即模型和原型中对应的线性长度的比值相等，则这两个流动称为几何相似。

如以 $l$ 表示某一线性尺度，则有长度比尺

$$\lambda_l = \frac{l_\mathrm{p}}{l_\mathrm{m}} \tag{9-4}$$

由此可推得其他有关几何量的比尺，例如面积和体积比尺为

$$\lambda_A = \frac{A_\mathrm{p}}{A_\mathrm{m}} = \frac{l_\mathrm{p}^2}{l_\mathrm{m}^2} = \lambda_l^2 \tag{9-5}$$

$$\lambda_V = \frac{V_\mathrm{p}}{V_\mathrm{m}} = \frac{l_\mathrm{p}^3}{l_\mathrm{m}^3} = \lambda_l^3 \tag{9-6}$$

**2. 运动相似**

运动相似是指液体运动的速度场相似。也就是指两个液流各相应点(包括边界上各点)的速度 $u$ 方向相同，其大小成一固定的比尺 $\lambda_u$，即

$$\lambda_u = \frac{u_\mathrm{p}}{u_\mathrm{m}}$$

注意到流速是位移对时间 $t$ 的微商 $\frac{\mathrm{d}l}{\mathrm{d}t}$，而原型和模型相应点处液体质点运动相应位移所需时间的比尺为

$$\lambda_t = \frac{t_\mathrm{p}}{t_\mathrm{m}} \tag{9-7}$$

则有

$$\lambda_u = \frac{u_\mathrm{p}}{u_\mathrm{m}} = \frac{\dfrac{\mathrm{d}l_\mathrm{p}}{\mathrm{d}t_\mathrm{p}}}{\dfrac{\mathrm{d}l_\mathrm{m}}{\mathrm{d}t_\mathrm{m}}} = \frac{\mathrm{d}l_\mathrm{p}}{\mathrm{d}l_\mathrm{m}}\frac{\mathrm{d}t_\mathrm{m}}{\mathrm{d}t_\mathrm{p}} = \frac{\lambda_l}{\lambda_t} \tag{9-8}$$

由于各相应点速度成固定的比例，所以相应断面的平均流速有同样的比尺，即

$$\lambda_v = \frac{v_\mathrm{p}}{v_\mathrm{m}} = \lambda_u$$

同样道理，在运动相似的条件下，流场中相应位置处液体质点的加速度也有

$$\lambda_a = \frac{a_\mathrm{p}}{a_\mathrm{m}} = \frac{\lambda_u}{\lambda_t} \tag{9-9}$$

从式(9-8)和式(9-9)可知，若两个水流是运动相似的，则它们的速度比尺及加速度比尺与长度比尺、时间比尺之间必须符合一定的关系。

**3. 动力相似**

若两流动对应点处液体质点所受同名力 $F$ 的方向相同，其大小之比均成一固定的比尺 $\lambda_F$，则称这两个流动是动力相似。所谓同名力是指具有同一物理性质的力。例如重力 $F_G$、黏性力 $F_\nu$、压力 $F_P$、弹性力 $F_E$、表面张力 $F_T$ 等。

如果作用在液体质点上的合力不等于零，根据牛顿定理，液体质点产生加速度，此时可根据理论力学中的达伦贝尔原理，引进液体质点的惯性力，那么惯性力与质点所受诸力平衡，形式上构成封闭力多边形，这样，动力相似又可表征为两相似流动对应质点上的封闭力多边形相似，例如假定两流动具有流动相似，作用在液体任一质点的力有重力 $F_G$、压力 $F_P$、黏性力 $F_\nu$ 和惯性力 $F_I$，那么两流动动力相似就要求

$$\frac{F_{Gp}}{F_{Gm}}=\frac{F_{Pp}}{F_{Pm}}=\frac{F_{\nu p}}{F_{\nu m}}=\frac{F_{Ip}}{F_{Im}} \tag{9-10}$$

成立。式中的下角标 p、m 分别表示原型和模型。

**4. 初始条件和边界条件的相似**

初始条件和边界条件的相似是保证相似的充分条件，正如初始条件和边界条件的提出是微分方程的定解条件一样。

在非恒定流中，初始条件是必需的；在恒定流中初始条件则失去实际意义。

边界条件在一般条件下，可分为几何的、运动的和动力几方面，如固体边界上的法线流速为零，自由表面上的压强为大气压强等。

## 第四节　相似准则

为了方便讨论，根据各种力的定义，将水力学中常见力用最简单的形式表达如下：

重力　$F_G=mg=\rho l^3 g$

压力　$F_P=(\Delta p)A=(\Delta p)l^2$

黏性力　$F_\nu=\mu(\mathrm{d}u/\mathrm{d}y)A=\mu(v/l)l^2=\mu vl$

弹性力　$F_E=KA=Kl^2$

表面张力　$F_T=\sigma l$

惯性力　$F_I=ma=\rho l^3(l/t^2)=\rho v^2 l^2$

在实际流动问题中，这些力有的不存在或者作用效果微小而可忽略。

上节讨论了流动相似的基本理论，即两流动相似，应具有几何相似、运动相似、动力相似以及初始条件和边界条件一致这些要求，一般来说，几何相似是运动相似和动力相似的前提和依据，动力相似是决定两流动相似的主导因素，运动相似是几何相似和动力相似的表现。因此，在几何相似的前提下，要保证流动相似，主要看动力相似，即应满足式(9-10)。由于惯性力相似与运动相似直接相关，因此，将式(9-10) 变为

$$\left(\frac{F_I}{F_G}\right)_p=\left(\frac{F_I}{F_G}\right)_m,\quad \left(\frac{F_I}{F_P}\right)_p=\left(\frac{F_I}{F_P}\right)_m,\quad \left(\frac{F_I}{F_\nu}\right)_p=\left(\frac{F_I}{F_\nu}\right)_m \tag{9-11}$$

**1. 雷诺准则**

现将前面已给出的各种力的最简表达代入式(9-11) 中，先来看

$$\left(\frac{F_I}{F_\nu}\right)_p=\left(\frac{F_I}{F_\nu}\right)_m$$

因为 $F_I=\rho v^2 l^2$，$F_\nu=\mu vl$，代入上式化简得

$$\frac{v_p l_p \rho_p}{\mu_p}=\frac{v_m l_m \rho_m}{\mu_m} \tag{9-12}$$

上式等号两边均为无量纲量，即为雷诺数，由推导过程知道雷诺数是惯性力与黏性力的比值，即

$$Re=\frac{vl\rho}{\mu}=\frac{vl}{\nu} \tag{9-13}$$

那么原型和模型流动惯性力和黏性力的相似关系可以表达为

$$(Re)_{p} = (Re)_{m} \tag{9-14}$$

或

$$\frac{\lambda_l \lambda_v}{\lambda_\nu} = 1 \tag{9-15}$$

即原型流动和模型流动的雷诺数相等，这就是雷诺准则。

**2. 佛汝德准则**

以同样的方法讨论式(9-11)的第一个等式

$$\left(\frac{F_I}{F_G}\right)_{p} = \left(\frac{F_I}{F_G}\right)_{m}$$

将 $F_I = \rho v^2 l^2$ 和 $F_G = \rho l^3 g$ 代入并整理得出

$$\left(\frac{v^2}{lg}\right)_{p} = \left(\frac{v^2}{lg}\right)_{m} \tag{9-16}$$

括号中的组合量也是无量纲量，即为佛汝德数，即

$$Fr = \frac{v^2}{gl} \tag{9-17}$$

佛汝德数 $Fr$ 是流体重力与惯性力的比值。

那么重力与惯性力的相似关系可写为

$$(Fr)_{p} = (Fr)_{m} \tag{9-18}$$

或

$$\frac{\lambda_v^2}{\lambda_l \lambda_g} = 1 \tag{9-19}$$

即原型流动与模型流动的佛汝德数相等，这就是佛汝德准则。

**3. 欧拉准则**

若以作用在液体质点上的动水压力来考虑，根据动力相似条件，则可推导出满足动水压力相似的相似准则

$$\frac{\lambda_p}{\lambda_\rho \lambda_v^2} = 1 \tag{9-20}$$

也可写成

$$\frac{p_{p}}{v_{p}^2 \rho_{p}} = \frac{p_{m}}{v_{m}^2 \rho_{m}}$$

或

$$(Eu)_{p} = (Eu)_{m} \tag{9-21}$$

$Eu = p/v^2\rho$ 称为**欧拉数**，欧拉数的物理意义在于它反映了压力与惯性力的比值。上式表明：两个流动相应点的欧拉数相等，则压力相似，这就是**欧拉准则**。上式的推导留给读者完成。

以上所讨论的准则是水力学常见的相似准则。如若还有其他的作用力，就会再引出另外一些要满足的准则，本书不再赘述。

前面根据动力相似推导了各种相似准数，除此之外，还可以由液体运动微分方程推导相似准数，其推导方法可以参见其他水力学教材。另一类推导方法就是根据量纲分析方法。例如在本章例 9-2 中，光滑圆球在液体中运动所受阻力的相似准数就是雷诺数，如果要通过实验测定原球在液体中所受阻力大小的话，就要保证原型与模型的雷诺数相等来开展实验。例 9-3 中分

析得出沿程阻力系数的关系是$\lambda = f(Re, \Delta/d)$，此结果不仅对于实验具有指导意义，而且为实验资料的整理指出了方向(参看第四章尼古拉兹实验曲线)，同时也指出了两相似管流的相似准则是$Re_1 = Re_2$和$(\Delta/d)_1 = (\Delta/d)_2$。又根据相似原理，则可以肯定：由实验资料整理的$\lambda \sim Re$曲线虽然是一种流体在某管内的实验所得，但仍可适用于任何流体在几何相似管内的流动。

## 第五节　模型试验设计

### 1. 模型律的选择

模型律的选择应依据上节所述的流动相似准则。理论上讲，流动相似要求所有作用力都相似。

现在仅考虑黏性阻力与重力同时满足相似要求，也就是说要保证模型和原型中的雷诺数和佛汝德数一一对应相等。根据雷诺准则和佛汝德准则，速度比尺分别应有

$$\lambda_v = \frac{\lambda_\nu}{\lambda_l} \tag{9-22}$$

和

$$\lambda_v = \sqrt{\lambda_l \lambda_g} \tag{9-23}$$

通常$\lambda_g = 1$，则式(9-23)成为

$$\lambda_v = \sqrt{\lambda_l}$$

显然，要同时满足以上两个条件，必须取

$$\lambda_\nu = \lambda_v \lambda_l = \sqrt{\lambda_l} \cdot \lambda_l = \lambda_l^{3/2}$$

这就是说，要实现流动相似，一是模型的流速应为原型流速的$\lambda_l^{1/2}$倍；二是必须按$\lambda_\nu = \lambda_l^{3/2}$来选择运动黏性系数的比值，但通常对后一条件难以实现。

另一方面，若模型与原型采用同一种介质，则雷诺准则和佛汝德准则有如下的条件

$$\lambda_v = \frac{1}{\lambda_l}$$

$$\lambda_v = \sqrt{\lambda_l}$$

显然，$\lambda_l$与$\lambda_v$的关系要同时满足以上两个条件，则$\lambda_l = 1$，即模型不能缩小也不能放大，失去了模型实验的价值。

从上述可见，一般情况下同时满足两个或两个以上作用力相似是很难实现的。实际中，常常要对所研究的流动问题作深入地分析，找到影响该流动的主要作用力，满足一个主要力的相似，而忽略其他次要力的相似。例如，对于管中的有压流动及潜体绕流等，只要流动的雷诺数不是特别大，一般其相似条件都依赖于雷诺准则。我们在第四章讨论沿程水头损失时知道，当雷诺数大到一定程度后，沿程阻力系数与雷诺数无关，只要单独考虑重力相似，则阻力相似自行满足。所以对于大多数的明渠流、堰流都是重力起主要作用，一般按佛汝德准则控制。

### 2. 模型的设计

在模型设计中通常是根据试验场地和模型制作的条件先定出长度比尺$\lambda_l$，再以选定的$\lambda_l$

缩小原型的几何尺度，得出模型流动的几何边界。在一般情况下模型流所使用的液体就采用原型流液体，即 $\lambda_\rho$、$\lambda_\nu$ 为 1。然后按所选用的准则(雷诺准则或佛汝德准则) 确定相应的速度比尺 $\lambda_v$，这样可按下式定出模型流的流量

$$\frac{Q_p}{Q_m}=\frac{v_p A_p}{v_m A_m}=\lambda_v \lambda_l^2$$

或
$$Q_m=\frac{Q_p}{\lambda_v \lambda_l^2} \tag{9-24}$$

根据这些步骤可实现原型、模型流动在相应准则控制下的流动相似。

下面举两例来说明如何选择模型律和模型设计的方法。

**例 9-4** 一桥墩长 $L_p=24$ m，墩宽 $b_p=4.3$ m，水深 $h_p=8.2$ m，河中水流平均流速 $v_p=2.3$ m/s，两桥台间的距离 $B_p=90$ m，取 $\lambda_l=50$ 来设计水工模型试验，试确定模型的几何尺寸和模型流量(见图 9-1)。

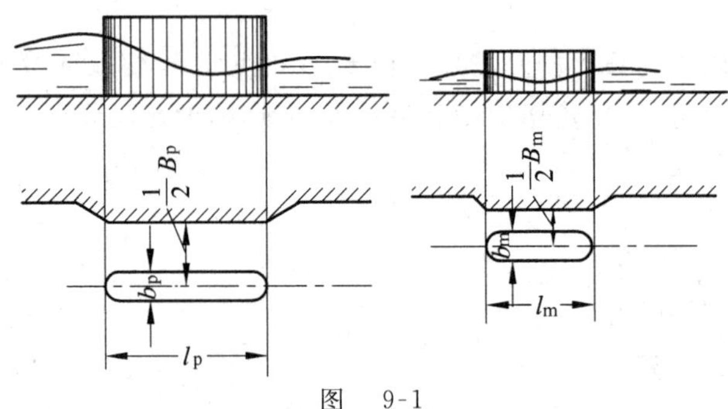


图 9-1

**解** 一般对水工建筑物的流动起主要作用为重力，所以只需满足佛汝德准则。

(1) 模型的各几何尺寸，由给定的 $\lambda_l=50$ 直接计算得到：

桥墩长 $$l_m=\frac{l_p}{\lambda_l}=\frac{24}{50}=0.48\ \text{m}$$

桥墩宽 $$b_m=\frac{b_p}{\lambda_l}=\frac{4.3}{50}=0.086\ \text{m}$$

桥墩台间距 $$B_m=\frac{B_p}{\lambda_l}=\frac{90}{50}=1.8\ \text{m}$$

水深 $$h_m=\frac{h_p}{\lambda_l}=\frac{8.2}{50}=0.164\ \text{m}$$

(2) 模型平均流速与流量，因受佛汝德准则控制，由式(9-19) 得

$$\lambda_v=\sqrt{\lambda_g\lambda_l}$$

$\lambda_g=1$，则 $\lambda_v=\sqrt{\lambda_l}$。所以模型流速为

$$v_m=\frac{v_p}{\sqrt{\lambda_l}}=\frac{2.3}{\sqrt{50}}=0.325\ \text{m/s}$$

再由式(9-24) 得模型流量

$$Q_m=\frac{Q_p}{\lambda_l^2\lambda_v}=\frac{Q_p}{\lambda_l^2\sqrt{\lambda_l}}=\frac{Q_p}{\lambda_l^{2.5}}$$

因 $$Q_p=v_p(B_p-b_p)h_p=2.3\times(90-4.3)\times 8.2=1\ 616.3\ \text{m}^3/\text{s}$$

所以 $$Q_m = \frac{1\ 616.3}{50^{2.5}} = 0.091\ 4\ m^3/s$$

**例 9-5** 为了研究在油液中水平运动小物体的运动特性，用放大 8 倍的模型在 15℃ 的水中进行实验。物体在油液中运动速度为 13.72 m/s，油的容重 $\gamma_{油} = 8\ 469\ N/m^3$，黏性系数 $\mu = 0.025\ 8\ N \cdot s/m^2$。(1) 为保证模型与原型流动相似，模型物体的速度应取多大？(2) 实验测定出模型的阻力为 3.56 N，试推求原型物体所受阻力。

**解**

(1) 因物体在液面一定深度之下运动，主要受黏性阻力影响，即流动相似条件应为雷诺准则

$$\left(\frac{Dv}{\nu}\right)_p = \left(\frac{Dv}{\nu}\right)_m$$

$$\frac{D_p}{D_m} = \frac{1}{8}, \nu_p = \frac{\mu_p}{\rho_p} = \frac{0.025\ 8}{8\ 469/9.8} = 2.99 \times 10^{-5} m^2/s$$

由(1-6) 式求出 $\nu_m = 1.14 \times 10^{-6}\ m^2/s$

$$\frac{D_p \times 13.72}{2.99 \times 10^{-5}} = \frac{(8D_p)v_m}{1.14 \times 10^{-6}}$$

$$v_m = 0.065\ m/s$$

(2) 因为 $F \propto \rho v^2 l^2$，所以 $\frac{F_p}{F_m} = \frac{\rho_p v_p^2 l_p^2}{\rho_m v_m^2 l_m^2}$

$$\lambda_F = \frac{F_p}{F_m} = \frac{8\ 469/9.8 \times (13.72)^2 \times 1^2}{1\ 000 \times (0.065)^2 \times 8^2} = 601.6$$

$$F_p = \lambda_F \cdot F_m = 601.6 \times 3.56 = 2\ 140\ N = 2.14\ kN$$

## 思考题

**1.** 何谓量纲？水力学中的基本量纲有哪些？

**2.** 量纲分析方法的依据是什么？瑞利法和 $\pi$ 定律分析方法的具体步骤如何？

**3.** 流动相似的全部含义是什么？

**4.** 分别导出在雷诺准则和佛汝德准则下，下列各量的模型比尺与长度比尺间的关系。

(1) 流量，(2) 压强，(3) 力，(4) 加速度，(5) 水头损失，(6) 功率。

## 习题

**9-1** 用量纲分析法将下列各组物理量组合成无量纲量：

(a) $\tau$、$v$、$\rho$，$\tau$ 为切应力。

(b) $\Delta p$、$v$、$\gamma$、$g$。

(c) $F$、$\rho$、$l$、$v$。

(d) $v$、$l$、$\rho$、$\sigma$，其中 $\sigma$ 为表面张力系数。

**9-2** 用量纲分析法，证明离心力公式为 $F = KMv^2/r$。

式中　$F$——离心力；

$M$——做圆周运动物体的质量；

$v$——切向速度；

$r$——半径；

$K$——由实验确定的常数。

**9-3** 有压管道流动的管壁切应力 $\tau_0$ 与流动速度 $v$、管径 $D$、动力黏性系数 $\mu$ 和流体密度 $\rho$ 有关，试用量纲分析推导切应力 $\tau_0$ 的表达式。

**9-4** 经实验知道，通过孔口出流的流速 $v$ 与下列因素有关：孔口的作用水头 $H$、液体密度 $\rho$、重力加速度 $g$、动力黏性系数 $\mu$ 和孔口直径 $d$。试用 $\pi$ 定律推导孔口出流速度 $v$ 和出流流量 $Q$ 的公式。

**9-5** 设螺旋桨推进器的牵引力 $F$ 取决于它的直径 $D$、前进速度 $v$、流体密度 $\rho$、黏性系数 $\mu$ 和螺旋桨转速 $n$，证明牵引力可用下式表达

$$F = \rho D^2 v^2 \varphi\left(\frac{\mu}{\rho v d}, \frac{nd}{v}\right)$$

**9-6** 有一桥渡模型试验，模型的长度比尺 $\lambda_l = 20$。当模型桥前壅水水深 $H_m = 0.18$ m 时，模型流量为 5 L/s，试求原型相应的桥前壅水水深 $H_p$ 和通过的流量 $Q_p$。

**9-7** 有一管径为 200 mm 的输油管道，油的运动黏性系数 $4.0 \times 10^{-5}$ m$^2$/s，管道内通过的流量是 0.12 m$^3$/s。若用直径为 50 mm 的管道在实验室用 16℃ 的水作模型实验，试求在流动相似时模型管内应通过的流量。

**9-8** 溢水堰模型设计比例为 1∶20，当在模型上测得流量为 $Q_m = 300$ L/s 时，水流对堰体的推力 $F_m = 300$ N，求实际流量和推力。

**9-9** 将某一高层建筑按几何相似设计成模型，放在风洞中进行模型试验测定建筑物周围压强分布。当风洞中风速为 $v_m = 10$ m/s 时，测得模型迎风面点 1 处的相对压强 $p_{1m} = 980$ Pa，背风面点 2 处的相对压强 $p_{2m} = -49$ Pa。试求建筑物在 $v = 30$ m/s 的强风作用下对应点的相对压强。

**9-10** 将高 $h_p = 1.5$ m，最大速度 $v_p = 108$ km/h 的汽车，用模型在风洞中实验以确定空气阻力。风洞中最大吹风速度为 45 m/s。(1) 为了保证黏性相似，模型尺寸应为多少？(2) 在最大吹风速度时，模型所受到的阻力为 14.7 N，求汽车在最大运行速度时所受的空气阻力（假设空气对原型、模型的物理特性一致）。

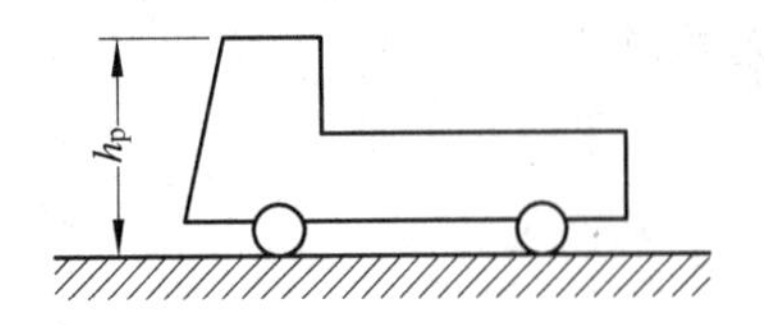


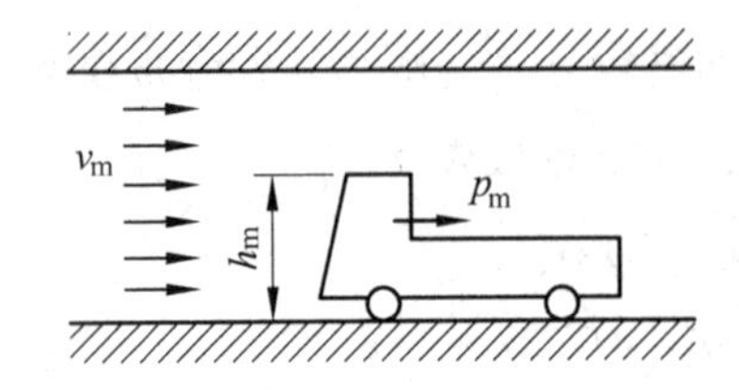


题 9-10

**9-11** 某一飞行物以 36 m/s 的速度在空气中做匀速直线运动，为了研究飞行物的运动阻

力，用一个尺寸缩小一半的模型在温度为14℃的水中实验，模型的运动速度应为多少？若测得模型的运动阻力为1 450 N，原型受到的阻力是多少？已知空气的黏性系数 $\mu = 1.86 \times 10^{-5}$ N·s/m²，空气密度为1.20 kg/m³。

**9-12** 直径为 $D$ 的转盘浸没于密度为 $\rho$，黏性系数为 $\mu$ 的液体中，其转速为 $n$。试用量纲分析法推导其功率 $P$ 由下式给出

$$P = \rho n^3 D^5 f(\rho n D^2 / \mu)$$

若转盘 $D = 225$ mm，$n = 23$ 转/秒，在水中需转矩1.1 N·m，试计算当 $D = 675$ mm，在空气中转动时转盘速度和所需功率。已知空气黏性系数 $1.86 \times 10^{-5}$ N·s/m²，密度1.20 kg/m³；水的黏性系数 $1.01 \times 10^{-3}$ N·s/m²，密度1 000 kg/m³。

# 附录Ⅰ 国际单位与工程单位对照表

| 物理量 | 国际单位系统 | | 工程单位系统 | |
| --- | --- | --- | --- | --- |
| | 量纲 | 单位名称、符号及换算 | 量纲 | 单位名称、符号及换算 |
| 长 度 | L | 米(m),厘米(cm) | L | 米(m),厘米(cm) |
| 时 间 | T | 秒(s),时(h) | T | 秒(s),时(h) |
| 质 量 | M | 千克(公斤)kg<br>1 公斤 = 0.102 工程单位 | $FL^{-1}T^{-2}$ | 工程单位<br>1 工程单位 = 9.8 kg |
| 力 | $MLT^{-2}$ | 牛顿(牛)N<br>1 N = 0.102 kgf | F | 公斤力(kgf)<br>1 kgf = 9.8 N |
| 压强应力 | $ML^{-1}T^{-2}$ | 帕斯卡(帕)Pa<br>1 Pa = 1 $N/m^2$<br>1 巴(bar) = $10^5$ Pa<br>1 巴 = 1.02 $kgf/cm^2$ | $FL^{-2}$ | 公斤力/米$^2$($kgf/m^2$)<br>公斤力/厘米$^2$($kgf/cm^2$)<br>1 $kgf/m^2$ = 9.8 Pa<br>1 $kgf/cm^2$ = 0.98 bar = 98 kPa |
| 功能热 | $ML^2T^{-2}$ | 焦耳(J)<br>1 J = 1 N·m = 1 W·s<br>1 J = 0.238 8 cal | FL | 公斤力·米 (kgf·m)<br>卡 (cal),千卡 (kcal),<br>1 卡 cal = 4.187 J<br>1 kgf·m = 9.8 J |
| 功 率 | $ML^2T^{-3}$ | 瓦(W) = 焦/秒 (J/s)<br>1 W = 0.102 kgf·m/s<br>= 0.238 8 cal/s | $FLT^{-1}$ | 公斤力·米/秒 (kgf·m/s)<br>1 kgf·m/s = 9.8 J/s = 9.8 W |
| 动力黏性系数 | $ML^{-1}T^{-1}$ | 帕秒(Pa·s) = 10 泊<br>1 Pa·s = 0.102 kgf·$s/m^2$ | $FTL^{-2}$ | 公斤力·秒/米$^2$(kgf·$s/m^2$)<br>1 kgf·$s/m^2$ = 9.8 Pa·s |
| 运动黏性系数 | $L^2T^{-1}$ | 米$^2$/秒( $m^2/s$)<br>1 $m^2/s$ = $10^4$ 斯 st | $L^2T^{-1}$ | 米$^2$/秒 ($m^2/s$) |

# 附录Ⅱ　各种不同粗糙面的粗糙系数 $n$

| 等级 | 槽壁种类 | $n$ | $\frac{1}{n}$ |
|---|---|---|---|
| 1 | 涂复珐琅或釉质的表面，及精细刨光而拼合良好的木板 | 0.009 | 111.1 |
| 2 | 刨光的木板，纯粹水泥的粉饰面 | 0.010 | 100.0 |
| 3 | 水泥（含 1/3 细沙）粉饰面。新的陶土、安装和接合良好的铸铁管和钢管 | 0.011 | 90.9 |
| 4 | 未刨的木板，而拼合良好。在正常情况下内无显著积垢的给水管；极洁净的排水管，极好的混凝土面 | 0.012 | 83.3 |
| 5 | 琢石砌体；极好的砖砌体，正常情况下的排水管；略微污染的给水管，非完全精密拼合的，未刨的木板 | 0.013 | 76.9 |
| 6 | "污染"的给水管和排水管，一般的砖砌体，一般情况下渠道的混凝土面 | 0.014 | 71.4 |
| 7 | 粗糙的砖砌体，未琢磨的石砌体，有未经修饰的表面，石块安置平整，极污垢的排水管 | 0.015 | 66.7 |
| 8 | 普通块石砌体，其状况满意的；旧破砖砌体；较粗糙的混凝土；光滑的开凿得极好的崖岸 | 0.017 | 58.8 |
| 9 | 覆有坚厚淤泥层的渠槽，用致密黄土和致密卵石做成而为整片淤泥薄层所覆盖的良好渠槽 | 0.018 | 55.6 |
| 10 | 很粗糙的块石砌体；用大块石的干砌体；卵石铺筑面。纯由岩中开筑的渠槽。由黄土、致密卵石和致密泥土做成而为淤泥薄层所覆盖的渠槽（正常情况） | 0.020 | 50.0 |
| 11 | 尖角的大块乱石铺筑；表面经过普通处理的崖石渠槽；致密黏土渠槽。由黄土、卵石和泥土做成而非为整片的（有些地方断裂的）淤泥薄层所覆盖的渠槽，大型渠槽受到中等以上的养护 | 0.022 5 | 44.4 |
| 12 | 大型土渠受到中等养护的；小型土渠受到良好的养护。在有利条件下的小河和溪涧（自由流动无淤塞和显著水草等） | 0.025 | 40.0 |
| 13 | 中等条件以下的大渠道，中等条件的小渠槽 | 0.027 5 | 36.4 |
| 14 | 条件较坏的渠道和小河（例如有些地方有水草和乱石或显著的茂草，有局部的坍坡等） | 0.030 | 33.3 |
| 15 | 条件很坏的渠道和小河，断面不规则，严重地受到石块和水草的阻塞等 | 0.035 | 28.6 |
| 16 | 条件特别坏的渠道和小河（沿河有崩崖巨石、绵密的树根、深潭、坍崖等） | 0.040 | 25.0 |

# 附录Ⅲ　谢才系数 $C$ 的数值表

根据巴甫洛夫斯基公式 $C=\frac{1}{n}R^{y}$，单位：$m^{1/2}/s$。式中 $y=2.5\sqrt{n}-0.75\sqrt{R}(\sqrt{n}-0.1)-0.13$。

| $R$(m) \ $n$ | 0.011 | 0.012 | 0.013 | 0.014 | 0.017 | 0.020 | 0.022 5 | 0.025 | 0.027 5 | 0.030 | 0.035 | 0.040 |
|---|---|---|---|---|---|---|---|---|---|---|---|---|
| 0.10 | 67.2 | 60.3 | 54.3 | 49.3 | 38.1 | 30.6 | 26.0 | 22.4 | 19.6 | 17.3 | 13.8 | 11.2 |
| 0.12 | 68.8 | 61.9 | 55.8 | 50.8 | 39.5 | 32.6 | 27.2 | 23.5 | 20.6 | 18.3 | 14.7 | 12.1 |
| 0.14 | 70.3 | 63.3 | 57.2 | 52.2 | 40.7 | 33.0 | 28.2 | 24.5 | 21.6 | 19.1 | 15.4 | 12.8 |
| 0.16 | 71.5 | 64.5 | 58.4 | 53.3 | 41.8 | 34.0 | 29.2 | 25.4 | 22.4 | 19.9 | 16.1 | 13.4 |
| 0.18 | 72.6 | 65.6 | 59.5 | 54.3 | 42.7 | 34.8 | 30.0 | 26.2 | 23.2 | 20.6 | 16.8 | 14.0 |
| 0.20 | 73.7 | 66.6 | 60.4 | 55.3 | 43.6 | 35.7 | 30.8 | 26.9 | 23.8 | 21.3 | 17.4 | 14.5 |
| 0.22 | 74.6 | 67.5 | 61.3 | 56.2 | 44.4 | 36.4 | 31.5 | 27.6 | 24.5 | 21.9 | 17.9 | 15.0 |
| 0.24 | 75.5 | 68.3 | 62.1 | 57.0 | 45.2 | 37.1 | 32.2 | 28.3 | 25.1 | 22.5 | 18.5 | 15.5 |
| 0.26 | 76.3 | 69.1 | 62.9 | 57.7 | 45.9 | 37.8 | 32.8 | 28.8 | 25.7 | 23.0 | 18.9 | 16.0 |
| 0.28 | 77.0 | 69.8 | 63.6 | 58.4 | 46.5 | 38.4 | 33.4 | 29.4 | 26.2 | 23.5 | 19.4 | 16.4 |
| 0.30 | 77.7 | 70.5 | 64.3 | 59.1 | 47.2 | 39.0 | 33.9 | 29.9 | 26.7 | 24.0 | 19.9 | 16.8 |
| 0.32 | 78.3 | 71.1 | 65.0 | 59.7 | 47.8 | 39.5 | 34.4 | 30.3 | 27.1 | 24.4 | 20.3 | 17.2 |
| 0.34 | 79.0 | 71.8 | 65.7 | 60.3 | 48.3 | 40.0 | 34.9 | 30.8 | 27.6 | 24.9 | 20.7 | 17.6 |
| 0.36 | 79.6 | 72.4 | 66.1 | 60.9 | 48.8 | 40.5 | 35.4 | 31.3 | 28.1 | 25.3 | 21.1 | 17.9 |
| 0.38 | 80.1 | 72.9 | 66.7 | 61.4 | 49.3 | 41.0 | 35.9 | 31.7 | 28.4 | 25.6 | 21.4 | 18.3 |
| 0.40 | 80.7 | 73.4 | 67.1 | 61.9 | 49.8 | 41.5 | 36.3 | 32.2 | 28.8 | 26.0 | 21.8 | 18.6 |
| 0.42 | 81.3 | 73.9 | 67.7 | 62.4 | 50.2 | 41.9 | 36.7 | 32.6 | 29.2 | 26.4 | 22.1 | 18.9 |
| 0.44 | 81.8 | 74.4 | 68.2 | 62.9 | 50.7 | 42.3 | 37.1 | 32.9 | 29.6 | 26.7 | 22.4 | 19.2 |
| 0.46 | 82.3 | 74.8 | 68.6 | 63.3 | 51.1 | 42.7 | 37.5 | 33.3 | 29.9 | 27.1 | 22.8 | 19.5 |
| 0.48 | 82.7 | 75.3 | 69.1 | 63.7 | 51.5 | 43.1 | 37.8 | 33.6 | 30.2 | 27.4 | 23.1 | 19.8 |
| 0.50 | 83.1 | 75.7 | 69.5 | 64.1 | 51.9 | 43.5 | 38.2 | 34.0 | 30.4 | 27.8 | 23.4 | 20.1 |
| 0.55 | 84.1 | 76.7 | 70.4 | 65.2 | 52.8 | 44.1 | 39.0 | 34.8 | 31.4 | 28.5 | 24.0 | 20.7 |
| 0.60 | 85.0 | 77.7 | 71.4 | 66.0 | 53.7 | 45.2 | 39.8 | 35.5 | 32.1 | 29.2 | 24.7 | 21.3 |
| 0.65 | 86.0 | 78.7 | 72.2 | 66.9 | 54.5 | 45.9 | 40.6 | 36.2 | 32.8 | 29.8 | 25.3 | 21.9 |
| 0.70 | 86.8 | 79.4 | 73.0 | 67.6 | 55.2 | 46.6 | 41.2 | 36.9 | 33.4 | 30.4 | 25.8 | 22.4 |

续　表

| R(m) \ n | 0.011 | 0.012 | 0.013 | 0.014 | 0.017 | 0.020 | 0.022 5 | 0.025 | 0.027 5 | 0.030 | 0.035 | 0.040 |
|---|---|---|---|---|---|---|---|---|---|---|---|---|
| 0.75 | 87.5 | 80.2 | 73.8 | 68.4 | 55.9 | 47.3 | 41.8 | 37.5 | 34.0 | 31.0 | 26.4 | 22.9 |
| 0.80 | 88.3 | 80.8 | 74.5 | 69.0 | 56.5 | 47.9 | 42.4 | 38.0 | 34.5 | 31.5 | 26.8 | 23.4 |
| 0.85 | 89.0 | 81.6 | 75.1 | 69.7 | 57.2 | 48.4 | 43.0 | 38.6 | 35.0 | 32.0 | 27.3 | 23.8 |
| 0.90 | 89.4 | 82.1 | 75.5 | 69.9 | 57.5 | 48.8 | 43.5 | 38.9 | 35.5 | 32.3 | 27.6 | 24.1 |
| 0.95 | 90.3 | 82.8 | 76.5 | 70.9 | 58.3 | 49.5 | 43.9 | 39.5 | 35.9 | 32.9 | 28.2 | 24.6 |
| 1.00 | 90.9 | 83.3 | 76.9 | 71.4 | 58.8 | 50.0 | 44.4 | 40.0 | 36.4 | 33.3 | 28.6 | 25.0 |
| 1.10 | 92.0 | 84.4 | 78.0 | 72.5 | 59.8 | 50.9 | 45.3 | 40.9 | 37.3 | 34.1 | 29.3 | 25.7 |
| 1.20 | 93.1 | 85.4 | 79.0 | 73.4 | 60.7 | 51.8 | 46.1 | 41.6 | 38.0 | 34.8 | 30.0 | 26.3 |
| 1.30 | 94.0 | 86.3 | 79.9 | 74.3 | 61.5 | 52.5 | 46.9 | 42.3 | 38.7 | 35.5 | 30.6 | 26.9 |
| 1.40 | 94.8 | 87.1 | 80.7 | 75.1 | 62.2 | 53.2 | 47.5 | 43.0 | 39.3 | 36.1 | 31.1 | 27.5 |
| 1.50 | 95.7 | 88.0 | 81.5 | 75.9 | 62.9 | 53.9 | 48.2 | 43.6 | 39.8 | 36.7 | 31.7 | 28.0 |
| 1.60 | 96.5 | 88.7 | 82.2 | 76.5 | 63.6 | 54.5 | 48.7 | 44.1 | 40.4 | 37.2 | 32.2 | 28.5 |
| 1.70 | 97.3 | 89.5 | 82.9 | 77.2 | 64.3 | 55.1 | 49.3 | 44.7 | 41.0 | 37.7 | 32.7 | 28.9 |
| 1.80 | 98.0 | 90.1 | 83.5 | 77.8 | 64.8 | 55.6 | 49.8 | 45.1 | 41.4 | 38.1 | 33.0 | 29.3 |
| 1.90 | 98.6 | 90.8 | 84.2 | 78.4 | 65.4 | 56.1 | 50.3 | 45.6 | 41.8 | 38.5 | 33.4 | 29.7 |
| 2.00 | 99.3 | 91.4 | 84.8 | 79.0 | 65.9 | 56.6 | 50.8 | 46.0 | 42.3 | 38.9 | 33.8 | 30.0 |
| 2.20 | 100.4 | 92.4 | 85.9 | 80.0 | 66.8 | 57.4 | 51.6 | 46.8 | 43.0 | 39.6 | 34.4 | 30.7 |
| 2.40 | 101.5 | 93.5 | 86.9 | 81.0 | 67.7 | 58.3 | 52.3 | 47.5 | 43.7 | 40.3 | 35.1 | 31.2 |
| 2.60 | 102.5 | 94.5 | 88.1 | 81.9 | 68.4 | 59.0 | 53.0 | 48.2 | 44.2 | 40.9 | 35.6 | 31.7 |
| 2.80 | 103.5 | 95.3 | 88.7 | 82.6 | 69.1 | 59.7 | 53.6 | 48.7 | 44.8 | 41.4 | 36.1 | 32.2 |
| 3.00 | 104.4 | 96.2 | 89.4 | 83.4 | 69.8 | 60.3 | 54.2 | 49.3 | 45.3 | 41.9 | 36.6 | 32.5 |
| 3.20 | 105.2 | 96.9 | 90.1 | 84.1 | 70.4 | 60.8 | 54.6 | 49.7 | 45.7 | 42.3 | 36.9 | 32.9 |
| 3.40 | 106.0 | 97.6 | 90.8 | 84.8 | 71.0 | 61.3 | 55.1 | 50.1 | 46.1 | 42.6 | 37.2 | 33.2 |
| 3.60 | 106.7 | 98.3 | 91.5 | 85.4 | 71.5 | 61.7 | 55.5 | 50.5 | 46.4 | 43.0 | 37.5 | 33.5 |
| 3.80 | 107.4 | 99.0 | 92.0 | 85.9 | 72.0 | 62.1 | 55.8 | 50.8 | 46.8 | 43.3 | 37.8 | 33.7 |
| 4.00 | 108.1 | 99.6 | 92.7 | 86.5 | 72.5 | 62.5 | 56.2 | 51.2 | 47.1 | 43.6 | 38.1 | 33.9 |
| 4.20 | 108.7 | 100.1 | 93.2 | 86.9 | 72.8 | 62.9 | 56.5 | 51.4 | 47.3 | 43.8 | 38.3 | 34.1 |
| 4.40 | 109.2 | 100.6 | 93.6 | 87.4 | 73.2 | 63.2 | 56.8 | 51.6 | 47.5 | 44.0 | 38.4 | 34.3 |
| 4.60 | 109.8 | 101.0 | 94.2 | 87.8 | 73.5 | 63.6 | 57.0 | 51.8 | 47.8 | 44.2 | 38.6 | 34.4 |
| 4.80 | 110.4 | 101.5 | 94.6 | 88.3 | 73.9 | 63.9 | 57.3 | 52.1 | 48.0 | 44.4 | 38.7 | 34.5 |
| 5.00 | 111.0 | 102.0 | 95.0 | 88.7 | 74.2 | 64.1 | 57.6 | 52.4 | 48.2 | 44.6 | 38.9 | 34.6 |

# 各章习题答案

## 第一章

1-1 $\rho = 714\ \text{kg/m}^3$

1-2 $\Delta V = 0.067\,9\ \text{m}^3$；$\dfrac{\Delta V}{V} = 2.72\%$

1-3 $\Delta p_1 = 2 \times 10^6\ \text{Pa}$；$\Delta p_2 = 2 \times 10^7\ \text{Pa}$

## 第二章

2-1 $p_{01} = 14.7\ \text{kN/m}^2$；
$p_{02} = 11.025\ \text{kN/m}^2$

2-2 $(p_{v1})_{\max} = 14.7\ \text{kN/m}^2$；
$(p_{v2})_{\max} = 11.025\ \text{kN/m}^2$

2-3 $p' = 93.1\ \text{kN/m}^2$；
$p = -4.9\ \text{kN/m}^2$

2-4 $\gamma = 7.53\ \text{kN/m}^3$；
$\rho = 768.7\ \text{kg/m}^3$

2-5 $p = 65\ \text{kN/m}^2$

2-6 $h = 1.33\ \text{m}$

2-7 $h_A = 3\ \text{m}$；$z_A + \dfrac{p_A}{\gamma} = 20\ \text{m}$

2-9 $p_0 = 264.8\ \text{kN/m}^2$

2-10 $p = 0.2\ \text{kgf/cm}^2$；$h = 2\ \text{m}$；
$p' = 1.7\ \text{kgf/cm}^2$

2-11 $p = 25.6\ \text{kN/m}^2$

2-13 $\omega = \dfrac{4}{D}\sqrt{g(H-h)} = 18.7\ \text{rad/s}$

2-14 $T = 84.8\ \text{kN}$

2-15 $P = 34.67\ \text{kN}$；$l_{BD} = 1.79\ \text{m}$

2-16 $P = 45.72\ \text{kN}$

2-19 $P = 37.34\ \text{kN}$

2-20 $P = 45.6\ \text{kN}$

2-21 $P_x = 29.25\ \text{kN}(\leftarrow)$
$P_y = 0$
$P_z = 2.57\ \text{kN}(\downarrow)$

2-22 $T = 3.13\ \text{kN}$；浮出 21%

2-23 $V_1 = 40.8\ \text{cm}^3$；$\gamma_1 = 49\ \text{kN/m}^3$

## 第三章

3-1 $Q = 0.212\ \text{L/s}$；$v = 7.5\ \text{m/s}$

3-2 $v_1 = 0.02\ \text{m/s}$

3-3 $Q = 102\ \text{L/s}$

3-4 $A \rightarrow B$；$h_W = 2.765\ \text{m}$

3-5 $Q = 51.2\ \text{L/s}$

3-6 $Q = 27.1\ \text{L/s}$

3-7 $p_2 = 44.1\ \text{kPa}$ 或 0.45 个大气压

3-8 (1) $p_{vA} = 61.0\ \text{kPa}$；(2) $z = 3.88\ \text{m}$

3-9 $d_1 = 100\ \text{mm}$

3-10 $H = 1.23\ \text{m}$

3-11 $p_A = 43.5\ \text{kPa}$

3-12 $h = 0.24\ \text{m}$

3-13 $Q = 4.67\ \text{L/s}$

3-14 $Q = 1.5\ \text{m}^3/\text{s}$

3-15 $Q = 6.0\ \text{m}^3/\text{s}$

3-16 $R = 15.39\ \text{kN}$

3-17 $Q_1 = 25.05\ \text{L/s}$；$Q_2 = 8.35\ \text{L/s}$；
$F = 1\,968\ \text{N}$

3-18 $R = 456\ \text{N}$；$\theta = 30^\circ$

3-19 $R = 384.2\ \text{kN}$

3-20 $F_x = 6\,020\ \text{N}$
$F_y = 5\,079\ \text{N}$

3-21 $h_2 = 1.76$ m

$F = 24.52$ kN

3-22 $h_2 = 2.84$ m;$F_{max} = 48.75$ kN

## 第四章

4-1 $Re_1/Re_2 = 2$

4-2 $Re = 7\ 888$,紊流

4-3 $Re = 50\ 495$,紊流

$Q \leqslant 182.2\ cm^3/s$

4-4 $\tau_0 = 3.92\ N/m^2$;$\tau = 1.96\ N/m^2$;

$h_f = 0.8$ m

4-5 $u_{max} = 0.566$ m/s;$h_f = 0.822$ m

4-6 (1) $\delta_l = 0.013\ 4$ cm;

(2) $\delta_l = 0.010\ 1$ cm;

(3) $\delta_l = 0.013\ 4$ cm

4-7 $\lambda = 0.032\ 7$;$h_f = 2.78$ m

4-8 $\lambda = 0.031\ 0$

4-9 $Q = 0.084\ 7\ m^3/s$

4-10 $v = 1.42$ m/s

4-11 $v = \frac{1}{2}(v_1 + v_2)$时 $h_j$ 最小,

$h_{j1} = 2\ h_{j2}$

4-12 $Q = 2.15$ L/s

4-13 $h_p = 7.65$ cm

4-14 $\zeta = 0.5$

4-15 $\zeta = 0.762$

## 第五章

5-1 $Q = 1.22$ L/s;

$Q_n = 1.61$ L/s;

$h_0 = 1.5\ mH_2O$

5-2 $t = 394$ s

5-3 $t = 689$ s

5-4 $t = 334$ s

5-5 $\Delta H = 0.57$ m

5-6 $d = 300$ mm;$H = 0.7$ m

5-7 $Q = 48.4$ L/s

5-8 $d = 100$ mm;

$h_v = \frac{p_v}{\gamma} = 4.26\ mH_2O$

5-9 $Q_1 = 45.1$ L/s;$Q_2 = 20.6$ L/s

5-10 $H = 10.2$ m

5-11 $Q_1 = 29.19$ L/s;$Q_2 = 50.81$ L/s;

$h_f = 19.15$ m

5-12 $Q_1 = 102.8$ L/s;$Q_2 = 57.1$ L/s;

$Q_3 = 90.1$ L/s

5-13 $Q_1 = 57.6$ L/s;$Q_2 = 42.4$ L/s;

$h_f = 9.18$ m

5-14 $Q_{后}/Q_{前} = 1.26$

5-15 $d = 100$ mm;$Q_1 = 5.4$ L/s;

$Q_2 = 29.5$ L/s

5-16 $Q_1 = 11.8$ L/s;$Q_2 = 3.20$ L/s;

$H = 10.44$ m

5-17 $H = 35.6$ m;

$N = 44.4$ kW

5-18 $Q = 3.47$ L/s;$H = 72.63$ m;

选用一台 2DA-8×8(即 8 级)离心泵

## 第六章

6-1 $Q = 0.165\ m^3/s$;$Re = 69\ 360$

6-2 $v_1 = 3.19$ m/s;$v_2 = 3.19$ m/s

6-3 $Q = 0.466\ m^3/s$

6-4 $h_1 = 0.85$ m

6-5 $h = 0.62$ m;$b = 0.51$ m

6-6 $h = 1.09$ m;$b = 0.66$ m

6-7 $h = 0.42$ m;$b = 4.15$ m

6-8 $i = 5.9‰$

6-9 $h_0 = 1.15$ m

6-10 $b = 0.77$ m

6-11 $d = 500$ mm

6-12 $Q = 0.97\ m^3/s$

6-13 $i = 0.088$

6-15 $e_2 = 1.5$ m

6-16 $h_C = \frac{\alpha v_C^2}{g}$

6-17 $h_C = 1.07$ m

6-18 $Q = 63.3\ m^3/s$

6-19 $h_C = 0.615$ m;$i_C = 0.006\ 96$

6-20 $i_C = 0.022\ 8 < i$,为急流

6-21 $i_C = 0.004\ 93 > i$,为缓流

6-22 $h'' = 2h'$

6-26 $h_C = 0.95$ m;$h_0 = 2.06$ m;$l = 11$ km

6-27 $M_I$ 型曲线;$h_1 = 3.28$ m

## 第 七 章

7-1 $b = 1.77$ m

7-2 $H = 0.31$ m

7-3 $Q = 0.274\ m^3/s$

7-4 三角堰:1.56;完全堰:2.08

7-5 $Q = 8.96\ m^3/s$

7-6 $Q = 8.33\ m^3/s$

7-7 $b = 17.20$ m;$h_{max} = 4.09$ m

7-8 $q = 0.131\ m^3/s \cdot m$

7-11 $B = 4$ m

7-12 $B = 5$ m

7-13 $H = 2.59$ m

7-14 $B = 20$ m

7-15 $b = 3.32$ m

## 第 八 章

8-1 $k = 0.010\ 6$ cm/s

8-2 $u = 2 \times 10^{-5}$ cm/s,$v = 2 \times 10^{-5}$ cm/s

8-3 $Q = 3.36$ L/s

8-4 $q = 0.318\ m^3/d \cdot m$

8-5 0.297 $m^3/h$

8-6 $Q = 0.013\ 4\ m^3/s$

8-7 $k = 1.465 \times 10^{-3}$ m/s;$R = 999$ m

8-8 98.7 L/s

## 第 九 章

9-6 $H_p = 3.6$ m;$Q_p = 8.94\ m^3/s$

9-7 0.83 L/s

9-8 537 $m^3/s$;2 400 kN

9-9 $p_1 = 8\ 820$ Pa;$p_2 = -441$ Pa

9-10 $h_m = 1.0$ m;$F_p = 14.7$ N

9-11 $v_m = 5.44$ m/s;$F_p = 304.5$ N

9-12 $n = 39.2$ r/s;$P = 229.7$ W

# 参考文献

[1] 西南交通大学水力学教研室．水力学[M]. 3版．北京:高等教育出版社,1983.

[2] 西南交通大学,哈尔滨建筑工程学院．水力学[M]. 北京:人民教育出版社,1979.

[3] 清华大学水力学教研组．水力学(上、下册)[M]. 北京:人民教育出版社,1980.

[4] 成都科技大学水力学教研室．水力学(上、下册)[M]. 北京:人民教育出版社,1979.

[5] 武汉水利电力学院水力学教研室．水力学(上册)[M]. 北京:高等教育出版社,1986.

[6] Streeter V. L. ,Wylie E. B.. Fluid Mechanics,Eighth Edition,McGraw-Hill Book Company,New York,1979.

[7] Daugherty R. L. ,Franzini J. B.. Fluid Mechanics With Engineering Applications, Eighth Edition,McGraw-Hill,1982.

[8] Francis J. R. D. ,Minton P.. Civil Engineering Hydraulics,Landon,1984.

[9] [日]椿东一郎．水力学(Ⅰ)[M]. 杨景芳,译．北京:高等教育出版社,1982.

[10] [日]椿东一郎．水力学(Ⅱ)[M]. 徐正凡,译．北京:高等教育出版社,1986.

[11] 夏震寰．现代水力学(一)[M]. 北京:高等教育出版社,1990.

[12] 黄儒钦,李 刚,刘道清,等．长隧道施工通风中气锤效应的试验研究[J]. 中国铁路 1999(10):32～34.